普通高等教育茶学专业教材

茶叶微生物产品学

黄友谊　主编

曾　亮　周红杰　姚燕妮　副主编

中国轻工业出版社

图书在版编目（CIP）数据

茶叶微生物产品学/黄友谊主编 . —北京：中国轻工业出版社，
2024. 8

普通高等教育"十三五"规划教材　普通高等教育茶学专业
教材

ISBN 978-7-5184-1522-9

Ⅰ . ①茶⋯　Ⅱ . ①黄⋯　Ⅲ . ①微生物—发酵—应用—茶叶—
高等学校—教材　Ⅳ . ①TS272. 5

中国版本图书馆 CIP 数据核字（2017）第 186863 号

责任编辑：贾　磊　　责任终审：滕炎福　　设计制作：锋尚设计
策划编辑：贾　磊　　责任校对：吴大朋　　责任监印：张　可

出版发行：中国轻工业出版社（北京鲁谷东街 5 号，邮编：100040）
印　　刷：三河市万龙印装有限公司
经　　销：各地新华书店
版　　次：2024 年 8 月第 1 版第 5 次印刷
开　　本：787×1092　1/16　印张：16
字　　数：360 千字
书　　号：ISBN 978-7-5184-1522-9　定价：38. 00 元
邮购电话：010 - 85119873
发行电话：010 - 85119832　010 - 85119912
网　　址：http：//www. chlip. com. cn
Email：club@ chlip. com. cn

本书编写人员

主　编：

　　黄友谊（华中农业大学园艺林学学院）

副主编：

　　姚燕妮（华中农业大学园艺林学学院）

　　周红杰（云南农业大学龙润普洱茶学院）

　　曾　亮（西南大学食品科学学院）

参　编：（按姓氏拼音排序）

　　龚加顺（云南农业大学食品科学技术学院）

　　胡建辉（青岛农业大学园艺学院）

　　黄莹捷（江西农业大学农学院）

　　刘　聪（普洱茶研究院）

　　孟　庆（西南大学食品科学学院）

　　王秋萍（云南农业大学食品科学技术学院）

　　朱　雯（华中农业大学园艺林学学院）

主　审：

　　杨　坚（西南大学食品科学学院）

序

"神秘"的微生物与"神奇"的茶相结合，注定会产生奇妙结晶。六大茶类中唯有黑茶类是由微生物发酵主导品质风味的形成，不同的优势微生物区系造就了品质风味各异的黑茶产品（如普洱茶、茯砖茶、青砖茶、六堡茶、康砖茶、千两茶、黑砖茶等）。微生物对红茶发酵、黄茶闷黄、乌龙茶做青也有一定的影响，还能影响茶树营养代谢与茶产品的安全性。利用微生物还能使每年大量弃采的夏茶和秋茶资源得到有效利用，实现增值增效。然而，微生物在茶产业中的应用，却刚刚起步。

生物技术已经成为影响当代社会发展的重要技术之一，将生物技术融入茶叶科学中，必将推动茶叶科技水平快速提升。借助生物技术，研究、开发茶叶新产品，推动茶资源高效利用，必将有效支撑茶产业可持续发展。在茶学高级人才培养的知识体系中及时构建生物技术相关内容，拓宽知识领域，对推动茶叶生物技术的发展作用重大。

华中农业大学茶学系茶叶生物技术课题组长期开展茶叶微生物产品研究开发工作，黄友谊教授在总结其团队长期研究成果的基础上，邀请国内相关院校的专家、教授共同编写了《茶叶微生物产品学》，系统阐述了国内茶叶微生物产品研发的现状，分析了其未来的发展趋势。全书结构清晰，系统完整，内容丰富，成果先进。我深信，该书的出版对推动我国茶叶生物技术的快速发展，将产生十分积极的效果。

湖南农业大学 刘仲华

2017 年 7 月 1 日

前　言

　　微生物与茶产品的生产自古就联系紧密，长期以来人们对微生物发酵黑茶和红茶菌的研究总结较多。近20年来，微生物在茶产业中的应用越来越多，并在茶产业发展中开始具有越来越重要的作用，市场上开始出现各种各样的茶叶微生物产品。微生物非常神奇，同一种微生物在不同环境条件下具有不同的生长代谢特性，可以发酵出不同风味品质的茶产品。微生物不但可以塑造茶产品的风味品质，还可以增强茶产品的功能，这为我们将微生物应用于茶产业中提供了无限的遐想。

　　利用茶资源开发生产各种茶叶微生物产品，尤其是具有明显养生功能的茶产品，无疑将满足人们的保健需求，促进人体健康。因此，及时将已有的茶叶微生物产品和技术整理成体系，无疑可以开拓学生的知识面，增强学生的动手能力，提高学生的专业综合素质。同时，可以推动茶叶企业进行茶叶微生物产品开发，提升生产技术，带动茶资源高效开发利用，有利于促进茶产业健康发展。

　　本教材共分15章，具体编写分工：华中农业大学黄友谊编写第一、第四、第五、第八章；西南大学曾亮编写第二章；普洱茶研究院刘聪和青岛农业大学胡建辉共同编写第三章；刘聪编写第六章；华中农业大学姚燕妮编写第七、第九、第十章；华中农业大学朱雯编写第十一章；西南大学孟庆编写第十二章；云南农业大学周红杰编写第十三章；云南农业大学龚加顺编写第十四章第一、第五节；云南农业大学王秋萍编写第十四章第二、第三、第四节；江西农业大学黄莹捷编写第十五章。全书由西南大学杨坚主审。

　　本教材参阅和借鉴了很多专著、论文等文献，在编写过程中得到相关院校和同仁的大力支持，湖南农业大学刘仲华教授欣然撰写序言，云南农业大学周红杰教授热情审订第二章第一节，湖南省白沙溪茶厂股份有限公司张玲苓热情审订第二章第二节，广西梧州茶厂何梅珍高级工程师热情审订第二章第四节。本书的出版同时得到华中农业大学教务处和园艺林学学院的支持，特一一致谢！

　　由于编写时间仓促，学科发展迅速，书中定会存在不足与错漏之处，敬请专家学者批评指正！

编者

目 录

第一章 绪论

第一节 微生物在茶产业中的应用

一、微生物在茶产业中的利用途径

（一）微生物在茶产业中的利用方式

微生物在茶产业中的利用主要有三种方式：一是利用微生物代谢物，如酶、抗生素、氨基酸等成分；二是利用微生物菌体，多为活菌体，部分死菌体也可以利用；三是微生物菌体与其代谢物的混合物。在茶产业实践中，以第三种方式应用较多。

（二）微生物在茶产业中的应用对象

微生物在茶产业中可应用于茶园土壤改良、茶树品种选育、茶树栽培生长、茶树病虫害防治、茶园农药降解、茶产品加工、茶产品保鲜、茶叶废弃物利用等方面，涉及茶产业的产前、产中、产后全过程。

二、茶叶中的常用微生物

茶叶中含有多种微生物生长所需的物质，可满足微生物的生长要求。但茶叶除了可以提供菌体生长物质之外，还存在多酚类等多种可以抑制微生物生长的物质成分。微生物若可以在茶叶上生长，至少应具备如下特征：抗逆性强、生长速度快、不易发生突变。当前能在茶叶基质上生长的微生物种类较多，在此仅介绍茶叶加工中常见的微生物种类。

（一）黑曲霉（*Aspergillus niger*）

黑曲霉广泛应用于食品中，能产生 20 多种的水解酶，其中可利用的有糖苷酶、葡萄糖淀粉酶、纤维素酶、柚苷酶、乳酸酶、葡萄糖氧化酶等许多酶类，可以分解包括多糖、脂肪、蛋白质、果胶、天然纤维和不可溶性化合物等有机物，可以产生草酸、柠檬酸、葡萄糖酸、抗坏血酸等成分。黑曲霉是黑茶渥堆中最主要的优势菌，其代谢产生的水解酶在黑茶渥堆中期表现为增加趋势，水解酶对黑茶品质形成作用显著。

（二）青霉属（*Penicillium*）

青霉在黑茶渥堆过程中产生多种酶及有机酸，可产生葡萄糖氧化酶或葡萄糖酸、柠檬酸、青霉素、抗坏血酸等。同时，青霉发酵的菌丝中含有丰富的蛋白质、矿物质和 B 类维生素，代谢产生的青霉素对杂菌、腐败菌有良好的消除和抑制生长作用。青霉也是黑茶渥堆中的优势菌之一，对黑茶品质形成作用明显。

（三）酵母属（*Saccharomyces*）

能够在以茶叶为主的基质中生长的酵母菌，不仅繁殖能力要强，而且在发酵过程中最好能同时以多种方式进行繁殖。目前已知适合在茶叶发酵中应用的酵母菌主要有出芽酵母、德氏酵母、假丝酵母和酿酒酵母等。酵母菌含有丰富的酶系统，如蔗糖酶、麦芽糖酶等，以及生理活性物质如辅酶 I 、辅酶 A 等，还能利用多种糖类代谢产生维生素 B$_1$、维生素 B$_2$、维生素 C 等。有机物经酵母菌发酵后，蛋白质、维生素 A 等物质的生物活性都会大幅度提高。酵母可用于生产茶酒饮料，生产增香茶产品。酵母菌也是黑茶渥堆和红茶菌发酵中的优势菌之一，对黑茶和红茶菌的品质形成作用明显。

（四）根霉属（*Rhizopus*）

根霉属菌具有多种酶系，能分泌淀粉酶，淀粉酶的活力很高，能分泌酸性蛋白酶、酒化酶及乳酸、琥珀酸、反丁烯二酸等有机酸，还能产生芳香的酯类物质，赋予产品独特的风味。根霉属菌也是黑茶渥堆中的优势菌之一，对黑茶品质形成作用明显。

（五）冠突散囊菌（*Eurotium cristatum*）

冠突散囊菌能产生各种胞外酶（如多酚氧化酶、果胶酶、纤维素酶、蛋白酶等）作为有效的生化动力，催化茶叶中各种相关物质发生氧化、聚合、降解、转化。冠突散囊菌是茯砖茶发花的关键微生物，决定了茯砖茶品质的形成，可以形成"金花"和浓郁的菌香等品质特征，广泛分布于各种黑茶和自然环境中。

（六）乳酸杆菌

乳酸杆菌一般对茶叶单宁酸比较敏感，不易在含茶成分的基质中生长。然而，有一类细胞壁中含有二氨基庚二酸肽聚糖的乳酸杆菌，能耐受单宁酸的抑制作用，可以在含茶基质中生长良好。乳酸杆菌是酸茶发酵中最主要的优势菌，也是黑茶渥堆发酵中的优势菌之一，有时也是红茶菌的组成菌之一。利用单一的乳酸杆菌，或与其他类型的菌株组合，可以应用于黑茶渥堆发酵、酸茶发酵、红茶菌饮料发酵以及乳酸菌饮料发酵等过程中。

（七）醋酸杆菌

醋酸杆菌是一种好气性细菌，可以分泌胞外醋酸酶，将酒精氧化成醋酸。醋酸杆菌不能单独在基质上进行发酵，常与酵母菌或乳酸菌共同作用于茶叶基质。将木醋杆菌和酵母菌同时接入茶汤中进行发酵，可制得一种富含多种营养物质的发酵型茶饮料。醋酸杆菌是红茶菌最主要的优势菌之一，对红茶菌发酵品质的形成至关重要。

（八）药食两用真菌

药食两用真菌既可入药又可食用，富含人体有益的活性物质，被人们广为利用。药食两用真菌的体内，酶活力很强，且种类众多，有多种营养方式，对周边环境的适应能力极强。茶叶营养较为丰富，除存在抑菌活性外，是药食两用真菌良好的培养基质。利用对茶叶抑菌活性不敏感的药食两用真菌，开发出药食两用真菌的菌丝与茶叶天然融为一体的菌茶，无疑具有显著意义，如猴头菇菌丝茶、香菇菌丝茶、灵芝菌丝茶、虫草菌丝茶等。

三、微生物在茶产品中的应用

（一）在黑茶产品中的应用

微生物在茶产品中广为应用，其中应用最广泛且最为熟知的，无疑是黑茶。黑茶在六大茶类中具有独特的品质风味，原因就在于微生物的发酵。在黑茶渥堆过程中主要的微生物群落是酵母、霉菌和细菌，其中酵母菌最多。云南普洱茶渥堆过程中的主要微生物有黑曲霉（*A. niger*）、青霉属（*Penicillium*）、根霉属（*Rhizopus*）、灰绿曲霉（*A. glaucus*）、酵母属（*Saceharomyces*）、土曲霉（*A. terreus*）、亮白曲霉（*A. candidus*）、细菌类（*Bacterium*）等。茯砖茶加工中的"发花"过程是形成茯砖茶独特品质的关键工艺，冠突散囊菌是"发花"工序中的优势微生物种群；它们从茶叶中吸取可利用的营养物质，进行各种代谢转化，并最终形成茯砖茶特有的品质。黑茶渥堆是通过微生物发酵和湿热反应，使茶叶原料中以茶多酚为主的化学成分发生一系列的变化，从而形成滋味甘醇、香气纯正的黑茶产品。而且我国黑茶产区广阔，各地气候环境差异巨大，茶树品种与发酵原料等也有明显的差异；这些均表明不同产地的黑茶渥堆发酵过程中，主要的微生物种群不同，主要微生物的生长代谢也会有所差异，从而形成众多品质风味各异的黑茶产品。当前，已有人工接种冠突散囊菌生产茯砖茶和金花菌散茶，有人工接种发酵普洱茶，还有利用特异菌株发酵生产功能型普洱茶。

（二）在酸茶产品中的应用

酸茶是以厌氧发酵为主体的茶产品，区别于以好氧发酵为主体的传统黑茶产品。酸茶生产于中国、日本、缅甸、老挝、泰国等亚洲国家，在日本、泰国、老挝、缅甸等国有大量产品销售。酸茶在我国主要是云南边疆的少数民族地区自制自食，很少有产品销售。酸茶在发酵过程中，以植物乳杆菌生长代谢为主体，带有少量的酵母生长繁殖。从 Miang 茶中分离出 5 株乳酸杆菌（*Lactobacillus ruminis*、*Lactobacillus plantarum*、*Lactobacillus vitulinus*、*Lactobacillus yananashiensis*、*Lactobacillus vaccinosterus*），从中国酸茶中分离出植物乳杆菌（*Lactobacillus plantarum*）和麦芽糖假丝酵母（*Candida maltosa*），并从中选育出高产酸的植物乳杆菌。当前已有人工接种高产酸植物乳杆菌优势菌株发酵酸茶，可以显著缩短酸茶发酵时间，得到活性物质含量更高的酸茶产品。

（三）在红茶菌产品中的应用

红茶菌是在浸提的茶水中添加糖后，在自然条件下经酵母菌、醋酸菌等多种微生物共同发酵而成的一种民间传统饮料。红茶菌中的微生物主要是酵母菌和醋酸菌，如巴斯德酵母（*Saccharomyces pasteurianus* Hansen）、栗酒裂殖酵母（*Schizosaccharomyces pombe* Linder）、木醋酸菌（*Acetobacter xylinum*）。有的红茶菌中还含有少量乳酸菌，主要是保加利亚乳杆菌（*Lactobacterium bulagricum*）等，此外还有甲醇酸单胞菌（*Acidomollas methnolica*）等多种微生物。民间自产红茶菌时，多以形成的红茶菌菌苔作为菌种来接种发酵。当前已有从传统红茶菌中筛选出优势菌株，再人工组合接种发酵红茶菌。还有从红茶菌中筛选高产多糖的醋酸菌，用于生产人工纤维。

（四）在发酵茶饮料中的应用

除红茶菌外，应用多种微生物发酵制成茶饮料的报道比较多。发酵茶饮料主要是应用乳酸菌和酵母菌较多，可以是单一菌株发酵，但多是混合菌株进行发酵。有利用保加利亚乳杆菌和嗜热链球菌研制出具有高营养价值的乳酸菌茶饮料，有以保加利亚乳杆菌、嗜热链球菌、啤酒酵母和面包酵母共同发酵成一种茶饮料。有以单一酵母菌发酵制成茶酒，有以单一醋酸菌或与酵母菌一起发酵制成茶醋。有接种 *Acetabacter* 和酿酒酵母（*Saccharomyces cerevisiae*）发酵，制成咖啡茶发酵饮料。

（五）在菌茶中的应用

在菌茶发酵生产中，应用最多的是药食两用菌，如灵芝菌、猴头菌等。目前生产的食用菌发酵茶多是以中低档茶为原料，接种一种或多种驯化过的、适宜在茶叶基质中生长的猴头、灵芝、冬虫夏草、蛹虫草和茯苓等药食两用类菌株，并添加少量的可食用辅料，在固体发酵条件下培养而成。除发酵固态菌茶外，还有利用这些药食两用菌发酵液态茶饮料，如灵芝菌茶饮料、虫草茶饮料等。

第二节　茶叶微生物产品的分类

传统微生物发酵茶产品主要有三类：一是茶树鲜叶经杀青、揉捻后进行渥堆发酵或晒青等原料渥堆发酵而成的黑茶；二是茶叶浸提液添加糖后进行微生物发酵而成的红茶菌；三是茶树鲜叶经预处理后腌制而成的酸茶。然而，随着茶叶微生物产品开发生产的不断增多，茶叶微生物产品的种类也越来越丰富，为此有必要进行分类。下面按产品的品质与属性的不同，对茶叶微生物产品进行分类。

一、可食茶叶微生物产品

可食茶叶微生物产品是指经微生物发酵后可食用或饮用的茶产品，主要分为固态、液态、半固态三大类。

（一）固态可食茶叶微生物产品

固态可食茶叶微生物产品依据发酵方式与发酵菌株的不同，主要分为黑茶、酸茶、菌茶三种。

1. 黑茶

黑茶为固态茶叶微生物产品之一，是我国六大茶类之一，属于后发酵茶。黑茶生产历史悠久，产区广阔，主要成品有黑砖茶、花砖茶、茯砖茶、青砖茶、六堡茶、普洱茶等。黑茶是我国以肉类、奶类为主食的边疆地区居民日不可少的饮料，边区居民中流传有"宁可一日无粮，不可一日无茶；一日无茶则滞，二日无茶则病"之说。黑茶与其他茶类一样，富含多种有机酸、维生素、茶多酚等生物活性物质，是边区居民生活中维生素、微量元素的重要来源。黑茶过去主要销往我国西北和西南少数民族地区，但现在内陆区域的销售也逐渐增多。

我国黑茶一般是按产区来分类，具体如下。

（1）湖南黑茶　湖南黑茶因主要集中在湖南安化生产，常被称为安化黑茶，此外在益阳其他县和宁乡县、汉寿县等也有生产。安化黑茶在加工中，多以七星灶进行干燥的同时烟熏，故多带有烟熏味。安化黑茶种类最多，分为"三尖三砖一卷"共七种。"三尖"茶又称为湘尖茶，指天尖、贡尖、生尖三种，是按原料等级的不同分类的。"三砖"茶指花砖、黑砖、茯砖三种，花砖茶为砖面四周均具花纹的块状黑茶，黑砖茶无花纹。"一卷"茶为花卷茶，又称为千两茶，其外形为圆柱体状，产品规格呈多样化。茯砖茶是在压制成砖后有一个特殊的"发花"过程，"发花"的实质是以冠突散囊菌（*Eurotium cristatum*）为主的生长过程，产生金黄色的闭囊壳，俗称"金花"。茯砖茶原主产于湖南益阳市，近些年陕西泾阳县等地恢复发展较快。近些年来从茯砖茶中分离筛选优势金花菌菌株，采用人工接菌发酵，以茶树鲜叶、绿毛茶、大红袍、白茶、藤茶、荷叶茶等为原料开发出各种金花菌散茶。把近些年利用金花菌新开发的茶产品，称为金花菌茶。

（2）四川黑茶　四川黑茶因主要供应边疆百姓消费，故常称为四川边茶。因四川黑茶主产于四川雅安市，有时又称为雅安黑茶，近些年雅安黑茶改称为雅安藏茶。四川黑茶的生产原料偏粗老，根据销路分为南路边茶和西路边茶。南路边茶分为康砖茶、金尖茶，西路边茶分为茯砖茶、方包茶或圆包茶。

（3）湖北青砖茶　湖北青砖茶主产于湖北赤壁市，此外在咸安、崇阳、通山等县市也产。湖北青砖茶多压制成砖，主销俄罗斯、我国内蒙古等地。除湖北外，目前湖南、四川、浙江、贵州等地也有少量青砖茶生产。

（4）滇桂黑茶　滇桂黑茶指产于云南、广西两省的黑茶，主要是普洱茶、六堡茶。普洱茶仅限于产自云南省，是以云南大叶种芽叶为原料，经杀青、揉捻、晒干等工序制成的各种嫩度的晒青毛茶，再经增湿渥堆发酵、自然风干、精制而成各种级别的散茶或经汽蒸压制而成的各种紧压茶，如七子饼茶、沱茶、金瓜茶等。当前把普洱茶分为熟普和生普，熟普属于传统意义上经过微生物渥堆发酵的普洱茶，而生普是由晒青压制而成、无微生物发酵过程，因此生普不属于茶叶微生物产品。六堡茶产于广西苍梧县六堡乡，带有特殊的槟榔香，少量六堡茶偶尔会带有少量金花菌。

2. 酸茶

酸茶是一种腌制型或泡制型的发酵茶，可食用、可泡饮。酸茶在我国主产于云南少数民族地区，日本、泰国、缅甸、老挝等国生产与利用酸茶的历史十分悠久，新加坡喜好以酸茶制作沙拉而大量食用。酸茶有时被归类为黑茶，但二者有着显著的不同。酸茶是以厌氧发酵为主而成的，以乳酸菌发酵为主，滋味呈一定的酸味，可食用或泡饮。而黑茶却是以好氧发酵为主而成的，以霉菌发酵为主，酸味低，均是用来泡（煮）饮。日本酸茶主要有三种——Awaban cha（阿波番茶）、Goishi cha（碁石茶）和 Bata bata cha（富山黑茶），在日本均归类于黑茶产品，以干态的形式销售，主要用于煮饮，也可用于煮粥等。

3. 菌茶

菌茶是在以茶叶为主要基质，人工接入食用或药用真菌进行发酵而成的一种固态菌体茶。菌茶已有产品上市，但目前生产的菌茶主要是以猴头、灵芝、茯苓等适宜在茶叶基质中生长的食用菌发酵而成的。最近华中农业大学茶学系研发出以夏秋鲜叶为原料，不添加任何其他配料，接种灵芝菌、虫草菌发酵而成灵芝菌茶、虫草菌茶。

（二）液态可食茶叶微生物产品——发酵茶饮料

发酵茶饮料主要分为红茶菌、茶酒、茶醋、乳酸菌茶饮料、食用菌发酵茶饮料等。

1. 红茶菌

红茶菌目前习惯上既是指一种发酵茶饮料，又是指发酵茶饮料中的菌苔。红茶菌又名"海宝""胃宝""太岁"等，起源于我国渤海一带，后被流传到世界各地，在日本、欧洲等地的民间一直广为流传。红茶菌是以糖茶水为原料，经醋酸菌、酵母菌等多种微生物共同发酵而成的，是有着悠久历史的一种民间传统酸性茶饮料。此外，随着对红茶菌研究的深入，已从红茶菌分离出单一的优势菌株。有利用分离的优势菌株进行组合发酵，以快速安全地发酵生产红茶菌茶饮料。目前，红茶菌产品开发有芦荟红茶菌饮料、红枣红茶菌饮料、绿茶－甘蔗汁红茶菌饮料等。

2. 茶酒

茶酒为一种特殊风味的发酵茶饮料，是以茶叶、茶汁或其他茶类产品为主要原料，经酵母等微生物发酵后，经过滤、陈酿、调配而成的一种含低度酒精的茶饮料。如在绿茶汁中接入酵母菌，可制得酒精度低、口感醇和、具有清香和酒香的绿茶酒。当前市面上有很多茶酒上市，但大多数属于是浸提、勾兑的茶酒，少量是以茶叶与粮食一起发酵后蒸馏而成的、有茶香的茶酒。

3. 茶醋

茶醋也属于一种特殊风味的发酵茶饮料，是以茶叶、食用糖为主要原料，部分添加桑葚、玉米或果汁等，经酵母菌、醋酸菌共同或由醋酸菌单独发酵而成的、含醋酸的茶饮料。在我国台湾、云南等地，已经开始陆续出现发酵型的茶醋饮料产品。

4. 乳酸菌茶饮料

乳酸菌茶饮料是以茶水为主要原料，经乳酸菌如保加利亚乳杆菌或植物乳杆菌等发酵而成、富含乳酸等有机酸的茶饮料。乳酸菌茶饮料与茶醋饮料的品质风味有些类似，但二者的发酵菌株、发酵产物不一。

5. 食用菌发酵茶饮料

食用菌因富含功能活性成分而广为人们所利用，早已有将食用菌与茶相结合的开发。有以茶水为主要原料，以灵芝菌、木耳、香菇等为菌株，分别发酵制成灵芝菌茶饮料、木耳茶饮料、香菇茶饮料等。

6. 其他发酵茶饮料

此外，有以茶水为主要原料，以金花菌、虫草菌为发酵菌株，分别开发出的金花菌茶饮料、虫草菌茶饮料。有在含淀粉糖浆的茶汁中接入保加利亚乳杆菌和嗜热乳酸杆菌，发酵一定时间后再接入法式面包酵母继续发酵，可获得一种具有茶清香、醇香、风味独特的发酵茶饮料。有在保加利亚乳杆菌、巴氏醋杆菌和啤酒酵母的共同作用下制得酸甜可口、清凉解热且富含细菌纤维素的绿茶饮料。

（三）半固态可食茶叶微生物产品

半固态可食茶叶微生物产品主要是指凝固态的酸奶、奶酪、果冻等产品。有在酸奶、果冻、奶酪等制作过程中添加茶水后，进行微生物发酵，制成茶酸奶、茶果冻、茶奶酪等产品。

二、非可食茶叶微生物产品

茶叶微生物产品除可食的外，自然就是非可食的产品。依据利用目的，非可食茶叶微生物产品主要可以分为茶树微生物肥料、茶树生物农药、茶树降解剂、茶酶制剂、茶树微生物激素、茶叶产香微生物等。茶树降解剂，可以是茶树纤维素降解微生物制剂、茶园农残降解微生物制剂、茶园重金属降解制剂、茶叶咖啡碱降解微生物等。

三、其他类型的茶叶微生物产品

有以茶渣为主要原料，适当添加其他辅料，通过混合菌共同发酵后，作为畜禽的饲料。也有以茶渣为原料，用木霉菌等真菌培养液处理，从茶渣中提取葡萄糖。有以特殊微生物进行发酵，促进茶叶中茶褐素大量生成，用于提取茶褐素。也有选用特殊微生物进行发酵，使茶叶中特殊功能活性成分的种类增加或含量增高，如富含 γ - 氨基丁酸、没食子酸、洛伐他汀等。有利用微生物，大量合成制备茶氨酸。还有以微生物发酵处理茶叶，制成低咖啡因含量的茶产品，或制成冷水即可快速溶出茶叶内含物的冷泡茶。

茶叶微生物产品一直是传统茶产品之一，生产历史悠久，饮用面广。随着茶叶微生物产品的发展，茶叶微生物产品开发涉及的面会更广，产品种类会更多。

第三节 茶叶微生物产品学的概念与研究内容

一、茶叶微生物产品学的概念

茶叶微生物发酵，是指以茶叶或含有茶叶提取物为基质，经微生物生长发酵，使基质中内含成分发生复杂变化而形成特定品质风味或特定功能的过程。直接经茶叶微生物发酵而成的茶产品，或经茶叶微生物发酵后再经过加工而成的茶产品，均称为茶叶微生物产品。广义的茶叶微生物茶产品，包括涉及茶叶生产全过程中的微生物产品，如促进茶树生长萌发的微生物发酵营养液、茶树生防制剂、茶树废弃物降解制剂等。此外，利用微生物发酵、微生物酶制剂作用茶叶成分后的产物，以及微生物代谢合成茶叶成分的产物，也均可称为茶叶微生物产品。茶叶微生物产品学是研究开发茶叶微生物产品的应用科学，其主要任务是选育微生物发酵菌株、筛选发酵原料、优化发酵工艺、调控微生物发酵与代谢、优化代谢物提取分离工艺、提升茶叶微生物产品的品质与安全等，以促进茶叶资源的开发利用与增值增效。

二、茶叶微生物产品学的研究内容

茶叶微生物产品发酵生产全过程均会影响茶叶微生物产品的发酵与品质，因此均应作为茶叶微生物产品学的研究内容。研究内容主要包括茶叶微生物产品的生产技术方法、发酵菌株、产品品质、发酵设备等。

（一）开展茶叶微生物产品发酵生产技术方法的研究

1. 及时总结现存的茶叶微生物产品生产技术与方法

茶叶微生物产品很早就存在，人们在为自身生存的过程中充分利用智慧开发生产出多种茶叶微生物产品，并形成了各自较为丰富的生产技术。及时总结已有的茶叶微生物产品生产技术与方法，分析存在的利弊，为茶叶微生物产品新技术、新方法的创立提供基础。

2. 优化传统茶叶微生物产品生产工艺技术

当前很多传统茶叶微生物产品的生产依赖于传统工艺技术，无法满足现代企业发展需求，需要进行传统生产工艺技术的优化革新。通过优化传统茶叶微生物产品生产工艺技术，实现标准化、清洁化发酵生产，全面提升茶叶微生物产品的品质与安全，必将促进茶叶微生物产品的发展。

3. 开展茶叶微生物产品新技术、新方法的研究

在开展茶叶微生物产品传统生产技术优化的同时，积极开展新技术、新方法的研究。新技术、新方法应围绕增强茶叶微生物产品新功能、新品质风味、降低生产成本、缩短生产周期等方面重点展开，同时实现茶叶微生物产品清洁化与机械化生产也是重点。利用茶叶微生物发酵技术，为中低档茶资源尤其是夏秋茶资源的开发利用提供有效途径，开发生产茶叶微生物新产品，尤其是高附加值的新产品，配套新技术、新方法，实现茶资源增值增效。

4. 开展茶叶微生物新产品的研制

结合茶资源的特点与消费者的消费需求，大力开发生产茶叶微生物新产品。以围绕方便化、功能化、特色化进行茶叶微生物新产品的研发，扩大消费群，增强消费需求，实现茶资源增值增效。

（二）开展茶叶微生物产品发酵微生物的研究

1. 开展茶叶微生物产品的微生物区系研究

很多传统茶叶微生物产品的发酵是依赖于自然接种，其发酵品质的形成往往是依赖于多种微生物综合作用的结果。开展茶叶微生物产品的微生物区系研究，了解发酵过程中各种微生物的动态变化，探究各种微生物的生长代谢特性，为全面了解茶叶微生物产品品质形成机理提供基础。

2. 筛选茶叶微生物产品的发酵优势菌株

在探明茶叶微生物产品的微生物区系的基础上，进一步筛选发酵优势菌株，确定各优势菌株在发酵过程中的动态变化，分析发酵条件对优势菌株的影响。同时还可以对优势菌株进一步选育，增强优势菌株的功能特性，以进一步提高发酵效能。通过优势菌株接种发酵，明确优势菌株对茶叶微生物产品品质形成的作用。

3. 筛选茶叶微生物产品的发酵功能菌株

在茶叶微生物产品的发酵微生物中，会存在一些特殊的微生物。这些微生物会具有特殊功能，对促进茶叶微生物产品的发酵、增加茶叶微生物产品中的功能活性成分、增强茶叶微生物产品的保健功能、或改变与提高茶叶微生物产品的品质风味等方面有明显的作用。如筛选耐高温菌株，则可以通过提高发酵温度，抑制其他杂菌的生长，保证发酵品质。也可筛选一些可以分泌高活性酶，如纤维生物降解酶、多糖水解酶、蛋白质水解酶等，可以促进把茶叶中一些非水溶性大分子物质水解成可溶性小分子物质，这对改善发酵产品的品质作用显著。还可以筛选一些能分泌特殊功能活性成分的微生物，如可以合成茶氨酸的功能微生物，能生成氨基丁酸的微生物。

4. 加强传统茶叶微生物产品发酵过程中有害微生物的控制技术研究

黑茶等传统产品当前是茶叶微生物产品生产的主体，这些传统茶叶微生物产品的发酵生产基本依赖于传统生产模式。为此，在传统发酵过程中如何减少或避免有害微生物的污染与生长，如何保证产品的安全性，则显得十分重要。需要了解传统茶叶微生物产品中容易污染和存在的有害微生物种类，了解有害微生物的生长特性及其对茶叶微生物安全性的影响程度，从发酵原材料、发酵工艺等途径寻找出可以合理减少或避免有害微生物的污染技术，以保障茶叶微生物产品的安全性。

5. 茶叶微生物产品发酵剂的研制

依据筛选出来的优势菌株和功能菌株，分析不同菌株组合效果，优化菌株组合，研制出茶叶微生物产品发酵剂。了解菌株在菌剂中活性保持能力，确定发酵菌剂保存条件，为人工接种和清洁化发酵茶叶微生物产品提供基础。

（三）开展茶叶微生物产品品质的研究

1. 研究茶叶微生物产品的品质形成机理

研究茶叶微生物产品在发酵过程中品质形成动态变化规律，确定品质风味、品质成分（尤其是品质功能活性成分）、保健功能的形成动态规律。全面分析发酵条件、优势菌株、发酵原料等因素对茶叶微生物产品发酵品质形成的影响，为优化发酵工艺、实现人工调控等提供技术基础。

2. 确定茶叶微生物产品的品质特征

对茶叶微生物产品的成品进行全面品质分析，确定产品的风味特征与特征性品质成分，确定产品的主要功能活性，为产品质量控制提供基础。

3. 制定茶叶微生物产品的相关标准

为实现标准化发酵生产茶叶微生物产品，有必要制定茶叶微生物产品的相关标准：一是制定茶叶微生物产品的质量标准，从感官品质、理化品质等方面进行制定；二是制定茶叶微生物产品的卫生标准，从微生物指标、农药残留、有害元素等方面进行规定，确保茶叶微生物产品的安全；三是制定茶叶微生物产品的生产技术标准，从原材料的选择与处理、发酵工艺操作、产品包装与贮藏等方面进行规定，确保茶叶微生物产品生产全过程实现规范化；四是制定茶叶微生物产品的产品追溯系统，利用二维码、电子等先进技术，实现茶叶微生物产品从源头、产中、产后全过程的产品质量追溯，以符合现代化社会发展的需求。

（四）开展茶叶微生物产品发酵设备的研究

1. 提升茶叶微生物产品发酵生产设备技术水平

茶叶微生物产品传统发酵生产基本完全依赖于自然环境条件，设备简单，一般发酵周期长，品质不易控制，劳动强度大，清洁化程度低，产品安全性不易保证，不符合现代化的加工生产需要。为此需要改造茶叶微生物产品传统发酵生产设备，提升设备的技术水平，实现自动控温控湿发酵。在实现机械化、清洁化发酵生产的同时，提高自动化程度，逐步实现自动化发酵生产。如在传统黑茶渥堆发酵过程中，需采取机械化翻堆，以降低劳动强度，提高翻堆效率。

2. 不断研制茶叶微生物产品发酵生产的新设备

结合传统茶叶微生物产品革新的需求和茶叶微生物新产品研发生产的需要，不断研制出茶叶微生物产品发酵生产的新设备。新设备应有利于茶叶微生物产品品质的形成，应在发酵生产的简单化、可操作化、自动化、低成本化等方面具有优势。

3. 促进高新技术在茶叶微生物产品中的应用

当前高新技术发展较快，在各行各业中发挥出积极作用。为此，非常有必要将已成熟的高新技术嫁接入茶叶微生物产品的发酵生产中，全面提升茶叶微生物产品发酵生产技术水平。尤其是在茶叶微生物产品的发酵生产设备方面，积极引入其他行业成熟的高新技术，如光电技术、机器人技术等，在促进发酵生产设备的自动化调控、自动化操作等方面发挥积极作用。

第四节　茶叶微生物产品开发的展望

一、中国茶产业存在的突出问题

中国是茶叶生产大国，但是茶叶生产在全球的地位却是种植面积第一、产量第一、出口量第三、创汇额第四。中国茶产业长期存在以下几个突出问题。

（一）茶产品销价低，中低档茶滞销

中国茶在世界上缺乏影响力和美誉度，导致价格低廉，产、收比例颠倒。中国每年出口茶叶 28 万 ~30 万吨，占年总产量近 1/4，在全球排第三。但出口的平均价格却只有每千克 1.9 美元左右，折合人民币不到 14 元左右，平均茶价比印度低四成，比斯里兰卡低六成，并以销往非洲等第三世界国家为主。也因销价低，全国茶产业效益差，而且每年有 10 多万吨的中低档茶滞销，严重阻碍了中国茶产业的发展。

（二）茶树夏秋鲜叶资源严重利用不足

茶树夏秋鲜叶资源占到全年茶树总产量的 60% 左右，然而由于夏秋的茶树鲜叶苦涩味重、制茶品质差、卖价低，全国各茶区对茶树鲜叶资源的利用主要是集中于春茶，导致夏秋茶资源利用率非常低。茶树夏秋鲜叶当前有开发利用的，也仅是生产中低档茶，销价低效益差。尽管当前黑茶和红茶恢复发展迅速，但依然没有改变我国夏秋茶鲜叶资源浪费严重的状况。这种现象的存在，造成大量茶资源浪费，还直接影响来年春茶的生产。如加上春季生产滞销的低档茶，全国茶资源浪费更加严重。

（三）茶叶微生物产品开发研究不足

茶叶微生物产品尽管生产历史悠久，然而受很多方面因素的限制，发展依然有限。黑茶等茶产品的生产与微生物紧密相关，然而受专业背景的限制，传统茶学学科的人员在微生物学科的知识有限，无法更深入地开展茶叶微生物方面的研究，以至于几十年来对黑茶微生物方面的研究还主要停留在微生物种类及其动态变化方面，而对其他方面的研究则明显滞后。

如何开发利用夏秋茶资源，开发茶叶新产品，增加茶叶价值，提高茶叶效益，是当前我国茶产业迫切需要解决的难题。

二、茶叶微生物产品开发途径

（一）低档茶资源增值增效

当前我国夏秋茶鲜叶等中低档茶资源的严重浪费已成为制约我国茶产业发展的突出问题，而借助微生物发酵技术可以显著改善中低档茶资源的品质，因此茶叶微生物产品的开发应围绕中低档茶资源的增值增效开展。利用夏秋茶鲜叶等中低档茶资源，除用于生产传统茶叶微生物产品外，应加强茶叶微生物新产品的研发，尤其是增值增效能力强的深加工类型新产品的研发。此外，除主要利用茶树叶资源外，还应加强利用微生物发酵技术，开发生产茶树花、果、枝、根等作为原料的茶叶微生物产品，实现茶资源全方位的开发利用。

（二）改善或增强茶叶微生物产品功能

利用微生物发酵技术，使发酵后的内含成分发生改变，达到改善或增强茶叶微生物产品的保健功能。如应用咖啡碱降解菌进行发酵，使发酵后的咖啡碱含量显著降低，开发生产出低咖啡碱或无咖啡碱的茶叶微生物产品，以适于对咖啡碱敏感的人群饮用。还可以应用具有茶氨酸合成能力的菌株进行发酵，使发酵后的茶氨酸含量明显增加，将对茶叶微生物产品的口感和功能产生明显的作用。

（三）改善或增强茶叶微生物产品的风味

利用一些特殊微生物进行发酵，使茶叶微生物产品的风味改善或增强。如选用一些产香微生物，使茶叶微生物产品具有特殊香味品质，如酯香、酒香、花果香等，使茶叶微生物产品品质特色化。还可以利用不同原材料组合，如添加花草类、果蔬类等原料，生产出风味各异的茶叶微生物产品。

三、茶叶微生物产品开发展望

微生物广泛存在于自然界，随着研究的不断深入，人们越来越认识到微生物在茶叶行业中的重要性，微生物已在茶叶加工、茶园肥培管理、茶园病虫害防治及茶叶贮藏与保鲜等领域得到了广泛的应用。其中茶叶被微生物发酵后，不但其自身内含物产生了复杂的转化，如酚氨比降低、香气物质种类含量变多、农残减少，还增添了大量的、对人体有益的微生物代谢活性物质，这使发酵后的品质变化效果明显。利用微生物发酵技术优势，以茶叶资源为原料，充分开发生产茶叶微生物产品，为百姓提供新颖、特色显著的养生产品，是推动茶资源高效开发利用的重要途径，具有广阔的市场前景。

（一）提高传统微生物茶产品生产技术水平

传统黑茶、红茶菌的发酵生产多依赖于天然菌种，容易受环境条件的限制，而且黑茶生产中长期存在有害菌、不卫生等突出问题，为此迫切需要提升传统微生物茶产品的生产工艺技术水平。同时明确微生物发酵生长与传统茶叶微生物产品品质形成之间的关系，筛选优良菌株，制作发酵菌剂，采取人工接种，进行人工控温控湿发酵，缩短发酵时间，提高发酵品质，实现发酵全过程清洁化、标准化、可控、无污染，为百姓提供优质、安全、健康的茶叶微生物产品。

（二）开发特色可食茶叶微生物产品

依据食品的色、香、味、功能四大特性方面，以茶资源为原料，利用微生物自身不同的利用方式，研发各具特色的可食茶叶微生物产品。如利用产香微生物，研发高香红茶、高香黑茶；利用红曲，研发红色发酵红茶、红色发酵黑茶；利用产多糖水解酶的微生物，研发滋味回甘强的发酵茶产品；利用特定微生物，研发富含茶氨酸、没食子酸、多糖等功能活性成分的茶产品；利用微生物或其代谢物对茶叶成分进行水解、合成或修饰，研发出膳食纤维、药物成分、新的功能活性成分等。

（三）开发特色非可食茶叶微生物产品

开发特色非可食茶叶微生物产品，主要可以从以下几方面着手：一是围绕促进茶树优质高产的角度，开发茶树生物防护产品、茶树益肥、茶树促生长剂、茶树抗逆剂等；二是围绕促进微生物发酵过程和品质的形成，研发各种微生物菌剂，应用于降解农残、缩短发酵时间、形成特色品质等；三是针对各种茶资源如茶渣、修剪废弃物、茶果、茶花等进行发酵，研发出饲料、生物肥等；四是针对茶叶提取成分，利用微生物进行发酵或修饰，研发出表面活性剂、杀虫剂、填充剂等。

（四）利用微生物综合开发利用茶资源

当前茶资源开发利用中存在突出的问题就是，夏秋茶资源浪费巨大，迫切需要开发利用。每年还会有大量的修剪废弃物、浸提茶渣、生产副产物等得不到应有的利用。除此之外，茶树的根、茎、花、果或其有效部位，均未能得到应有的利用，为此可借助微生物进行充分开发利用。如利用浸提茶渣、修剪废弃物发酵生产饲料或有机肥，或作为食用菌的基质。利用茶叶生产的废弃物接种担子真菌可用来发酵生产木质素纤维酶、纤维素酶、木糖酶、过氧化物酶。利用固态发酵的方法可从速溶茶废料中制取蛋白质饲料等。添加生物酶，利用夏秋鲜叶制备提取可溶性糖。

第二章　黑茶产品

黑茶产品是我国六大茶类之一，也是当前茶叶微生物产品的最主要部分。当前黑茶产业发展迅速，黑茶加工技术衍化速度也非常快，现大体介绍当前代表性的黑茶产品加工生产技术。

第一节　普洱茶产品

普洱茶是云南特有的地方茶产品，是近年来产销量增加最快的茶产品之一，其在市场推广、科研和加工等方面都取得了飞速的发展。根据 GB/T 22111—2008《地理标志产品　普洱茶》的定义，普洱茶是指以地理标志保护范围内的云南大叶种晒青茶为原料，并在地理标志保护范围内采用特定的加工工艺制成，具有独特品质特征的茶叶。按加工工艺与品质特征，普洱茶可以分为普洱生茶和普洱熟茶两种类型。普洱生茶是以符合普洱茶产地环境条件的云南大叶种晒青茶作为原料，经蒸压、自然干燥及一定时间贮放而成的产品。普洱熟茶是以符合普洱茶产地环境条件的云南大叶种晒青茶作为原料，经适度潮水、微生物固态发酵形成半成品后，筛分精制成不同等级的散茶，再蒸压成砖、饼、沱、柱等外形的茶产品。由此可见，普洱熟茶才算是茶叶微生物产品，而普洱生茶不能归属于茶叶微生物产品。

一、普洱茶加工工艺流程

普洱茶的加工生产主要经历了三个发展阶段：①清朝及以前的普洱茶，产品形式主要是紧压生茶；②民国初期至 20 世纪 70 年代的近代普洱茶，产品形式主要是晒青毛茶和紧压茶，贮藏与运输过程成为其品质形成的主要环节；③20 世纪 70 年代以来现代普洱茶生产工艺形成，使用固态发酵技术，其中微生物和湿热作用是普洱茶品质形成的重要因素。现代普洱茶生产工艺流程如下：

二、普洱茶加工技术要点

（一）晒青毛茶生产

普洱茶的晒青毛茶原料按鲜叶嫩度来分等级，一般来说嫩度与芽头比例成正相关，过嫩的原料也不利于普洱茶品质的形成。多采摘一芽三四叶，以春季的原料品质最好。鲜叶杀青的锅温依鲜叶老嫩程度而定，一般掌握在 240 ~ 300℃；杀青时间依据鲜叶老嫩、投叶量、锅温而定，一般一二级鲜叶杀青 4 ~5min，三四级鲜叶杀青 6 ~7min。至杀青叶手捻成团、叶软带黏性、有清香时，即为杀青适度。对较粗老的鲜叶，可洒水适度后再进行杀青。杀青叶经适度轻揉后，薄摊在竹匾、晒垫上，进行日晒。一般晒至含水量 10% ~12% 时即可。

（二）固态发酵

晒青毛茶的含水量一般较低，微生物无法大量生长，需要人工增湿。晒青毛茶人工增湿称为潮水，即选用清洁冷水喷洒到晒青毛茶上，翻拌均匀，使晒青毛茶含水量控制在 28% ~35%，具体依原料嫩度、环境气温、环境湿度等而定。人工增湿后的晒青毛茶多采用大堆发酵，一般初堆堆高 1.2 ~1.5m，二翻后控制在 0.8 ~1.0m，每堆叶量以 8 ~10t 为佳。为保湿保温，根据季节及茶叶原料老嫩等因素，在茶堆上加盖湿布，以促进发酵的进行。一般渥堆发酵 5 ~7d，需进行翻堆，需连续翻堆 4 ~6 次。至最后一次翻堆时，需将渥堆发酵叶薄摊，快速散发水分，及时晾干。

（三）精制和拼配

经晾干的茶叶，需进行拣剔、切分、去杂、分级等工序。通过精制，得到一系列可用于拼配的筛号茶。将不同级别、不同筛号、品质相近的茶叶按比例进行拼配，得到可用于压制的、不同级别的精制茶。

（四）压制

精制好的拼配茶可直接以散茶形式销售，饮用方便。然而，多数需将拼配茶按一定形状进行压制造形。普洱茶当前压制产品的外形种类较为多样，最为常见的是砖、饼、沱、金瓜、柱等形状。压制时，一般由称茶、蒸茶、压模、脱模等工序完成，压好的普洱茶一般需放入烘房进行干燥，至水分含量小于 12% 即可。

（五）仓储陈化

干燥后的茶叶，需放置于清洁卫生干燥的场所，温度保持（25 ±3）℃，相对湿度小于 75%，通风，空气清新。通过仓储 3 个月至几年，让成品茶叶进行陈化，使茶叶中的色、香、味更加协调，呈现陈香，达到更佳的品质。

三、影响普洱茶发酵生产的因素

影响普洱茶固态发酵中品质形成的主要因素包括气候条件、微生物、水分、温度、氧气、光线等。为了得到品质优良的普洱茶，主要应该掌握好三个基本条件：一是水分，二是温度，三是氧气。

（一）水分对普洱茶发酵的影响

水是发酵过程中产生物质化学变化和生物化学变化的必要介质和直接参与者。晒青毛茶一般含水量在9%～12%，必须增加茶叶含水量才能发酵。必须根据茶叶老嫩、气温、空气湿度、季节、发酵场地等不同情况，掌握潮水的比例。如加水太多，会造成茶汁流失，并且会造成有害菌生长过多，发酵叶出现糜烂，严重降低茶叶品质；如加水偏少，微生物不易生长，发酵进程缓慢，普洱茶的发酵品质难以形成。因此，在普洱茶发酵工艺上，需要掌握好发酵叶的潮水量。

（二）堆温对普洱茶发酵的影响

堆温是普洱茶渥堆发酵中最关键的因素，直接影响普洱茶的品质。适宜的堆温，能促进渥堆中微生物的生长和保持生物酶呈高活力状态，同时抑制有害杂菌的生长。有研究表明，普洱茶渥堆的堆温最低不能低于40℃，否则不利于生物化学反应的进行；最高不能高于65℃，否则会抑制酶的活力，甚至造成发酵叶沤烂，俗称"烧心"。渥堆的堆温掌握需考虑气温、湿度、堆的规模形状等因素，受季节变化的影响显著。普洱茶发酵要根据不同的季节气候，调整茶叶堆温。渥堆的规模一般以8～10t为佳，堆量少温度提升缓慢，堆量多则温度易过高。可以采取控制堆高、盖布以及翻堆等措施，人为调控普洱茶渥堆的堆温。

（三）氧气对普洱茶发酵的影响

在普洱茶渥堆发酵过程中，微生物的生长、酶促氧化以及部分物质的氧化，均需要氧气。在渥堆发酵过程中，如果渥堆叶过细嫩、含水量过高，透气性则差，易造成渥堆中缺氧，影响普洱茶品质的形成。如果茶堆过高，堆压过紧，中心温度过高，透气性也差，也易造成烧心现象，直接影响茶叶品质。因此，注意控制渥堆叶的含水量、堆高、透气性等，有利于普洱茶品质的形成。此外，渥堆场地保持空气流通，适当间隔翻堆，可以增加渥堆中的氧气，促进渥堆叶发酵均匀。

四、普洱茶品质特征

普洱生茶条索紧结，色泽墨绿，内质汤色绿黄明亮，滋味浓厚回甘，香气清纯，叶底肥厚黄绿。成品普洱生茶的理化成分要求水分含量≤13%，水浸出物含量≥35%，茶多酚含量≥28%。

普洱熟茶条索肥壮、重实，色泽褐红，内质汤色红浓明亮，滋味醇厚回甘，香气独特陈香，叶底呈褐红色。成品普洱熟茶的理化成分要求水分含量≤12.5%，水浸出物含量≥28%，茶多酚含量≤15%。

第二节　湖南黑茶产品

历史上湖南黑茶的主产区在湘中茶区和湘北茶区，以安化和临湘最为集中，现发展到以安化县为中心的益阳市、汉寿县、桃源县一带以及以临湘市为中心的岳阳市等区域。湖南黑茶分为紧压茶和散装茶两大类，紧压茶有茯砖茶、黑砖茶、花砖茶、花卷茶、青砖茶等品种，散装茶有天尖、贡尖、生尖等，常简称为"三砖（传统上为茯砖茶、黑砖茶、花砖茶）三尖（天尖、贡尖、生尖）一花（花卷茶，即千两茶）"。

一、湖南黑毛茶加工

（一）工艺流程

鲜叶→ 杀青 → 初揉 → 渥堆 → 复揉 → 干燥 →黑毛茶

（二）技术要点

1. 鲜叶

湖南黑毛的一级茶以一芽三四叶为主，二级茶以一芽四五叶为主，三级茶以一芽五六叶为主，四级茶以对夹新梢为主。现根据消费者需求，增加以一芽一二叶为主的特级湖南黑毛茶。

2. 杀青

除雨水叶、露水叶和幼嫩芽叶外，三、四级鲜叶根据茶叶含水量以鲜叶质量的10%洒水（即10kg鲜叶洒1kg清水）杀青。有采用80～90cm口径的斜锅进行杀青，一般采用高温快炒，锅温280～320℃，每锅投叶量4～5kg，杀青4～6min。滚筒杀青时锅温300℃左右，杀青时间4～6min。待茶叶软绵且带黏性，色转暗绿，无光泽，青草气消除，香气显露，折粗梗不易断，且均匀一致，即为杀青适度。

3. 初揉

杀青叶趁热揉捻，采用"轻压、短时、慢揉"的方法，揉捻15min左右。待嫩叶成条，粗老叶大部分成褶皱，小部分成"泥鳅条"状，茶汁流出，叶色黄绿时即可，细胞破坏率以15%～30%为度，尽量防止扁片叶、黄片叶、丝瓜瓢叶、脱皮梗茶。

4. 渥堆

湖南黑毛茶的传统渥堆发酵，是以杀青揉捻叶直接进行渥堆。一般要求揉捻叶含水量在65%左右，如偏干，在渥堆时还需在堆面洒水增湿。渥堆应有适宜的条件，在背窗、洁净的地面，避免阳光直射，室温在25℃以上，空气相对湿度保持在85%左右。特级、一级、二级原料初揉后，解块，堆在篾垫上，厚度为15～25cm，适当筑紧，上面加盖覆盖物，以保温保湿。在渥堆过程中视堆温变化情况，适时进行1～2次的翻堆。三、四级茶初揉后，茶坯不经解块立即堆积起来，适当筑紧，堆高约1m，加盖覆盖物，一般不翻动；当堆温超过45℃时必须进行翻堆，防止茶叶烧坏。渥堆时间春季12～18h，夏、秋季8～12h，一般不超过24h。当渥堆叶表面出现水珠，叶色由暗绿色变为黄褐色，青气消除，发出酒糟气或酸辣气味，手伸入茶堆感觉发热，茶团黏性不大，一打即散，叶片对光透视呈竹青色而透明，即为渥堆适度。如叶色尚花杂，叶子黏性大，还有青臭气，需继续渥堆至适度。如渥堆过度，则手摸叶时有泥滑感，则不宜复揉，应尽快干燥。

在生产实践中，湖南黑茶的生产多收购黑毛茶，入厂后根据发酵情况、毛茶品质进行黑毛茶精制加工。如出现条索松散、发酵欠缺、品质达不到的情况下，采用汽蒸或汽蒸复揉后直接进行补渥堆，促使黑毛茶品质转化。在补渥堆过程中主要利用汽蒸的余热进行茶叶品质的转化，一般渥堆12～18h。待补渥堆适合后，渥堆叶烘干即成。如一次汽蒸未达到叶色转化、口感醇化的效果，则可以多次汽蒸补渥堆。

5. 复揉

将渥堆适度的茶坯解块后，上机复揉，压力较初揉稍小，一般揉捻6~8min，即下机解块。特级、一级、二级茶坯以茶叶条索紧卷，三级茶以"泥鳅条"状茶叶增多，四级以叶片成折叠状，为揉捻适度。

6. 干燥

当前湖南黑毛茶的干燥方式常采用七星灶干燥、日晒或机械烘干。湖南黑毛茶的传统干燥方式比较特殊，采用特制的七星灶以松柴明火烘焙。采取分层累加湿坯和长时间一次干燥，使黑毛茶形成油黑色，并带松烟香。一般烘近1~2h，茶坯含水量达8%，即可。也有部分采用日晒干燥，近些年湖南黑毛茶的干燥，也开始改用连续烘干机或炒干机进行干燥。

（三）品质特征

特级黑毛茶的鲜叶采摘时间在四月中下旬谷雨前后，鲜叶标准以一芽一二叶为主；制成的黑毛茶叶质细嫩，条索紧卷圆直，色泽黑润，汤色橙黄明亮，滋味浓醇；特级黑毛茶一般用作天尖拼配原料，或单做特级砖茶。一级黑毛茶的鲜叶采摘时间在4月下旬谷雨后，鲜叶标准以一芽三四叶为主；制成的黑毛茶外形条索圆直，肥壮尚紧实，色泽黑润，汤色橙黄较亮，滋味醇和尚浓；一级黑毛茶一般用作天尖原料、贡尖的拼配原料，或者单做成较高级的砖茶。二级黑毛茶的鲜叶采摘时间在5月上旬立夏前后，鲜叶标准以一芽四五叶为主；制成的黑毛茶茶条索尚紧，粗壮肥实，色泽黑褐尚润，汤色橙黄尚亮，滋味醇和；二级黑毛茶一般用作贡尖原料或生尖拼配原料，或者单做成中高档的砖茶。三级黑毛茶的鲜叶采摘时间在5月下旬小满前后，鲜叶标准以一芽五六叶为主；制成的黑毛茶条索欠紧，呈泥鳅条，色泽黑褐略微带点竹青色，汤色橙黄，滋味醇和微涩；三级黑毛茶一般用作生尖原料，或者作为花砖、黑砖、特制茯砖等砖茶的原料。四级黑毛茶的鲜叶采摘时间在6月中下旬芒种前后，鲜叶标准以对夹新梢为主，带红梗，有褶皱叶；制成的黑毛茶叶张宽大粗老，条松扁皱折，色黄褐，汤色橙黄而泛红，滋味醇和带涩；四级黑毛茶一般用作黑砖、特级茯砖、普通茯砖等砖茶的原料，也可作为一些砖茶的包心原料。整体而言，所有等级的黑毛茶视等级不一而含梗情况各不同，茶汤滋味醇和或纯和，带松烟香，汤色橙黄，叶底黄褐。

二、三砖茶产品

湖南黑茶产品中的三砖茶，是指茯砖茶、黑砖茶、花砖茶三种。

（一）茯砖茶产品

早在明末清初（1644年左右），陕西泾阳县采用湖南安化黑毛茶为原料，手工筑制茶砖，称"泾阳砖"，当地又称"湖茶"；因需在伏天筑制，故称"伏砖茶"；又因其品质风味似土茯苓，又被称为"茯砖茶"。1953年湖南安化砖茶厂（今湖南白沙溪茶厂）试制茯砖茶成功，为方便生产与运输，1958年实现机制后茯砖茶生产就由陕西泾阳县完全转移到湖南安化县，但近些年来陕西泾阳一带又重新恢复了茯砖茶生产。

1. 工艺流程

$$\boxed{黑毛茶精制} \rightarrow \boxed{称茶} \rightarrow \boxed{蒸茶} \rightarrow \boxed{装匣} \rightarrow \boxed{汽蒸压制} \rightarrow \boxed{冷却、定型} \rightarrow \boxed{退砖} \rightarrow \boxed{发花} \rightarrow \boxed{干燥} \rightarrow \boxed{检验、包装}$$

2. 技术要点

（1）毛茶精制　传统边销的茯砖茶，只分为特茯和普茯两种产品，特制茯砖采用二、三级安化黑毛茶原料压制生产，普通茯砖采用四级安化黑毛茶及级外茶原料压制生产。近些年针对内陆市场新开发的茯砖茶，多选用较细嫩的原料，含梗少，甚至无梗。

一般直接采用黑毛茶为原料，先精制后，再进行制砖。毛茶精制，一般经过剔杂、切细、筛分、拼配等工序。如黑毛茶原料发酵程度偏低，多采用汽蒸后直接闷堆0.5～1d，然后烘干，再进行精制。

（2）汽蒸压制　精制茶压制茯砖茶时，不分面茶、里茶，仅称量一种茶坯，直接汽蒸压制。茯砖茶生产规格已多样化，有0.1～10kg的不等，传统茯砖规格为2kg。称量好的茶样进行汽蒸时，需把握好汽蒸时间，以控制好压制后的含水量，这对发花非常关键。一般压制好去发花时的茶砖，含水量控制在25%～30%；如原料细嫩，含水量可适当降低；原料较粗老时，含水量可适当偏高。在压制过程中，茯砖茶的茶砖一般都不宜压制过紧，压制过紧会导致发花困难，但也必须成形且较紧结。较细嫩的原料压制时压力需降低，而较粗老的原料压制时压力需适当增大。现因生产技术改变及消费习惯的调整，2007年湖南白沙溪茶厂率先恢复手工压制茯砖，简单方便，人员少，易控制，开茶取茶方便，目前已经成为内销市场的主打产品。

（3）发花　"发花"是茯砖茶品质形成的关键过程，是在一定温湿度条件下冠突散囊菌在茶砖内部进行生长成熟的过程。冠突散囊菌在茯砖茶内部形成的孢子囊，呈现茂盛的"金花"。一般以烘房作为发花室，控制烘房温度为25～32℃，烘房相对湿度65%～80%，发花周期10～15d。

（4）干燥　要判定茯砖茶发花程度，当前仅能依赖于将茯砖扳断，看茶砖断裂面上的金花形成状况来确定。当金花大量形成后，即可缓慢升高烘房温度，降低空气相对湿度，逐渐干燥茯砖茶。一般约需烘7d，茯砖茶即可达到干燥要求。干燥好的茯砖茶，检查合格后，即可包装入库。

3. 品质特征

茯砖茶在外形上，要求砖面平整，棱角分明，厚薄基本一致，压制松紧适度，砖内发花普遍茂盛。特茯干色呈褐黑色，普茯为黄褐色，砖内均无黑霉、白霉、青霉、红霉等杂菌。茯砖茶香气纯正，具有特殊的菌花香。特茯汤色橙红，普茯汤色橙黄，滋味醇和或纯和；叶底棕褐或黄褐，显梗。茯砖茶在发花过程中，(E, E)-2,4-庚二烯醛、(E, Z)-2,4-庚二烯醛、糠醛和（反、反）-2,4-壬二烯醛等香气成分增加显著，从而形成茯砖茶典型的"菌花香"。茯砖茶的水分含量（质量分数）≤14%，含梗量（质量分数）≤20%，水浸出物（质量分数）≥22%，冠突散囊菌数（菌数/g干茶）≥20×10⁴CFU/g。

（二）花砖茶与黑砖茶加工

花砖茶和黑砖茶的压制工艺相同，但使用的黑毛茶原料等级和砖面压印的图案不同。因花卷茶生产耗时长且产量低，由花卷茶（千两茶）演变而来的花砖茶于1958年研制成功，并一直保持花卷茶原料配方与工艺，以二级黑毛茶为主，采用冷发酵达到汤色、叶色的转变；花砖茶上方印有"中茶"商标图案，下方压印有"安化花砖"字样，四边压印斜条花纹黑砖茶于1939年研制成功，当时参照湖北青砖茶制法，生产初期分为天、地、人、和四个等级，经过长期的市场自然选择，目前保留了采用三级黑毛茶为主的黑砖茶，通过热发酵来达到口感色泽的稳定；黑砖茶砖面上方压印有"黑砖茶"三字，下方有"湖南安化"四字，中部为五角星。

1. 工艺流程

黑毛茶→ 精制 → 拼配 → 汽蒸压制 → 干燥 → 包装 →成品

2. 技术要点

（1）黑毛茶精制　一般直接采用黑毛茶为原料，先精制后，再进行制砖。毛茶精制，低档茶一般经过剔杂、切细、筛分等工序，特制黑砖直接使用三级原叶，不进行切细处理。

（2）拼配　精制获得的各筛号茶，按产品等级要求进行拼配。普通黑砖茶的原料是以三级黑毛茶精制的筛号茶为主，再拼入部分四级黑毛茶，特制黑砖用全三级。而花砖茶的原料则全部是二级黑毛茶精制的筛号茶。

（3）汽蒸压制　特制花砖茶和特制黑砖茶的压制工艺，均包括称茶、蒸茶、预压、压制冷却、退砖、检砖、干燥、包装等工序，不分洒面和里面，普通黑砖使用了洒面与里茶。称量固定质量的茶叶后，以蒸汽温度为102℃、蒸汽压力为0.6MPa、蒸茶时间为3～4s，然后及时压制。压制后的茶，需保证足够的时间进行冷却，然后才能退砖、修砖和检砖。

（4）干燥与包装　经检验后的茶砖，放进烘房进行干燥。烘房温度需先低后高，逐步均衡上升。一般视气候加以调节，夏天在开始时把温度升至35℃，冬天开气第1天温度升至33℃，然后在第1～3天每隔8h升温2℃，第4～6天每天升温8℃，但最高不超过75℃。一般烘干时间为8～10d，当水分含量在13%以下时停止升温，关闭烘房门窗自然冷却降温，即可准备出烘，进行包装贮存。

3. 品质特征

黑砖茶和花砖茶的传统产品每砖片净重2kg，外形均要求砖面平整，图案清晰，棱角分明，厚薄一致，色泽黑褐，无黑霉、白霉、青霉等霉菌。在内质方面，二者均要求香气纯正或带松烟香，汤色橙黄，滋味醇和，黑砖茶的滋味允许存在微涩。黑砖茶和花砖茶的水分含量（质量分数）≤14.0%。黑砖茶水浸出物（质量分数）≥21.0%，总灰分（质量分数）≤8.5%，茶梗（质量分数）≤18.0%。花砖茶水浸出物（质量分数）≥22.0%，总灰分（质量分数）≤8.0%，茶梗（质量分数）≤15.0%。

三、湘尖茶产品

湖南"湘尖"茶产品分别为天尖茶（湘尖1号）、贡尖茶（湘尖2号）、生尖茶（湘尖3号）。

（一）工艺流程

黑毛茶 → 精制 → 拼配 → 汽蒸压制 → 干燥 → 紧压型湘尖茶

→ 解散 → 散茶型湘尖茶

（二）技术要点

1. 黑毛茶精制

天尖茶以特级、一级黑毛茶为主要原料，贡尖茶则以二级黑毛茶为主要原料，生尖茶是以三级黑毛茶为主要原料。黑毛茶原料全部经过炕焙，带有焦糖香。黑毛茶经精制后，按照产品质量要求，以各筛号茶进行拼配，形成半成品茶坯。

2. 汽蒸压制

对压制型湘尖茶产品，还需进行汽蒸压制。传统湘尖茶均采用篾篓包装，分50、45kg或40kg一篓，故压制型湘尖茶又可称为篓装型茶产品。拼配好的茶称量后，高压蒸汽蒸20~30s，即装入篓中，装叶时需注意施压。压好后捆好篾条，在捆紧的篾包顶上钻5个直径1cm的孔洞，深约35cm，以利水分导出散发。将制好的茶包运至通风干燥处，晾7~15d，待水分含量达到要求即可。

（三）品质特征

市售的湘尖茶产品，有散装型、紧压型两大类，紧压型依所用器具的不同而不同。散装型的湘尖茶是将紧压型产品解散而成的，以方便消费者饮用。天尖茶外形条索紧结，扁直，乌黑油润，嫩度较好；内质香气纯浓或带松烟香，汤色橙黄，滋味浓厚，叶底黄褐夹带棕褐、叶张较完整、尚嫩匀。贡尖茶条索紧实，扁直，油黑带褐；香味纯尚浓或带松烟香，汤色橙黄，滋味醇厚，叶底棕褐、叶张较完整。生尖茶外形茶条粗壮尚紧，呈泥鳅条状，黑褐；汤色橙黄；香味纯正或带松烟香，滋味醇和，叶底黑褐、宽大。三尖茶含水量（质量分数）均≤14.0%。天尖茶水浸出物量（质量分数）≥26.0%，总灰分（质量分数）≤7.5%，茶梗（质量分数）≤5.0%。贡尖茶水浸出物量（质量分数）≥24.0%，总灰分（质量分数）≤7.5%，茶梗量（质量分数）≤6.0%。生尖茶水浸出物量（质量分数）≥22.0%，总灰分（质量分数）≤8.0%，茶梗量（质量分数）≤10.0%。

四、千两茶产品

湖南黑茶中的花卷茶因其外表的篾篓包装成花格状，故得名。花卷茶传统产品每卷（支）净重合老秤一千两（净重约36.25kg），故俗称为"千两茶"。

（一）工艺流程

黑毛茶 → 精制 → 拼配 → 汽蒸 → 踩压整形 → 晾置 → 日晒干燥 → 检验 → 成品

（二）技术要点

1. 黑毛茶精制

千两茶的原料精制与其他湖南黑茶的一样，但不同产地的原料品质特征会有明显区别。

2. 汽蒸

每支茶分 5 次称茶，每次称 7.25kg。拼配好的精制茶称好后，汽蒸 4min 左右，使茶叶含水量在 20% 以下。茶叶蒸好后，立即放入篾篓中，动作必须迅速，勿使蒸汽散失。千两茶的包装比较特殊，均采用原生态纯天然的安化当地楠竹、蓼叶、棕片为材料。楠竹篾篓是为千两茶生产所特制，必须用 3 年以上的楠竹编制成花格篾篓，中间一层为棕叶片，最里层为蓼叶。

3. 踩压整形

千两茶生产的第一个特殊工序就是踩压整形，需经过绞、压、踩、滚、锤等过程。把装好茶叶的篾篓及时锁口，抬至专用的踩场。先将篾篓踩匀，抽篾，进行踩制。然后用专用的绞杠紧身，压杠压实，绞杠和压杠交替进行。每支千两茶必须压重杠 4～5 次，每杠压牢压实，使茶体外观匀称笔直，如果压完轻杠还有"鼓包""弯曲"等现象，用木锤敲平敲直。因敲打松动的捆箍，必须绞杠锁紧。踩制好的千两茶冷却定型后才允许开始锁篾，一般要求冷却 12h 以上。锁篾必须紧结、匀称、集中，发现露茶的地方必须补篾修复。

4. 自然干燥

千两茶生产的第二个特殊工序就是日晒夜露自然干燥，既是千两茶的干燥过程，也是后发酵过程，对千两茶品质形成具有重要作用。自然干燥对气候要求较高，空气湿度低，日照强度大，才能达到自然干燥的效果，一般生产季节在端午后、立冬前。千两茶置于特制的晾架上，在自然日晒下散发水分，并再次发酵，晾置时间一般为 49d 左右。晾置过程中，需翻边两次，倒头 1 次，并注意每天的天气变化，做到晴晒雨遮。

5. 检验

待千两茶的水分达到一定要求，品质稳定，检验合格，即可贮存销售。

6. 保养

千两茶刚出棚时，蔑篓干燥，茶体温度较高，需在阴凉干燥通风处放置 3～5d。待千两茶的茶体与环境的温度达到一致后，才能入库存放或发货销售。

（三）品质特征

千两茶的制作是将散茶以粗篾紧裹捆绑而筑成长条圆柱形，传统产品柱长五尺（1.665m），柱围 1.7 尺（0.56m）；生产实践中每支茶一般长 1.5～1.65m，直径 0.2m 左右。近些年来千两茶产品呈现多样化，按产品外形尺寸大小和净含量的不同分为万两茶、五千两茶、千两茶、五百两茶、三百两茶、百两茶、十六两茶、十两茶等。千两茶的基本形态为圆柱体形，茶体紧密坚硬，色泽黑褐，无蜂窝巢状，茶叶紧结或有"金花"。千两茶香气纯正或带松烟香、菌花香或带陈香，陈化 10 年以上带陈香味；汤色橙黄或橙红；滋味醇和，新茶微涩，陈化 5 年以上醇和甜润；叶底深褐，尚嫩匀，叶张较完整。千两茶含水量 ≤15.0%，水浸出物量（质量分数）≥24.0%，总灰分（质量分数）≤8.0%，茶梗量（质量分数）≤5.0%。

第三节 四川黑茶产品

四川黑茶俗称四川边茶，传统主要分为南路边茶和西路边茶。南路边茶是四川边茶的大宗产品，"南路"即从成都出发向南的通道，主产于雅安市，分为康砖、金尖两个花色，主销川西和西藏，以康定市、拉萨市为中心。西路边茶，即成都出发向西北方向走的古大路，包括都江堰市、平武县等地，有茯砖、方包等，鲜叶较南路边茶更粗老，现集中在邛崃市、都江堰市、平武县、北川县等地加工。近些年，四川雅安市正着力打造藏茶产业，产品主要分为毛尖、芽细、康砖和金尖四种，而方包茶在四川生产极少。

一、四川黑毛茶加工

四川黑毛茶的加工方法有毛庄茶和做庄茶之分，毛庄茶是鲜枝叶杀青后不蒸揉直接干燥而成，而做庄茶是鲜枝叶杀青后还需经过蒸揉和渥堆做色后才干燥而成。当前四川黑毛茶以做庄茶加工为主，而毛庄茶做法已基本消失。当前做庄茶的生产工艺分为传统工艺和现代工艺两种，2008 年以"做庄茶传统工艺"为特色的南路边茶制作技艺入选中国第二批国家级非物质文化遗产保护项目。

（一）做庄茶传统工艺

做庄茶的传统工艺包括一炒、三蒸、三踩（蹓）、四堆、四晒、二拣、一筛一共18道工序，最少的也需14道工序。

1. 工艺流程

鲜叶采摘→杀青→初堆→初晒→初蒸→初踩→二堆→初拣→二晒→二蒸→二踩→三堆→复拣→三晒→筛分→三蒸→三踩→四堆→四晒

2. 技术要点

（1）鲜叶采摘　传统做庄茶的鲜叶原料均比较粗老，尤其是方包茶传统采收 1 ~ 2 年生的茶树枝条为原料。鲜叶可手采也可刀割，手采老叶或当年枝叶，刀割当季或当年成熟新梢枝叶。

（2）杀青　做庄茶的传统杀青方法是以直径 96cm 的大锅、约 300℃ 锅温进行杀青，投叶量 15 ~ 20kg，以焖为主，杀青时间 10min 左右；先焖炒，后翻炒，翻焖结合，以焖为主，至在制品减重约 10%。现多用川 – 90 型杀青机进行杀青，锅温为 240 ~ 260℃，投叶量 20 ~ 25kg，焖炒 7 ~ 8min；待炒到叶面失去光泽、叶质变软、有茶香散出，即可出锅。

（3）扎堆　扎堆即渥堆，在古代也称为做色，是在茶坯堆积发热中促进多酚类化合物氧化和叶色由青绿色变为黄褐色，从而形成南路边茶特有的品质。做庄茶需经过 4 次渥堆发酵。第一次渥堆在杀青叶出锅后，趁热堆积 1.5 ~ 1.7m 高的茶堆，并覆盖上棕垫、麻袋等以保温、保湿。渥堆的时间视茶堆的大小和天气情况而定，一般在 6 ~ 12h，堆温保持 60℃ 左右，叶色转化为淡黄色为度。以后每次蒸踩后都要进行渥堆，渥堆时间 6～12h，第二、第三次渥堆的目的是去掉茶叶中的青涩味。第二次渥堆在第一次蹓茶后进行，第三次渥堆是在第二次蹓茶之后。第四次渥堆是在第三次蹓茶之后，作为前三次渥堆的补充。当叶色转为深红褐色，堆面出现水珠，即可开堆；如叶色过淡，应延长最后一次渥堆时间，直到符合要求时再晒干。如渥堆不足，茶汤不红亮，有粗青气；渥堆过度，则汤色浑浊，有馊酸味。

（4）蒸茶　做庄茶传统工艺中需要蒸茶三次，均是在蹓茶前蒸，使叶片受湿热后增加韧性，便于脱梗和揉条。蒸茶用的蒸桶，俗称"甑"，上口径 33cm，下口径 45cm，高 100cm，每桶装茶 12.5～15kg。将茶坯装入蒸桶内，盖好盖子，放在铁锅上烧水蒸茶。蒸到斗笠形蒸盖的水汽下滴，桶内茶坯下陷，叶质柔软即可。注意控制蒸茶的温度和时间，使茶叶的含水量达到合适的比例。

（5）踩茶　踩茶又称蹓茶，实质是起到揉捻的作用，整个过程是在一个木质的蹓茶架上进行。蹓茶架是一个木条架子，两边安装有竹竿或木条做扶手，中间为一块坡度大约 30°的木板，即为踩板，木板一般长约 6m、宽约 1m、厚 6～7cm。将蒸好的茶坯趁热倒入麻袋中，扎紧袋口；两人各提麻袋一头，将茶袋放在踩板最上端，然后两人并立于茶袋上，从上到下用脚蹬踩，使茶袋滚动，促使茶坯紧卷成条。踩茶时两人脚步要齐，用力要匀，有节奏地同时往下踩茶袋。麻袋中的茶叶在压力和滚动力的作用下就会产生褶皱，逐渐形成细条。茶袋以缓慢滚动为好，不宜过快。蒸和踩紧密相连，一般是三蒸三踩，少的也要两蒸两踩，蒸后即踩。

（6）拣梗　一般第二次渥堆和第三次渥堆后，均需拣梗一次。对照规定的含梗量标准，10cm 以上的长梗都要拣净。拣梗方法有手捡、筛子捞和风选三种。手捡就是把在制品倒在长形的木条上，用手工选、拣。筛子捞则是用双手合抱茶叶，不断翻抖，将茶梗抖出于表面后拣出。风选则是利用风力将茶和梗分离。也有报道在杀青后就进行拣梗，也有在蹓茶后进行拣梗。

（7）筛分　筛分是在第 3 次晒茶以后进行，将粗细分开，筛分品分别进行后续加工处理。筛分时，将在制品倒入竹篾编制的、规格为长宽约 1.5m×0.8m 的竹筛中，筛孔边长为 3cm，筛分的作用是将已经成条的茶叶和未成条的叶片分离，以保证茶叶的质量和提高生产率。

（8）晒茶　做庄茶的传统干燥方式主要是晒干，每次渥堆后茶坯都要摊晒。晒茶是让在制品变得干燥，以利于下一步加工操作。茶坯摊晒的厚度为 6～15cm，每隔 40～60min 翻动一次，做到勤翻，并力求干度均匀。为增加茶堆的表面积，可将茶叶开沟筑垄，以增加阳光的直射面积。摊晒干度适当是做好做庄茶的关键之一，必须认真掌握好每个工序的干度。一般，第一次晒茶晒至六成到六成半干（含水量 25%～35%）为宜，第二次晒至七成到七成半干，第三次晒至七成半到八成干，最后一次晒至八成半到九成干，至毛茶含水量为 10%～14%。每次晒后，茶坯都要移到室内摊晾 1～2h，使叶内水分重新分布均匀，方能进行下一次蒸、踩。如茶坯干湿不匀，蒸后含水量也不同，蹬踩时叶片容易破烂。

（二）做庄茶现代工艺

做庄茶现代工艺是由四川雅安茶厂和蒙山茶场等单位在 20 世纪 60 年代末期共同研

究的成果，将传统工艺简化为 8 道工序，而一些细嫩原料则可简化为杀青、揉捻、渥堆、干燥四道工序。

1. 工艺流程

鲜叶采摘 → 杀青 → 初揉 → 初拣 → 初干 → 复揉 → 渥堆 → 复拣 → 干燥

2. 技术要点

（1）鲜叶采摘　受传统粗老原料中氟含量偏高的影响，当前做庄茶开始以生产改制茶为主，以采收当年生、红梗以上的嫩茎叶为原料。在生产实践中，一般以单芽、一芽一叶和一芽二叶为毛尖茶的原料，一芽二叶、一芽三叶为芽细茶的原料，一芽三叶到六叶为康砖茶和金尖茶的原料。

（2）杀青　当前做庄茶的杀青主要有蒸汽杀青和锅炒杀青两种。有采用蒸桶进行杀青，将鲜叶装入在沸水锅上蒸的蒸桶，待蒸汽从盖口冒出、叶质变软时杀青即可，需 8 ~ 10min。有采用蒸汽杀青机杀青，以 0.3MPa 的高压蒸汽蒸制鲜叶 2 ~ 3min 即可。锅炒杀青则常采用瓶炒机，以锅温 300 ~ 320℃杀青 10 ~ 15min 即可。

（3）揉捻　揉捻一般分两次进行，现已推广机揉，一般采用中、大型揉捻机进行揉捻。鲜叶杀青后，趁热初揉，目的是使叶片与茶梗分离，不加压，揉 1 ~ 2min 即可。第一次揉捻后的茶坯含水量为 65% ~ 70%，需初干使含水量降到 32% ~ 37%。初干后趁热进行第二次揉捻（俗称复揉），边揉边加轻压，时间 5 ~ 8min；待 80% ~ 90% 的叶片卷曲成茶条而叶片不破碎为度，复揉后及时渥堆。

（4）渥堆　做庄茶现代工艺中的渥堆方法有自然渥堆和加温保湿渥堆两种。

①自然渥堆：将揉捻叶趁热堆置，堆高 1.5 ~ 2m，冬季堆面需用席密盖，以保持温湿度。经过 3 ~ 7d，茶堆面上有热气冒出，堆心温度上升达到 65 ~ 75℃，保持此温度20 ~ 30h 后，进行第一次翻堆。用木叉翻堆一次，将堆表的堆叶翻入堆心，将堆心部分抛在堆表，并打散团块，重新整理成堆。堆温不能超过 80℃，否则堆叶会烧坏变黑，不能饮用。翻堆后，再经过 3 ~ 5d，堆面又出现水汽凝结的水珠，堆心温度再次上升到60 ~ 65℃，叶色比较均匀地转变成黄褐色或棕褐色时，即为渥堆适度。开堆后，再拣去粗梗，进行第二次干燥。

②加温保湿渥堆：做庄茶的加温加湿渥堆是在人工控制条件下进行，需要在特建的渥堆房中进行。将揉捻叶趁热装入竹筐，放入发酵室内的存放架上后，关闭发酵室。对室内通入蒸汽，缓慢升温预热，保持室温在 65 ~ 75℃，相对湿度在 80% 左右，在制品的含水量为 28% ~ 30%。具备这些条件，渥堆过程只需要 20 ~ 48h 便可达到渥堆的要求。该渥堆方法不仅时间短，而且渥堆质量好，可提高水浸出物总量 2%，且色香味俱佳，此时制品香气高爽、滋味醇和、汤色红亮、叶底均匀。

（5）拣梗　康砖茶和金尖茶的生产原料较为粗老，在揉捻和渥堆后均需进行拣梗，将 10cm 以上的长梗拣净。而用于生产毛尖茶和芽细茶的生产原料比较细嫩，一般不需要进行拣梗。

（6）干燥　做庄茶现代工艺常需干燥两次，第一次是第一次揉捻后，第二次是渥堆后，常用滚筒式或瓶式炒茶机炒干。第一次揉捻叶初干时，需使在制品的含水量达到 32% ~ 37%。渥堆后的茶坯含水量在 30% 以上，需炒至渥堆叶的含水量降至 12% ~

14%。也可用日光晒干，应随时翻拌，使茶叶干度均匀。

（三）毛庄茶复制

因毛庄茶的原料仅是杀青后直接干燥的，还属于绿茶，需要进一步加工处理。在生产实践中，会存在采购的黑毛茶原料发酵程度不足的现象，需要补渥堆，以促使达到发酵程度。这两种原料均可以采用以下工艺，以制成符合要求的黑毛茶原料。

1. 工艺流程

原料→ 拣梗 → 发水堆放 → 蒸揉 → 渥堆 → 干燥

2. 技术要点

（1）拣梗 对收购的原料需先进行拣梗，可采用风选，快速把大部分梗去除。

（2）发水堆放 根据原料的含水量，采用喷洒的方法定量加入 50~60℃ 的热水，并拌和均匀。发水后的毛庄茶含水量控制在26%~30%，再堆放约24h，促使水分在茶叶中分布均匀。

（3）蒸揉 将发水堆放的毛庄茶放入蒸茶箱中，通入约 0.3MPa 高压蒸汽蒸 2~3min，蒸到叶温80℃以上、含水量增加4%~6%为适度。蒸热的茶叶趁热倒入揉捻机，在不加压的状态下揉捻3~5min，待成条率达60%~70%即可。

（4）渥堆和干燥 蒸揉叶及时渥堆，后续操作同做庄茶的工艺。

（四）四川黑毛茶品质特征

四川黑毛茶外形卷折成条，色泽棕褐油润；内质香气纯正，有老茶香；滋味醇和，汤色黄红明亮，叶底棕褐粗老。四川黑毛茶依原料的不同，可以分为条茶、做庄茶等多种。条茶叶嫩、粗壮，细条叶占40%，辣椒形叶占50%，次品叶占10%，干色油润呈青褐色；做庄茶中紧卷条索叶占40%~90%，干色油润呈青褐色，含梗量5%~20%。

二、金尖茶和康砖茶的加工

四川黑毛茶的初加工和精制多由茶叶初加工企业直接完成，四川黑茶企业多直接收购发酵好、精制好的做庄茶为原料，但收购的原料需经一年以上的长时间陈化后才压制成产品销售。有时候，四川黑茶企业还会对少数发酵不足的原料进行补渥堆。

（一）工艺流程

黑毛茶→ 精制 → 拼堆 → 蒸压成型 → 包装 →成品

（二）技术要点

1. 精制

做庄茶的精制主要是筛分、切轧和风选三大工序。对水分含量过高的原料，还需进行干燥，用瓶炒机将黑毛茶炒干至含水量11%~13%。筛分主要用平圆筛整形，分离茶叶的长短和割末，去掉 80 目以下的细末。里茶选用 3cm 筛孔，以 31.5 孔/cm² 筛网割片；面茶选用 2cm 筛孔，以 1.6 孔/cm² 割片。经筛分后的筛面长梗和大叶先拣去杂质，再用立切机和滚切机反复切轧，直至无长梗大叶，梗长不超过 3cm 为适度。用风选和拣剔清除各种半成品中的砂石、草木等非茶杂质和超过长度的长梗，入库待制。

经过筛分、分选、切轧后的原料，在干燥通风处存放 2 ~ 7d，称为停仓。

2. 拼配

依据制成品的品质要求，结合各精制后筛号茶的品质特点进行拼配。一般康砖茶的配料比例为：5% 的 3 ~ 5 级绿茶作洒面茶，里茶为条茶 35% ~ 40%，做庄茶 45% ~ 50%，茶梗不超过 8%。金尖茶与康砖茶相比，所用原料相对更粗老，条茶所占比例更低，做庄茶所占比例更高。先按配料比例配制成小样，制成成品，将成品小样对照标准审评和检验，根据审评和检验的结果对拼配比例进行调整，再根据调整后的拼配比例配大仓。结合拼配的总量，计算出各原料所需的数量，并逐一过秤倒堆。倒堆时应分层，每种原料分 2 ~ 3 层摊铺；厚度均匀，铺面平整；个体大的摊下层，个体小的摊上层。茶堆四周平整，侧面的层次清晰、均匀，不得断层。拼配以后的茶堆要求含水量 12% ~ 13.5%，含梗量不超过 8%，长梗量不超过 0.5%，杂质含量不超过 0.5%。合格后，将茶堆拌和均匀。

3. 蒸压成型

康砖茶和金尖茶的蒸压成型采用机械舂包，压制设备特殊，该过程一般包括称茶、蒸茶、安篾包、洒面茶、倒茶、舂紧、安隔片、循环舂茶、封口、出包、堆包、存放等工序。

根据半成品实际含水量和损耗量来称茶，损耗茶的质量按经验常数一般计 0.01kg/砖，计重水分标准为 14%。采用雅安专制的自动蒸茶箱或用蒸斗在蒸汽口直接蒸制，蒸汽压力为 0.3 ~ 0.5MPa，蒸 30 ~ 40s，蒸至原料变软。将长方形的竹篾包放入竖立的铁模具中，扣紧模盒，分开篾包口，撒入面茶，再将蒸好的里茶均匀倒入篾包，开动舂包机冲压 2 ~ 3 次，再撒入面茶，并用度杆放好竹网片作为隔离片，即为第一块砖茶，然后依次重复操作。

为控制茶砖的松紧度，根据茶叶嫩度、含梗量、含水量和温度确定舂棒数，一般 40 ~ 50 棒。一般一共舂四块茶，到最后一块舂完时，将篾口按照"八"字形挽好，钉上竹质的"U"形竹签，将其固定，封好包口，即为半成品。再从模具中取出茶包放通风干燥处，堆成茶垛，存放 7 ~ 10d，让其充分冷却、定形和后发酵，含水量降至 16% 以下。

4. 成品包装

舂好的茶包存放一段时间后，取出，挑去竹钉，打开篾包口，将茶砖整体倒出，称为倒包。倒包的茶砖放在包装案上，取出隔片，将茶砖过秤合格后，用黄纸逐一把茶砖包裹起来，每一砖包内都要放一张商标。包茶用的黄纸均为当地产的手工纸，透气性好。一般每甑约为 2.5kg，四甑为一条包，每条包质量约 10kg。每条条包外层用牛皮纸包裹，然后用"千斤篾"固定，用长条形的篾兜作外包装，再用篾条捆扎紧实。最后将茶包兜口封好，削去过长的部分，再用锁扣篾锁住封口；然后用两道千斤篾分别绕两周捆紧，将其固定，最后用"狗牙套"的方法捆上五道腰篾即可。

（三）品质特征

康砖茶和金尖茶的原料，则主要以传统的舂包形式压成砖来销售。康砖茶外形为圆角长方体，表面平整、紧实，洒面明显，色泽棕褐，砖内无黑霉、白霉、青霉等霉菌；内质香气纯正，汤色红褐、尚明，滋味尚浓醇，叶底棕褐稍花、带梗。康砖茶含水量（质量分数）≤16.0%，茶梗量（质量分数）≤8.0%，总灰分（质量分数）≤7.5%，水浸出物量（质量分数）≥26.0%。金尖茶外形为圆角长方体，稍紧实，无脱层，色泽棕褐，砖内无黑霉、白霉、青霉等霉菌；内质香气纯正、汤色黄红、尚明，滋味醇和，叶底暗褐稍老、带梗。金尖茶含水量（质量分数）≤16.0%，茶梗量（质量分数）≤15.0%，总灰分（质量分数）≤8.5%，水浸出物量（质量分数）≥18.0%。

第四节 六堡茶产品

六堡茶是历史名茶，因原产于广西梧州市苍梧县六堡乡一带而得名，其产制可追溯到1500多年前，于清朝嘉庆年间就以独特的槟榔香味而进贡朝廷，享誉海内外。六堡茶现是指在广西梧州市现辖行政区域范围内，选用苍梧县群体种、广西大中叶种及其分离、选育的品种、品系的茶树鲜叶为原料，按特定的工艺进行加工，具有独特品质特征的黑茶。

一、六堡茶初加工工艺

（一）工艺流程

鲜叶采摘 → 杀青 → 初揉 → 堆闷 → 复揉 → 干燥 →六堡茶毛茶

（二）技术要点

1. 鲜叶采摘

六堡茶的鲜叶采摘标准为一芽一叶至一芽三四叶及同等嫩度的对夹叶，采后保持新鲜，分级摊晾，当天采摘当天加工。

2. 杀青

六堡茶杀青的特点是低温杀青，分手工杀青和机械杀青两种。手工杀青用60cm直径的30°斜铁锅，杀青锅温160℃，每锅投叶2~2.5kg，一般杀青5~6min。现在多采用滚筒杀青机杀青，锅温在160~180℃左右，投叶量的多少以杀青机的大小而定，杀青时间5~6min。杀青要均匀，以杀青叶的叶质柔软、叶色转为暗绿色、青草气味基本消失、茶梗折而不断为杀青适度。

3. 初揉

六堡茶的揉捻以打条为目的，细胞破坏率不宜太高，掌握在60%~65%的细胞破坏率为宜。较嫩的杀青叶须进行短时摊凉回潮，以30min为好；较粗老的杀青叶，则须趁热揉捻，以利成条。先轻揉5min左右，再加压15min，揉出茶汁，卷紧条索，再松压，轻揉5min，随后下机进行解块，再上机复揉10~15min。一、二级茶约40min，三级以下茶45~50min。

4. 堆闷

初揉结束后即进行堆闷，堆闷主要是通过湿热作用使叶色转变，并促进内含物的转化。一般堆高33~55cm，掌握"气温高薄堆，气温低厚堆；嫩叶薄堆，老叶厚堆并稍加压紧"的原则，在堆闷过程中翻堆 1 ~ 2 次，堆闷 10 ~ 15h。要控制好堆温在 45 ~ 50℃，当堆温达到 55℃时及时进行翻堆散热，当堆温降到 30℃时再收拢筑堆，继续堆闷直到适度为止。当堆闷叶的叶色由黄变深黄带褐、出现黏汁、发出醇香，干茶的汤色由青黄变为黄褐、滋味由苦涩转为浓醇，即为堆闷适度。二级以上的嫩叶，先用 60℃的温火烘至六成干，再来堆闷，否则容易渥坏或产生馊酸。

5. 复揉

堆闷后复揉，有利于再度揉紧茶条而条索紧细。传统制法是将堆闷叶以 60℃左右的低温烘 7 ~ 10min，趁热进行复揉。复揉掌握轻压慢揉，时间 5 ~ 6min，至条索紧细为止。

6. 干燥

六堡茶的干燥分为毛火和足火，干燥至含水量不超过 12%，即成六堡茶毛茶。传统干燥方法是采用烘笼烘茶，有用松木明火烘，摊叶 3 ~ 4cm 左右，烘温 80 ~ 90℃，每隔 5 ~ 6min 翻拌一次，烘到六至七成干下焙；摊凉 20 ~ 30min 后再打足火，足火采用低温长烘；足火温度 50 ~ 60℃，摊叶厚度 35 ~ 45cm，烘 2 ~ 3h，茶梗一折即断即可。六堡茶现多用连续烘干机进行干燥，工效高，干燥品质好。

（三）六堡茶毛茶品质特征

六堡茶毛茶的外形条索粗壮，干茶色泽黑褐光润，内质汤色红黄，香气醇厚（用松木明火干燥的带有松烟气），滋味浓醇爽口，叶底黄褐色。

二、六堡茶再加工工艺

六堡茶再加工传统工艺是六堡茶毛茶经筛选后进行拼配，然后进行渥堆，而且是汽蒸压制后再进行陈化，有别于其他黑茶。

（一）工艺流程

六堡茶毛茶→ 精制 → 拼配 → 渥堆（初蒸焗堆） → 汽蒸（复蒸） → 压制或散茶 → 晾置 → 陈化 →成品

（二）技术要点

1. 六堡茶毛茶

在六堡茶传统加工中，是以经过堆闷工序制成的、产自广西苍梧县一带的毛茶为原料。但随着六堡茶的快速发展，苍梧县本地的毛茶原料无法满足再加工的需求，开始从广西其他县市大量收购绿毛茶为原料，而这些绿毛茶未经过堆闷工序。

2. 精制

六堡茶成品分为特级和 1 ~ 6 级共 7 个级别，毛茶加工采取单级付制、分级回收的方式。由于六堡茶要求条索粗壮成条，因此在毛茶加工中，力求避免条索断碎。六堡茶毛茶筛选一般通过筛分、风选、拣剔，除去梗、片及非茶类物质，达到分级要求。毛茶经过抖筛机、圆筛机和风选机筛分后，分别成为粗细、长短和轻重不同的各路筛号茶，再行拣剔不符合品质规格要求的梗片，成为待拼配的筛号茶。

3. 拼配

根据六堡茶毛茶筛选后各路筛号茶的品质，依据六堡茶成品的品质等级要求，按比例配成各级的半成品茶，做到规格一致。

4. 渥堆

六堡茶在筛选拼配后有两种渥堆方法，传统方法是初蒸焗堆（双蒸双压），现多用加冷水渥堆。

（1）初蒸焗堆　初蒸焗堆是拼配叶经汽蒸后趁热渥堆，是使茶叶色泽红褐、汤色红浓、滋味醇和的关键工序。初蒸时要根据茶叶的含水量，决定是否要加水，加多少水（一般初蒸前含水量16%～18%）。然后将拼配好的半成品输入蒸茶机内，汽蒸时间为10s至5min不等，视原料的老嫩、汽量的大小决定汽蒸时间。当蒸至茶叶全软，手捏成团，松手后不散，为汽蒸适度。蒸后的茶叶应稍经摊凉，待叶温下降到80℃左右时便可筑堆进行渥堆。不同级别的原料筑堆厚度也不同，一般特级～3级堆厚60～80cm，4～6级堆厚1m左右，宽度1.0～1.3m。特级～2级茶要压实堆边，堆面盖席。3～6级茶要踩边压紧，做到边紧中松。渥堆叶温宜控制在40～60℃，不超过60℃为好，相对湿度85%～90%，茶叶含水量控制在20%～22%。渥堆2～3d后翻堆一次。经7～10d，待色泽转为红褐，发出醇香，叶底黄褐，汤色转红，即为渥堆适度。

（2）加冷水渥堆发酵　加冷水渥堆发酵为广西梧州茶厂首创，根据拼配叶含水量，确定加水比例，均匀加清洁冷水，使茶叶含水量控制在23%～28%。筑堆时，堆高80～100cm，每堆5000～30000kg。每日勤检查，加水后第2天必须翻堆一次，当堆温升至58～60℃时立即翻堆、解块，堆温控制在40～60℃为宜。约经过30～40d，待叶色变为红褐或黑褐，发出醇香，即为渥堆适度。

渥堆叶在渥堆后期的含水量较低，可直接用于汽蒸压制。如渥堆叶含水量偏高，可扒堆，散开渥堆叶，散发水分，自然阴干，切忌用烘干机等高温方式烘干而影响品质。

5. 汽蒸压制

六堡茶的产品有紧压型和散茶型两大类，紧压型在汽蒸后需及时压制，而散茶型汽蒸后不需要压制。汽蒸器具要保持清洁，蒸前应测量每批预制茶（渥堆适度茶）含水量，并计算确定称茶量。紧压型茶的汽蒸叶需趁热压入篓内，或趁热压制成砖、饼、沱等形状。传统紧压型六堡茶多为篓装紧压茶。竹篓的规格为篓高50cm、口径50cm、圆口方底，随成品级别不同每篓质量为30～50kg。汽蒸前，根据竹篓的容量和茶叶水分含量（16%～18%）来计算好应称茶重量（水分计重标准为12%），每篓分3次蒸压。渥堆叶汽蒸1min左右，掌握机内温度100℃，汽要透顶，茶叶以蒸软为度，蒸后趁热装入茶篓，用机压实或者用人工踩压实（双人舞压篓），边紧中松，每篓分3层装压，加盖缝合，即为半成品茶，便可进仓晾置陈化。

6. 晾置

六堡茶汽蒸后的散茶和蒸压后的紧压茶必须置于清洁、阴凉通风、无异杂味的地方，忌高温高湿的环境内，以降低温度和散发水分。一般放置6～7d，篓内茶叶温度可降至室温，茶叶含水量可降至18%以下，即完成晾置过程。

7. 陈化

六堡茶晾置后，即可入仓陈化。传统陈化过程分为两步：第一步陈化是先移至清洁、相对湿度在65%～90%、温度在22～28℃、无异杂味的环境中陈化，3个月后开汤审评，达到要求即可移至清洁、阴凉、干爽、无异杂味的仓库中进行第二步自然晾置陈化。陈化过程中要不定时翻叠。从渥堆结束到产品上市销售，六堡茶的陈化时间一般不少于180d。

（三）六堡茶成品品质特征

六堡茶历史上以"红、浓、陈、醇"四绝著称，产品分为六堡茶散茶和六堡茶紧压茶两大类，分为特级、1～6级共七个级别。六堡茶散茶为未经压制成型，保持了茶叶条索的自然形状，而且条索互不粘结的六堡茶。六堡茶紧压茶为经汽蒸压制成型的各种形状的六堡茶，包括竹箩装紧压茶、砖茶、饼茶、沱茶、圆柱茶等，竹箩装六堡茶包括大箩装、中箩装、小箩装。六堡饼茶、六堡砖茶、六堡沱茶等产品不分里茶和面茶，外形要求完整、端正、齐整，棱角分明，干茶色泽黑褐油润为佳，部分紧压型六堡茶的内部，会有金花，即长有冠突散囊菌。

六堡茶成品汤色红浓，明亮；香气纯正，无杂味；滋味醇和爽口；叶底黑褐，明亮，柔软有弹性。六堡茶新茶一般带有发酵味，陈年六堡老茶以有木香、药香、槟榔香为佳。槟榔香是类似于经熏制过的槟榔果的香味。

六堡茶成品含水量（质量分数）≤12.0%（散茶）、14.0%（紧压茶），计重水分12.0%；总灰分（质量分数）≤8%（散茶），8.5%（紧压茶）；粉末（质量分数）≤0.8%（散茶）。特级和一级的含梗量（质量分数）≤3.0%，水浸出物含量（质量分数）≥30%；二级和三级的含梗量（质量分数）≤6.5%，水浸出物含量（质量分数）≥28.0%；三级和四级的含梗量（质量分数）≤10.0%，水浸出物含量（质量分数）≥26.0%（《GB/T 32719.4—2016 黑茶 第4部分：六堡茶》）。

三、六堡茶发酵新技术

六堡茶渥堆方法采用机械化罐式渥堆法，在专用的发酵罐中进行，实现控温控湿和自动翻拌等功能，利于控制发酵进程，发酵中茶叶不接触地面，缩短渥堆周期，减少碎末、结块。有对六堡茶进行充氧辐照快速陈化处理，可显著改善六堡茶的陈化品质。

第 五 节　青砖茶产品

青砖茶主要产于湖北省赤壁市，是以茶树鲜叶制成老青茶为原料，经渥堆、精制、压制而成。

一、老青茶加工

历史上青砖茶的生产原料是采用湿坯渥堆发酵，但如今基本全部采用干坯渥堆发酵。用于青砖茶生产的原料称为老青茶，为一种晒青茶。

（一）工艺流程

鲜叶→ 杀青 → 揉捻 → 晒干

（二）技术要点

1. 鲜叶

老青茶面茶的鲜叶原料为当季一轮新生嫩叶及茎梗，在每年5月中旬后至10月中旬采摘。老青茶里茶的鲜叶原料为当季一轮新生成熟叶（叶全展开，主要为红梗），在每年6月中旬后～11月中旬采摘。随着开拓内陆市场的需要，青砖茶的原料也呈现细嫩化的趋势，开始以生产改制茶为主。

2. 杀青

采用大型滚筒杀青机，滚筒壁温度300～320℃，杀青时间10min左右。以叶片变软、茶香稍现，为杀青适度。

3. 揉捻

采用大中型揉捻机趁热揉捻，投叶量以装满揉筒为宜，揉捻加压遵循"轻－重－轻"原则，重压时间为总揉捻时间的1/3～1/2。根据鲜叶老嫩度不同，揉捻时间为10～20min。以叶片卷起、茶条初现、茶汁溢出，为揉捻适度。

4. 晒干

在专用晒场上进行日光晒干，勤翻动。以晒至较扎手，茶叶含水率15%左右，为干燥适度。

（三）老青茶品质特征

根据原料老嫩程度不同，分为面茶和里茶。老青茶面茶分为1～4级共四个级别，里茶分为1～3级共三个级别。一级老青茶面茶的外形为嫩茎叶，条索紧结重实，干色色泽乌绿油润，略含白梗，无红梗、对夹叶、片末；内质汤色黄绿明亮，香气清香纯正，滋味浓醇，叶底柔软黄绿明亮。一级叶老青茶里茶的外形略成条，含叶量85%以上，含当年生红梗，略含白梗，无鱼叶及隔年隔轮叶，干色乌绿，无麻梗、枯老梗；内质香气平正、较粗，滋味平和，汤色绿黄较暗，叶底较粗硬、色泽黄、较花杂。

二、青砖茶加工

在湖北青砖茶的生产中，老青茶由茶叶初加工企业加工生产，而青砖茶则是由专门的黑茶企业收购老青茶原料来加工生产。

（一）工艺流程

老青茶→ 渥堆 → 成大堆 → 精制 → 拼配 → 汽蒸压制 → 干燥

（二）技术要点

1. 老青茶

依据原料的嫩度，分别加工出老青茶里茶和面茶。在后续的渥堆、精制等过程中，老青茶里茶和面茶也均是分别进行加工处理。

2. 渥堆

老青茶的渥堆类似普洱茶的潮水渥堆，需要对茶坯进行洒水增湿，面茶茶坯的含水量控制在26%～28%，里茶茶坯含水量控制在34%～36%。渥堆在专用渥堆间进行，将老青茶按不同等级分别筑成堆高3m左右的长方形，茶堆与四周墙壁距离1m左右，每堆茶 5t 左右，为小堆发酵。经过 3~5d，面茶堆温≥50℃或里茶堆温≥60℃时，堆表凝聚大量水珠，面茶呈乌绿、里茶紫铜色，即需进行翻堆。翻堆后重新筑堆，2~3d后，堆温又升至 60℃左右，又进行翻堆。一般需翻堆 3 次左右，渥堆发酵 15~20d，待手握茶坯有爽手感，叶色呈赫红色（即猪肝色），即可进行成大堆。

3. 成大堆

渥堆适度的渥堆叶需成大堆进行陈化，需堆放于陈化区，逐层堆放。后续渥堆叶逐次往上堆放，直至堆高 5m 左右，每堆茶量增加至 15~25t。堆 3~4d 后，待茶堆部分压实时，即时开沟通风散热，沟为"十"字形或"井"字形主沟，两侧挖支沟，主沟从堆底开至堆顶，支沟自底向上开 2/3 涵洞，沟宽和洞宽各 80cm 左右，沟壁和与地面应保持垂直，且上下宽度一致，以免倒塌。同时应使沟的两端正对门窗，以利于通风干燥。青砖茶成大堆进行自然陈化，需陈化 3 个月以上，待陈香显露，才可进行精制。

4. 精制

陈化后的茶坯按照不同等级，进行切扎、筛分、风选，使其大小、长短基本一致，并剔除茶坯中非茶类夹杂物。精制后的半成品里茶长度≤3cm，非茶类夹杂物≤0.8%，水分≤16%，含梗量≤25%。面茶含梗量≤6.5%，不含非茶类夹杂物。

5. 拼配

按照青砖茶产品的品质要求，将不同等级的各筛号茶按一定的比例进行拼合。

6. 汽蒸压制

蒸压器具要保持清洁，蒸压前应检测付制茶含水率，并计算确定称茶量。按面茶 12.5%、里茶 87.5% 比例将老青茶汽蒸，气压 0.35~0.5MPa，汽蒸温度保持 100~102℃，叶温不低于 90℃，蒸制 4~8min。按比例将蒸制后的里茶和面茶分别装入斗模内，并盖好面板和底板，迅速进行紧压，油压机压力≥1000kN。紧压后，经 50min 以上冷却定型，然后退模出砖。对照青砖茶加工标准样，检查砖片完整情况。若边角不整齐，经修缮整齐后，方可送烘房干燥；若砖片不完整或重量超过正负误差，则需要返工重压。

7. 干燥

青砖茶干燥在专用的烘房中进行，采用蒸汽管道干燥。将蒸汽通入干燥车间铁管中回流，以加热室温，并利用排水、排汽开关，调节室内温湿度。将压制好的茶砖，在干燥车间码垛好，开始干燥的 1~3d 保持室温 35~40℃、相对湿度 90%；中期 3~4d 保持 40~45℃，相对湿度 80% 左右；后期 3~4d 温度控制在 55~70℃，相对湿度 70% 左右。待茶砖烘至含水量≤11.5%，冷却 1~2d，取出，直接进行包装。

（三）青砖茶品质特征

青砖茶产品不分等级，传统青砖茶为 1.7kg 的长方形茶砖。近些年为满足内陆市场的需求，青砖茶也开始出现散装、巧克力型、0.25kg、0.50kg 等规格类型的产品。青砖茶外形砖面光滑，棱角整齐，紧结平整，色泽青褐，压印纹理清晰，砖内无黑霉、白霉、青霉等霉菌。内质香气纯正、陈香明显，滋味醇和、汤色橙红、明亮，叶底暗褐。青砖茶含水量≤12.0%，总灰分≤8.5%，含梗量≤20.0%，非茶类夹杂物≤

0.2%，水浸出物≥21%。

三、青砖茶发酵新技术

　　华中农业大学茶学系茶叶生物技术课题组在长期开展青砖茶发酵技术研究中，已获得青砖茶快速清洁化渥堆发酵技术，实现 20d 左右即可渥堆发酵好，渥堆发酵叶不需陈化即可直接精制拼配后压制。同时获得青砖茶快速陈化技术，经 1 个月左右的陈化，可以制成陈化 3 年左右的青砖茶产品。而且，首次解决了新黑茶产品在饮用时导致喉咙发干的现象，新制的青砖茶产品饮用时不再导致喉咙发干。

第三章 红茶菌产品

红茶菌又名太岁、海宝、胃宝等，是一种历史悠久的民间传统发酵型酸性茶饮料。红茶菌起源于我国渤海一带，后来被带入苏联的高加索一带培养应用，如今红茶菌以其强身健体除病益寿的保健作用已风靡全世界几十个国家和地区。

第一节 红茶菌的活性成分与功能

一、红茶菌组成

用于发酵培养红茶菌的微生物种类主要是醋酸菌和酵母菌，少数红茶菌还含有以保加利亚乳杆菌（*Lactobacterium bulagricum*）为主的乳酸菌。然而，红茶菌中的醋酸菌和酵母菌均不只是含有一种，同时会有多种醋酸菌和酵母菌存在红茶菌中（表3-1）。

表3-1　　　　　　　　　　红茶菌中分离得到的醋酸菌和酵母菌

醋酸菌	酵母菌
木醋杆菌（*Acetobacter xylinus*）	酿酒酵母（*Saccharomyces cerevisiae*）
拟木醋杆菌（*Acetobacter xylinoides*）	不显酵母（*Saccharomyces inconspicus*）
葡萄糖酸杆菌（*Bacterium gluconicum*）	路德类酵母（*Saccharomycodes ludwigii*）
产酮醋酸菌（*Acetobacter ketogenum*）	粟酒裂殖酵母（*Schizosaccharomyces pombe*）
弱氧化醋酸菌（*Acetobacter suboxydans*）	热带假丝酵母（*Candida tropicalis*）
葡萄糖醋酸菌（*Gluconobacter liquefaciens*）	克鲁斯假丝酵母（*Candidacrusei*）
醋化醋杆菌（*Acetobacteraceti*）	汉逊德巴利酵母（*Debaryomyces hansenii*）
巴氏醋杆菌（*Acetobacter pasteurianus*）	酒香酵母（Brettanyomyces）
	克勒克酵母（Kloeckera）
	拜耳结合酵母（*Zygosaccharomyces bailii*）

在生产实践中，红茶菌既可以是指醋酸菌和酵母菌为主的微生物发酵的液态茶饮料，也可以是指用于发酵的醋酸菌和酵母菌等组成的混合菌种，还可以指红茶菌发酵过程中形成的菌苔以及用于接种的菌苔。

红茶菌的菌苔，是醋酸菌代谢分泌的纤维素形成的。在菌苔上，存在有醋酸菌和酵母菌，也还可能存在乳酸菌。在发酵生产红茶菌时，往往直接以菌苔当作菌种来接种发酵。

二、红茶菌成分

在红茶菌中发现的成分到目前为止，主要有葡萄糖醛酸、葡萄糖酸、D-葡萄糖二酸-1，4内酯（DSL）、醋酸、酒精、多糖、乳酸、氨基酸、蛋白质、叶酸、地衣酸、维生素C和多种B族维生素（维生素B_1、维生素B_6、维生素B_{12}等）等，其中葡萄糖醛酸和DSL是红茶菌中重要的功能因子，DSL的含量可达1.09g/L。茶叶本身含有比较丰富的营养物质，而红茶菌通过共生菌代谢途径将茶、糖等原料经过发酵可转化为更为丰富的营养成分。红茶菌中会含有很多茶叶的营养成分和功能活性成分，如表没食子儿茶素没食子酸酯（EGCG）、没食子儿茶素没食子酸酯（GCG）、表没食子儿茶素（EGC）、表儿茶素没食子酸酯（ECG）、儿茶素（EC）等，其中EGCG和ECG在整个红茶菌发酵过程中降解很少。发酵后的红茶菌中对人体有益的微量元素，如锌、铜、铁、锰、镍和钴的含量，比不经发酵的茶水中的要高，而对人体有害的元素如铅和铬的含量比茶水中的含量减少了许多，说明红茶菌发酵可以增加有益元素而减少有害元素。

然而，由于采用的红茶菌菌种、茶叶种类、培养条件等不同，会导致不同的红茶菌中营养成分和功能活性成分存在差异。

三、红茶菌保健功能

红茶菌的保健功能有多种，但突出的主要有以下几种。

（一）抗癌抑癌

红茶菌能清理肠胃，帮助消化，抑制有害菌，防治胃肠道疾病，预防结肠癌的发生。红茶菌能降低胃的pH，对胃肠道中的有害菌如与胃炎、胃溃疡和胃癌有密切关系的幽门螺杆菌等有拮抗作用，还可以预防结肠癌的发生。饮用红茶菌可以维持血液正常的pH，这对预防和治疗早期癌症有重要意义。

（二）排毒养颜

红茶菌中的醋酸具有消除疲劳、增强食欲、帮助消化、防治高血压和动脉硬化的作用，还具有一定的抗肿瘤、防肥胖作用，具有使钙易于被人体吸收、保持骨骼的柔韧以及润肌嫩肤的作用。红茶菌中的葡萄糖醛酸可与外源的毒素或人体代谢产生的内源有毒物质相结合，变成水溶性的葡萄糖苷酸，并一起排出体外，从而使可能引起身体各种病变的或已经发生病变的毒素被及时清除，起到防病和治病的良好效果。

（三）抑菌

红茶菌可以大量合成乙酸，降低发酵液pH，同时合成有抗菌蛋白，具有很强的抑菌活性，而且抑菌作用范围广泛。

（四）抗氧化

红茶菌具有良好的抗氧化活性。不同来源的红茶菌有不同的抗氧化活性，自由基清除的程度及活力取决于发酵时间、茶叶种类以及红茶菌的正常菌群，但大多数显示出发酵时间依赖性。

（五）其他功能

红茶菌中还有许多有益健康的已知或未知成分，因此对人体的保健作用也是多方面的。C. Dufresne 研究总结了红茶菌饮料对抵抗癌症、抵抗心血疾病、提高消化能力、刺激免疫系统、减少发炎等有很大的作用。有报道艾滋病病人饮用红茶菌 6 个月，临床状况有了很大的改善，而且在此期间没有发生可能的各种感染。而且，红茶菌对人体肠道生态平衡有积极作用。

四、红茶菌安全性

Anita M. Hartman 等利用小鼠长期饮用红茶菌对生长寿命、食欲变化、器官等进行跟踪比较发现，对照组的各个方面均比长期饮用组的差。有报道称过量饮用红茶菌菌液（每天饮用量超过 600mL），可能导致代谢性酸中毒；也有出现过敏反应，出现恶心、呕吐、头痛等其他症状。

第二节　影响红茶菌发酵的因素

红茶菌在发酵过程中易受到多种因素的影响，会直接影响到发酵品质，下面介绍一些常见的主要因素。

一、培养基

（一）碳源

培养基中碳源的种类和添加量不同，对红茶菌的发酵有直接的影响。加入的糖量越多，菌体繁殖速度越快，菌数迅速达到最大值，但持续时间很短；同时菌液的酸度也随加入糖量的增加而增加，且后期增加更快。分析其原因，可能是糖的量多，使醋酸菌大量繁殖，将糖分解，产生醋酸。有报道称葡萄糖比蔗糖、果糖更利于红茶菌发酵，以 50g/L 葡萄糖浓度、5g/L 茶叶浓度最适合红茶菌发酵；如葡萄糖加入多，红茶菌的菌体生长快，发酵时间短，发酵风味略差。蔗糖作为红茶菌碳源时，pH 较低，醋酸含量较高；而糖蜜作为红茶菌碳源时，总酸较多，乳酸含量较高，糖含量降低，较快产生更多的代谢物质。饴糖或红糖因杂质多，培养出的红茶菌口感不好，而且发酵中容易污染长霉。实践中糖多选用白砂糖，可以配用蜂蜜、冰糖或葡萄糖。利用红薯糖浆为碳源，红茶菌生长旺盛，菌膜肥厚，总糖转化率高，制成的红茶菌发酵饮料营养丰富、酸甜爽口。用天然甘蔗汁代替传统红茶菌培养液中的蔗糖与葡萄糖，也能促进红茶菌的生长，大大增加红茶菌菌膜的重量，红茶菌风味更佳。以 0.3% ~ 0.7% 茶汁浓度和 5% 乙醇作为混合碳源，对红茶菌菌膜的产量具有显著的影响，当乙醇浓度超过 10% 或只以乙醇为碳源时不能形成菌膜。红茶菌不能很好地利用乳糖进行醋酸菌和酵母菌的代谢，用红糖、天然的番茄汁及蜂蜜代替传统培养液中的蔗糖与葡萄糖也不利于红茶菌的生长。

（二）茶叶

不同茶类均可以用于红茶菌发酵，但多以红茶、绿茶更适合红茶菌的生长。不同茶类发酵的红茶菌风味会有所区别，以红茶、绿茶发酵的红茶菌饮料品质更佳。然而绿茶更有利于促进红茶菌菌膜的形成，形成菌膜的时间较红茶短，且菌膜量较红茶多。

（三）其他配料

有利用其他配料进行红茶菌发酵，以使红茶菌产品更加丰富。如有以红枣为原料，有以芦荟和红茶为主要原料，也有以红茶、玉米为主要原料，还有许多利用乳制品为原料。利用各种不同配料发酵，均可以促进红茶菌菌株的生长发酵，可以制得各种各样的红茶菌饮料。

（四）培养基 pH

在红茶菌发酵过程中，培养基 pH 不合适，将影响菌体对培养基中某些营养物质和中间代谢产物的分解与稳定，进而影响微生物对这些物质的吸收利用。培养基 pH 为5.5 时，有利于红茶菌生长发酵，而过酸、过碱均不利于红茶菌生长发酵。

二、发酵条件

由于不同红茶菌的微生物组成不尽相同，因此红茶菌的适宜发酵条件会存在差异（表 3 - 2）。影响红茶菌发酵的主要因素有发酵时间、发酵温度、接种量、糖浓度及装瓶量等，当前红茶菌较适发酵条件为：发酵时间 5d、发酵温度 30℃、接种量 5% ~ 10%、糖质量浓度 50 ~ 100g/L。

表 3 - 2　　　　　　　　　　部分红茶菌的适宜发酵条件

研究作者	发酵时间/d	发酵温度/℃	接种量/%	糖质量浓度/(g/L)	装瓶量/mL	茶叶用量/%	其他
李璇等	5	30	木醋杆菌、巴斯德酵母各 5	84.5 蔗糖	—	0.7（绿茶）	—
F. Beigmo - ghammadi 等	5	31	10	50 蔗糖	—	3（红茶）	初始 pH = 6.0
马骋等	2.5	30	5	100 葡萄糖	300/500	0.4（茶粉）	—
左勇等	5	30	5	50 蔗糖	100/250	3	—
朱晓庆等	5	30	10	84.5 蔗糖	—	0.7	—
R. Malbasa 等	12	22 ± 1	10	70 蔗糖	—	0.15（红茶）	—

（一）发酵温度

发酵温度是影响微生物生长和发酵的最重要因素之一。在一定的范围内，微生物的生长代谢随着温度的升高而增强，当达到一定温度时又会开始不利于微生物的生长代谢。如发酵温度低于 27℃ 或高于 33℃，红茶菌发酵品质均无法达到最佳。因酵母的较适生长温度为30℃，细菌的较适生长温度为37℃，采用30℃→37℃变温发酵的方式培养红茶菌，其菌株的生长和抗菌率均优于30℃和37℃→30℃培养。

（二）发酵时间

红茶菌的菌体浓度在前3d增长迅速，而4d以后菌体浓度变化不再明显，整个过程呈现先升后降的趋势，可能原因是菌体开始老化。红茶菌培养液中的蛋白含量随着培养时间的延长逐渐增加，到第5天增长到最大，5d后基本保持稳定，或略有下降的趋势。因此，发酵时间为5~6d时，红茶菌的发酵效果最佳。

三、培养方式

红茶菌传统培养方式均是静置培养，然而静置培养易染杂菌、培养周期长、菌种不易保藏且易老化等，导致产品质量无法控制，影响红茶菌的开发利用。振荡摇瓶培养时，发酵液中的通气量显著增加，使得酵母菌和醋酸菌的生长速度加快，缩短了培养周期，总酸的生成量增加，同时发酵液还具有红茶菌特有的风味，可见摇瓶培养比静止培养更有利于红茶菌的成熟。因此，在红茶菌饮料的工业化生产中，如采用振荡通气工艺，产品质量稳定，可提高经济效益。不过振荡培养使红茶菌的菌膜生成量大大降低，而静止培养的成膜量更高。

第三节 红茶菌发酵

红茶菌发酵当前主要有两种方式，一种为传统发酵工艺，另一种为人工接种发酵工艺。

一、传统发酵

红茶菌在民间广泛流传，民间制作红茶菌的方法简单、易行。然而红茶菌的民间传统发酵易受杂菌污染，纯种不易制备延续，产品安全性不容易保障。

（一）工艺流程

$$\boxed{制备茶水} \rightarrow \boxed{加糖} \rightarrow \boxed{接种} \rightarrow \boxed{静置发酵} \rightarrow 红茶菌$$

（二）技术要点

1. 发酵器具准备

发酵培养红茶菌，最好选用玻璃器皿，以玻璃瓶最佳，不能使用铁制、铝制、铜制等金属容器。在准备制作红茶菌时，选用的器具需要消毒处理，一般以蒸煮或开水烫的办法消毒，可在开水中煮沸10min以上，也可直接用消毒水进行消毒。

2. 制备茶水

红茶菌一般是制作茶水后，加糖来发酵。茶叶可以选用六大茶类均可，以红茶和绿茶常用，也可以选用苦丁茶、绞股蓝茶等代用茶。选用的茶叶应具有正常的品质特征，无其他异味。以敞露放置一段时间的自来水或山泉水，按1g茶加100~200mL的比例加茶，直接进行煮沸，或沸水冲泡浸提。过滤去掉茶渣，茶水中加入10%左右的白砂糖，搅拌溶解后置于玻璃瓶中，用干净的六层纱布密封瓶口。有以茶包的形式来制备茶水，方便取出茶渣。茶水不能完全装满玻璃瓶，需保留部分空间，以利于供氧发酵。

3. 接种

待茶水温度降低到约30℃时，可接入红茶菌的菌种。红茶菌的菌种可以选用菌苔或发酵液，直接接入不少于一半玻璃瓶横截面面积的菌苔，或倒入20%左右的之前发酵好的红茶菌发酵液，也有同时接入菌苔和红茶菌发酵液。当前市面上有很多售卖红茶菌的菌苔，正常的菌苔多呈乳白色胶状物，可购买作为菌种发酵红茶菌。发酵好的红茶菌菌液应较新鲜，无污染。如无菌苔和发酵好的红茶菌菌液，也可以不需要接种，直接放置，利用空气中的微生物进行自然发酵。

4. 静置发酵

接种后，继续用干净的多层纱布盖住瓶口，并用绳子扎紧，放在无阳光直射的地方进行静置发酵。菌苔接入茶液后，一般会浮在液面，约0.5h后就会开始有气泡冒出。有时放入的菌苔会下沉，过5d左右即可浮起来，而有的菌苔却难以浮起。菌苔浮起与否对红茶菌发酵并不重要，关键是要能冒出气泡，则表明能正常发酵。如果菌苔一直不浮起来，也不冒气泡，说明菌苔可能丧失发酵活力，应弃去菌苔，及时重新接种。

一般保持环境温度在25~30℃，4~5d茶液液面就会形成白色胶块、形状像海蜇皮的菌苔，茶液会变浑浊。若温度在15~25℃大概需6d就能形成菌苔，而15℃以下就需要8d左右。发酵6~7d，小气泡不断上升，可嗅到酸甜味；第8~9天菌苔的胶块变厚，第10天发酵可完毕。当菌苔形成，菌液不再冒气泡，菌液的颜色由褐黄色转变为金黄色或淡黄色，菌液澄清透明，瓶底会有絮状沉淀，味酸带香甜时，表明红茶菌发酵成熟，此时菌液的pH一般达3.0左右，即可开始饮用红茶菌了。

只要培养的新红茶菌液面上开始长出一层透明的胶状质皮膜，则可判断红茶菌培养成功。而老的菌苔菌种会变黄发黑，需及时丢弃，以便让新菌种生长更快。如培养的红茶菌液表面长有黑色、绿色或红色等杂色菌，表明红茶菌受到污染，发酵不正常，需弃去，不得饮用。在红茶菌发酵过程中进行观察时，尽可能不要摇动玻璃瓶，以免影响菌苔的形成，会直接影响到发酵效果。

5. 成品

红茶菌一般发酵1周后，即可直接饮用，口感酸甜。想饮用红茶菌时，将发酵成熟的红茶菌发酵液倒入杯中或碗中，如同平时喝茶一样可以直接饮用，但需注意不得饮用过量。当红茶菌发酵液因放置时间长而过酸时，可加入白糖水调和饮用。红茶菌冰饮，口感会更佳。当红茶菌发酵液饮完时，留下的菌苔可加入新的糖茶水继续培养发酵。饮用传统发酵制作的红茶菌，菌液中存在大量活菌，摄入的醋酸菌、乳酸菌等对调整肠道微生物菌群作用明显。有些人刚开始饮用时，会出现面部发热、发红及腹鸣现象，继续饮用一段时间后这些不适应现象会消失。但也有人饮用红茶菌后会过敏，过敏者可服用常见脱敏药，并马上停止饮用红茶菌即可。

二、人工接种发酵

红茶菌已有工业化的生产，人工接种发酵红茶菌成为主流。

（一）常规人工接种发酵

1. 工艺流程

制备茶水和菌种 → 接种 → 发酵 → 过滤 → 调配 → 灌装 → 脱气 → 灭菌 → 冷却 → 成品

2. 技术要点

（1）茶水制备 选用去杂的中低档茶叶为原料，可复火提香后，粉碎成40目备用。按一定比例加水浸提制备茶液，多采用两次浸提法，去掉茶渣。茶液中按一定比例加糖，将糖完全溶解后，以100℃灭菌15~20min。灭菌后的茶液需冷却，备用。

（2）菌种制备 人工接种发酵红茶菌中，可使用传统的菌苔、活菌液为菌种，也可以使用醋酸菌、酵母菌和乳酸菌的纯种分别培养后组合而成的菌种或混合培养的菌种。如使用红茶菌的菌苔和菌液作菌种，需注意无菌操作，不得产生污染；如菌苔上有老化的部分，需进行清洗，去掉老化部分后再使用。

采用纯种进行制作菌种时，从菌种保藏的试管斜面上取菌体进行液体活化，然后进行平板划线培养，如此反复培养多次。在复壮菌种后，划平板保存。依据所需要的菌种量，从活化的平板上取菌体进行液体扩大培养，分别制备一级种子、二级种子、三级种子等。各菌种的培养，可采用静置培养或振荡培养，前者生长缓慢、制备慢，后者生长迅速、制备快。醋酸菌、酵母菌和乳酸菌的种子液制备好后，按一定比例接入茶液中；三种菌种也可以先接在一起，进行混合扩大培养。

（3）接种与发酵 将制备好的菌种，接入茶液中进行发酵。茶液可以盛放于灭过菌的大瓦罐中进行静置发酵，也可以在发酵罐中搅拌通气发酵，还可以在摇床上振荡培养。静置发酵的发酵速度慢，周期较长；而搅拌通气发酵和振荡培养的发酵速度快，周期较短。发酵温度一般维持在28~30℃，发酵时间4~10d。

（4）过滤与调配 待红茶菌发酵成熟时，进行过滤，去除菌体。依据过滤后的红茶菌发酵液品质，进行酸度和甜度的调整，使其口感更加适合大众的口味。调配完后，以5000r/min离心20~30min，得澄清的红茶菌离心液。

（5）灌装与脱气 将澄清的红茶菌液进行灌装，选择玻璃瓶容器最佳，然后进行脱气。脱气后，进行密封。

（6）灭菌与冷却 罐装脱气后的红茶菌，以巴氏灭菌法进行灭菌，以80~90℃灭菌20min左右。灭菌后，取出冷却，进行检查，合格的贴标签。

（7）成品 经这种方式发酵生产的红茶菌不含活菌，产品保质期长，可直接饮用，也可以调饮。

（二）固定化菌种发酵

任二芳等对醋酸菌、酵母菌分别进行固定化，然后实现固定化菌混合共生发酵制备红茶菌。

1. 工艺流程

2. 技术要点

（1）菌体细胞活化与制备　分别活化培养酵母菌和醋酸菌，进行液态扩大培养，离心收集菌体，将菌体细胞分别进行清洗多次，离心获得干净的菌体细胞。将菌体细胞以无菌水制成一定浓度的菌悬浮液，备用。

（2）细胞固定化　将5.5%的海藻酸钠和1.5%的明胶充分溶解，灭菌。待固定化材料温度降至室温时，将细胞浓度约为3×10^7个/mL的酵母菌菌悬液和醋酸菌菌悬液分别与等体积的固定化载体溶液充分混匀，混匀后分别再滴入到0.51%的氯化钙溶液中。固定1h后，用无菌水冲洗，重新加入0.51%的氯化钙溶液，于4℃平衡过夜，即可分别制得固定化酵母菌颗粒和固定化醋酸菌颗粒。

（3）茶液制备　茶液制备包括茶叶浸提、加糖、灭菌等步骤。按7g茶添加1L沸水的比例进行制备茶液，浸提20min后，按60~80g/L的量加入蔗糖。蔗糖完全溶解后，茶液进行分装，以八层纱布封口，并用牛皮纸包扎，巴氏灭菌，冷却至室温备用。

（4）接种发酵　固定化酵母菌颗粒和固定化醋酸菌颗粒按6:4的比例混匀，制成菌种。接种量为5%~7.5%，于30℃以150r/min振荡培养6d左右。待发酵液中总酸含量达到10.45g/L时，表明红茶菌发酵成熟。

（5）后处理　红茶菌发酵成熟，即可过滤。红茶菌过滤液可以直接饮用，也可以进行调配，灌装后灭菌保存。过滤出来的固定化菌体颗粒，进行清洗后，可以用于下一批红茶菌接种发酵，实现固定化菌种多次利用。

（三）混合菌种接种发酵

混合菌种接种发酵红茶菌，是指在红茶菌传统发酵菌种之外，接入其他特色功能菌株，使发酵成的红茶菌在产品风味、功能等方面具有特色，从而实现红茶菌产品的多样化。在此仅介绍高佳佳等研制出的灵芝菌和红曲霉共同发酵红茶菌技术。

1. 工艺流程

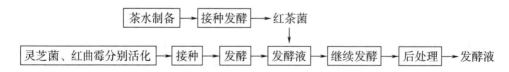

2. 技术要点

（1）发酵培养基的制备　在煮沸过的蒸馏水中按5g/L的比例加入红茶，于80℃浸提30min。过滤茶渣后，按60g/L的比例加入葡萄糖，搅拌溶解均匀，分装。然后培养基以121℃灭菌20min，冷却后备用。此糖茶水，作为接种发酵纯红茶菌用。

红茶水按 20～25g/L 浓度配制，在煮沸过的蒸馏水中加入红茶，于 80℃ 浸提 30min。过滤茶渣后，加入 60g/L 葡萄糖、30g/L 蛋白胨、2.0g/L NaNO₃、1.0g/L KH₂PO₄、1.0g/L MgSO₄·7H₂O、0.05g/L 维生素 B₁、1.0g/L 碳酸钙，加热搅拌，溶解均匀后，分装。然后培养基以 121℃ 灭菌 20min，冷却后备用。此为混合培养基，用于混合菌发酵红茶菌用。

（2）菌种活化 用于混合发酵红茶菌的各菌种，分别进行活化制备。灵芝菌接入 PDA 固体培养基中，以 30℃ 恒温静置培养 5d 左右。将活化长成的灵芝菌，切成小菌块，再接入灵芝菌种子液培养基（葡萄糖 20g/L、甘油 30g/L、牛肉膏 2.5g/L、蛋白胨 5.0g/L、KH₂PO₄ 1.0g/L、MgSO₄·7H₂O 0.5g/L、维生素 B₁ 0.05g/L、碳酸钙 1.0g/L，初始 pH 自然）中进行扩大培养，以 30℃、150r/min 恒温振荡培养 3d 左右，得灵芝菌种子液。

红曲霉菌接入麦芽琼脂培养基中，于 30℃ 恒温静置培养 7d 左右。将活化好的红曲霉菌，切成小菌块，再接入红曲霉种子液培养基（葡萄糖 30g/L、蛋白胨 20g/L、NaNO₃ 2.0g/L、KH₂PO₄ 1.0g/L、MgSO₄·7H₂O 1.0g/L，初始 pH 自然）中，以 30℃、150r/min 恒温振荡培养 2d 左右，得红曲霉菌种子液。

将红茶菌的菌苔接入糖茶水中，无菌纱布封口，以 25℃ 恒温静置培养 7d，得红茶菌母液。然后按 6% 的接种量将红茶菌母液接入糖茶水中，于 25℃ 恒温静置培养 7d 左右，制得红茶菌种子液。

（3）发酵 发酵分为两步，先是由灵芝菌与红曲霉在混合培养基中进行发酵，发酵一定时间后接入红茶菌，再进行二次发酵。分别取 6%（体积比）灵芝菌种子液和红曲霉种子液接入混合发酵培养基中，于 30℃、150r/min 发酵培养 5d 后，接入 6%（体积比）红茶菌种子液，同时加入 2%（体积比）玉米油，于 30℃、150r/min 再发酵培养 12d。

（4）后处理 当灵芝菌和红曲霉混合菌发酵的红茶菌饮料发酵成熟时，进行过滤、调配，经罐装灭菌后，可长期保存混合菌发酵成的红茶菌饮料。

三、红茶菌品质特征

红茶菌是以糖茶水为主要原料的微生物发酵饮料，味道酸甜可口，具有芳香气味，口味似酸梅汤或橘子汁。不同原料制作的红茶菌具有不同的风味特征，目前没有关于红茶菌的国家标准，可以参照烟台富豪生物科技有限公司制定的红茶菌饮料企业标准（《Q/YTFH 0001S—2013 红茶菌饮料》）。

红茶菌饮料产品的感官品质色泽应接近与品名相符合的色泽，色泽应均匀。产品应具有与品名相符合的混合香气，味感协调、柔和，酸甜适口，无异味。产品浓度应均匀一致，无杂质，久置后允许有少量沉淀。

产品的理化指标中，可溶性固形物 ≥2.0%，pH ≥3.0，茶多酚 ≥200mg/kg，咖啡碱 ≥25mg/kg，总砷（以 As 计）≤0.2mg/L，铅（以 Pb 计）≤0.3mg/L，铜（以 Cu 计）≤5.0mg/L。

如红茶菌产品中带活菌，则其微生物指标中，出厂检验乳酸菌活菌 ≥6.0×10⁷

CFU/mL，出厂检验酵母菌活菌≥3.9×10^7CFU/mL，出厂检验醋酸菌活菌≥5.1×10^7CFU/mL，大肠菌群≤3MPN/100mL。

第四节　代表性红茶菌产品

红茶菌的研究与产品开发一直是国内外的热点，利用不同原料可以开发出不同品质风味的红茶菌产品。在此介绍一些具有代表性的红茶菌产品，供参考。

一、荔枝果汁红茶菌

王柳玲等以荔枝浓缩果汁为原料，接种红茶菌发酵，制成荔枝果汁红茶菌饮料。

（一）工艺流程

荔枝果汁→ 调配 → 接种 → 静置发酵 → 后处理 →荔枝果汁红茶菌饮料

（二）技术要点

1. 荔枝果汁制备

荔枝果汁可以由鲜果榨汁制备，也可以用荔枝浓缩果汁稀释制备。如以鲜果榨汁，需选择外形完整、无霉烂、无病虫害的荔枝鲜果，清洗干净后，去壳去核，留果肉进行榨汁，榨汁后可仅用果汁，也可以果汁带果肉一起使用。

2. 调配

无论是新鲜的荔枝果汁，还是用浓缩果汁稀释后的荔枝果汁，在用于接种红茶菌发酵时，初始可溶性固形物浓度应控制在14°Brix左右。同时，需调整荔枝果汁的糖度和pH，使荔枝果汁的含糖量达到15%左右，pH在4.5左右。

3. 菌种制备

按1g/100mL的茶水比，加入沸水，于85～90℃恒温浸提20min，过滤去掉茶渣，得茶叶浸提液。按100mL浸提用水加15g糖的比例，于茶水中加入白砂糖。糖完全溶解后，茶水中接入35%的红茶菌母液，用8层纱布封口，于玻璃容器中以30℃发酵15d，得到红茶菌菌种液。

4. 接种发酵

调配好的荔枝果汁接入10%（体积比）红茶菌菌种液，于32℃左右静置发酵6d，荔枝果汁红茶菌饮料即可发酵好。

5. 后处理

发酵好的荔枝果汁红茶菌发酵液中总酸含量可达2.5g/100mL左右，pH为3.0左右。荔枝果汁红茶菌发酵液可以直接饮用，也可以调配饮用，还可以过滤调配后罐装灭菌。

二、红枣红茶菌

陈胜慧子等以红枣汁为原料，发酵制成红茶菌饮料。

（一）工艺流程

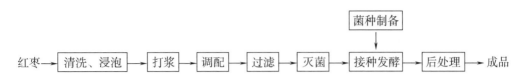

（二）技术要点

1. 红枣浆制备

选择外形完整、无霉烂、无病虫害的干红枣，剔除杂质。将选好的干红枣洗干净，然后加入红枣质量 3~4 倍的水煮沸。煮沸后静置浸泡一定时间，待枣膨胀起来后，用打浆机打浆，使浆核分离。然后用 200 目的筛子过滤枣汁液，得红枣浆。调配红枣浆，使红枣浆中还原糖（以葡萄糖计）为 120g/L，然后在 100L 的发酵罐中泵入 75L 枣浆，进行巴氏灭菌，冷却后备用。

2. 菌种制备

选用酿酒酵母菌（*Saccharomyces cerevisiae* Hansen）、纹膜醋酸杆菌（*Acetobacter aceti*）、植物乳杆菌（*Lactobacillus plantarum*）为发酵菌株。酵母菌以 12 °Brix 麦芽汁作培养基进行活化培养，醋酸菌以葡萄糖糖酸钙培养基或 12°Brix 麦芽汁培养基进行活化培养，乳酸菌以 10% 脱脂乳粉作培养基进行活化培养，以枣浆为 3 种菌种的驯化培养基。

将保存于斜面的菌种酵母菌、醋酸菌、乳酸菌分别接种于活化培养基中，酵母菌和醋酸菌 25~30℃ 静置培养，乳酸菌 30~37℃ 静置培养 24~48h。活化好的酵母菌、醋酸菌、乳酸菌分别以 5%~8% 的接种量接种于驯化培养基中，酵母菌和醋酸菌 25~30℃ 静置培养，乳酸菌 30~37℃ 静置培养 24~48h。在驯化培养基中培养好的乳酸菌、醋酸菌、酵母菌，以 2:2:1 的体积比混合成为发酵接种用的菌种。

3. 接种发酵

在灭菌冷却后的枣浆中，接入乳酸菌、醋酸菌、酵母菌混合而成的菌种，接种量为 5% 左右，然后于 25~30℃ 发酵培养。在发酵前期，每隔 6h 搅拌一次，料液混匀即可，在 24h 后停止搅拌。一般发酵至酸度不再增长时结束发酵，一般为 55~96h。

4. 后处理

当发酵 4d 左右时，红枣红茶菌饮料出现独有的酸甜味，枣香味浓郁，适宜直接饮用。也可以在发酵结束后，以 3600r/min 离心 10min，得上清液。上清液经调配后，以 90℃ 左右灭菌 10min，或以 91~95℃ 保持 10~15s 的高温瞬时法灭菌。灭菌后，进行无菌热灌装，冷却至 37~38℃，即制得红枣红茶菌发酵饮料。

三、芦荟红茶菌

郭书贤等以红茶水和芦荟汁为主要原料，制备成红茶菌饮料。

（一）工艺流程

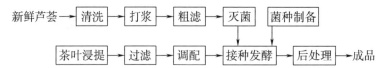

（二）技术要点

1. 芦荟汁制备

选取品种优良、叶片肥厚、成熟度适宜的新鲜芦荟，先去除杂质，接着用清水清洗，再用 2% 的食盐水浸泡 10～20min，然后再用清水漂洗。用消过毒的刀片削去芦荟根部的白色部分、叶尖和带刺的边缘，并沿此叶表面将外皮切除，取出叶肉。用打浆机将芦荟叶肉打碎，使浆液均匀细致，并按芦荟汁的体积加入两倍的去离子水进行稀释。稀释后的芦荟浆液放入容器中，以 100℃ 蒸气灭菌 5min，冷却后冰箱冷藏备用。

2. 茶水制备

红茶按 0.3g/100mL 的茶水比，加入去离子水煮沸 5min，加入 6% 的白糖，搅匀。以 4 层纱布趁热过滤糖茶水，糖茶水冷却后备用。

3. 调配

将芦荟汁与糖茶水调配，芦荟汁的加入量以 20%（体积比）左右为宜。

4. 菌种制备

用于红茶菌培养所需的用具，均先用清水洗净，再全部在煮沸的开水中浸泡消毒。如有油污等其他的杂质，需先用洗洁精或去污粉去除。消毒后的玻璃容器中倒入糖茶水，接入 35%（体积比）的红茶菌母液，用 8 层纱布封口，放入 30℃ 的恒温培养箱中静置培养。一般发酵 7d 左右，待发酵液的酸度不再下降，有分布均匀的透明胶状膜，味道酸甜可口，即可。

5. 接种发酵

调配入芦荟汁的糖茶水，接入 15%（体积比）的红茶菌菌种，于 30℃ 恒温静置培养发酵 5d 左右，即发酵好。

6. 后处理

发酵成熟的芦荟汁红茶菌发酵液，呈淡黄色，液体清亮，略带芦荟清香，酸甜适中，菌膜呈透明胶状膜。芦荟汁红茶菌发酵液可以直接饮用，也可以过滤后调配，再经罐装、灭菌。

四、红茶菌酸奶

郑有为等以牛乳为材料，研制出红茶菌酸奶。

（一）工艺流程

原料乳→过滤→均质→杀菌→冷却→接种发酵→后处理→产品

（二）技术要点

1. 菌种制备

按照质量比 0.2∶5∶20 添加混合茶、白砂糖和水，然后煮沸 15min，过滤去掉茶渣，茶液冷却至室温备用。按20%（体积比）接种量将红茶菌母液接入糖茶水中，于40℃下恒温培养8～10d，使其充分生长。待发酵菌液呈淡黄色透明，有一股较浓的酸味，菌液上层有菌膜时，表明红茶菌菌种培养合适。

将100mL符合标准的鲜牛乳放入250mL的锥形瓶中，以115℃灭菌5min，取出，冷却至室温时，于无菌条件下接入25%（体积比）接种量的红茶菌菌种。接完种后，于42℃恒温活化培养24h。在18～24h之间，以牛乳培养的红茶菌菌种活力增长较快，菌种生长旺盛、发酵能力强，适合于接种发酵酸奶；而在培养24h后，培养液的酸度一直增加，红茶菌菌种活力增长较慢。

2. 牛乳处理

牛乳处理包括过滤、均质、杀菌、冷却等步骤。以乳粉或鲜牛乳为材料，调配至一定浓度，然后进行过滤。牛乳过滤液进行均质，分装，然后进行巴氏灭菌，灭菌后冷却，备用。

3. 接种发酵

在红茶菌酸奶发酵过程中，pH呈下降趋势，可滴定酸度呈上升趋势。当pH下降到4.6左右时，乳溶液中的酪蛋白开始凝聚，红茶菌酸奶开始凝结。接种量对红茶菌酸奶影响最大，其次是发酵温度和发酵时间。随着接种量的增加，红茶菌酸奶的酸度逐渐增加。发酵温度越高，红茶菌酸奶的酸度也越大，但当发酵温度高于42℃时，发酵酸度的增长减缓。发酵时间如过长，红茶菌酸奶的光泽变得不明显，会产生一定的氧化味，使产品的香味明显下降；然而，如发酵时间太短，红茶菌酸奶则不能产生酸奶味。红茶菌酸奶的发酵条件，以接种量为11%（体积比）、发酵温度为42℃、发酵时间为8h，最有利于其品质的形成。

4. 后处理

当红茶菌酸奶发酵结束后，按常规酸奶一样，需进行冷藏后熟处理。达到后熟要求后，红茶菌酸奶即可上市。

五、红茶菌果冻

吴燕等以红茶菌为原料，研制出红茶菌果冻。

（一）工艺流程

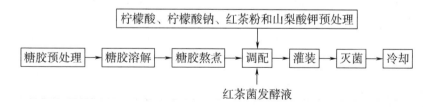

（二）技术要点

1. 红茶菌制备

按100mL水中，分别添加5g白砂糖、0.1～0.4g红茶、0.1g$(NH_4)_2SO_4$、0.1g KH_2PO_4的比例来制备糖茶水。先将蒸馏水烧至沸腾，待水冷却至85～90℃时，加入预定量的红茶，在85℃保温浸提10min，然后过滤去掉茶渣。待茶水冷却至60℃时，加入预定量的白砂糖、$(NH_4)_2SO_4$和KH_2PO_4，充分搅拌均匀，然后于121℃下高压灭菌20min。灭菌糖茶水冷却至室温时，按20%（体积比）接种量接入活化后的红茶菌母液，置于28~30℃恒温静置培养7d左右，即发酵好红茶菌。将发酵好的红茶菌进行过滤，再以5000r/min离心20min，即可得到淡黄色、清澈透明的红茶菌菌液，放入4℃冷藏备用。

2. 柠檬酸、柠檬酸钠、红茶粉和山梨酸钾预处理

将柠檬酸、柠檬酸钠、红茶粉、山梨酸钾各自溶解于水，搅匀，配成一定浓度，备用。

3. 糖胶制备

将食用胶卡拉胶和魔芋胶与羧甲基纤维素钠（CMC-Na）按10:7:3的质量比混合，然后加入一定量的白砂糖，搅拌均匀。将以上混合物慢慢撒入冷水中，使其充分分散开，防止结团，浸泡20~30min，使食用胶充分吸水溶胀。在加至预定的总水量后，边搅拌边加热，至沸腾时保持10min。使煮沸中的所有固体均全部溶解，然后用筛网过滤，除去微量的杂质及泡沫，即得糖胶溶液。

4. 调配

待糖胶溶液冷却至75℃左右时，依次加入终浓度为0.1%柠檬酸钠、适量的红茶粉水溶液后，再加入终浓度为0.18%柠檬酸、18%红茶菌发酵液及0.03%山梨酸钾水溶液，使糖胶的使用量约为1.2%，蔗糖使用量约为16%，然后搅拌均匀。

5. 灌装与灭菌

将上述调配好的果冻糖酸溶液，灌装至消过毒的果冻杯中，并封口，然后在85~90℃热水中灭菌15~20min。灭菌后，于自然条件下冷却至35℃以下，静置晾干表面水分，24h内不得晃动，使之凝冻，即得成品。

6. 成品

红茶菌果冻具有独特的红茶菌发酵风味，营养丰富，色泽自然，弹韧性好，酸甜适口，细腻爽滑。

六、甘蔗汁红茶菌

蔡丽玲等以甘蔗汁替代蔗糖，发酵制成甘蔗汁红茶菌饮料。

（一）工艺流程

（二）技术要点

1. 茶水制备

将选好的绿茶，按0.5g/100mL的茶水比，以沸水煮沸浸提5min，过滤去掉茶渣，

得茶水备用。

2. 甘蔗榨汁

将挑选好的无霉变的甘蔗，清洗干净后，不加水榨汁，过滤，得甘蔗汁备用。

3. 调配

在茶水中添加甘蔗汁，甘蔗汁添加量以40%（体积比）左右为宜，同时加入1%（体积比）鸡蛋清。

4. 接种发酵

按150mL茶水培养液接入1cm²的红茶菌菌苔和20mL红茶菌活菌液，以8~10层纱布封口，于30℃静置培养7d。

5. 过滤

发酵成熟的红茶菌发酵液，可直接饮用，也可以过滤后调配，再经灌装、灭菌。

第四章 金花菌产品

第一节 金花菌的利用现状

金花菌是茯砖茶发花过程中的关键微生物，而发花是茯砖茶品质区别于其他黑茶产品的核心工序。当前基本认为金花菌的有性型为冠突散囊菌（*Eurotium cristatum*），无性型为针刺曲霉（*Aspergillus spiculosus* Blaser）。当前茯砖茶成为安化黑茶的主体部分之一，陕西省泾阳县一带重新恢复并已成规模生产茯砖茶，其他茶区如湖北、浙江，也开始生产茯砖茶。

传统茯砖茶的制法周期长，尤其是发花时间久，发花品质不易控制。已有采用人工接种金花菌来生产茯砖茶，在缩短发花周期、提高茯砖茶品质和控制杂菌污染等方面效果明显。考虑到茯砖茶压成砖发花，不易观察发花程度，饮用也不方便，为此有采用人工接菌散茶发花。人工接菌发酵金花菌散茶，发花快，周期短，金花茂盛，品质好，饮用方便，发展潜力大。

当前金花菌发酵已延伸到各大茶类中，开发出多种金花菌茶产品，并受到了消费者的认可与喜爱。在传统黑茶产品中，有利用发花技术生产金花普洱茶、金花六堡茶、金花青砖茶等。有以绿茶、红茶、乌龙茶、白茶、黄茶等为原料，人工接种金花菌，开发出各大茶类的金花菌茶产品，如金花大红袍、金花白茶、金花君山银针茶等，而且这些新型金花菌茶产品销售非常好，金花大红袍每斤售价已高达 3 万多元。还有以夏秋杀青叶或揉捻叶为原料，人工接种金花菌发花，在显著降低生产成本的同时，促进了夏秋茶资源的开发利用。

金花菌的利用还延伸到代用茶的新产品开发中，有以桑叶、荷叶、银杏叶等为原料接种金花菌，开发出金花荷叶茶、金花藤茶、金花银杏茶、金花桑叶茶等。接种发酵制成的荷叶金花菌茶，叶表面布满金花菌，菌花香浓郁，汤色橙黄、清澈明亮，滋味醇和。接种发酵制成的银杏叶金花菌茶，发花茂盛，金花颗粒饱满，汤色橙黄明亮，滋味醇和，有金花香气，既保存了银杏茶中的有效活性成分，又降低了银杏酸，达到了脱苦去涩的口感。接种发酵制成的桑叶金花菌茶发酵 7d，虽会降低清除自由基的能力及铁还原能力，但却能提高螯合 Fe^{2+} 能力。

同时，也有利用金花菌发酵制成各种液态茶饮料。以传统茶叶浸提液为原料，金花菌发酵的茶饮料呈现橙红色，较明亮，滋味醇厚，香气纯正、协调。以茶菇浸提液为原料发酵的金花菌茶饮料具有新颖的口感，香气浓郁，口味柔和，营养更丰富。此外，有用金花菌对辣椒叶或辣椒叶提取液进行发酵，使发酵后的辣椒叶或辣椒叶提取液具有独特的香气和新颖的口感，从中提取出具有独特香气的成分，可添加到食品、饮料中。还有利用金花菌来降低黑茶中氟含量，从金花菌及其分泌物中分离提取色素。

第二节 金花菌的活性成分与功能

一、金花菌的活性成分

茯砖茶发花后，内含活性成分发现显著的变化，认为因金花菌的代谢产生了活性更强的物质。金花菌可能有三种途径来改变茯砖茶内含活性成分：一是该活性成分是儿茶素的衍生物，受金花菌的发花而生成，其中以糖苷化、硫酸化及甲基化等衍生物为主要存在形式，具有清除自由基等活性能力；二是该活性成分是儿茶素氧化聚合物（即茶色素），与绿茶和黑毛茶相比较，茯砖茶中的茶多酚、茶褐素的含量相对较高，这可能与金花菌代谢过程中产生的儿茶素氧化聚合物有关，儿茶素氧化聚合物也具有较强的生物活性；三是该活性成分是儿茶素和有机酸形成的络合物，这对于茯砖茶滋味、香气、色泽的形成起着重要作用，存放多年的老茶，回味略带酸味，说明金花菌代谢产生了较多的有机酸类物质，这也是黑茶有别于其他茶类的特点之一。

金花菌的活性成分主要有氨基酸、多糖类、胞外酶、黄色素、类酮醇等。有研究显示冠突散囊菌的菌丝富含多种氨基酸，几乎包括了所有必需氨基酸，这对人体所需氨基酸的补充和对茶叶风味促进起一定作用。

金花菌能分泌胞外多糖，该多糖组成为鼠李糖、阿拉伯糖、甘露糖、葡萄糖和半乳糖。将金花菌发酵液浓缩至原体积的1/4，加入乙醇至浓度为95%，沉淀10h，可以有效地提取发酵液中金花菌胞外多糖。金花菌胞外多糖在肥胖和肿瘤细胞增殖等方面有较强的抑制性，对与血脂代谢及肥胖、肿瘤细胞增殖相关的过氧化物酶体增殖物激活受体（PPARα、PPARγ、PPARδ）有一定的活性，对K562细胞有一定的抑制作用。

金花菌能够分泌多种胞外酶，在其发酵液中除未检测到脂肪酶外，纤维素酶、蛋白酶、淀粉酶、果胶酶活力在发酵过程中均有一定的提高。金花菌发酵液能更好地提高胃蛋白酶、胰蛋白酶、淀粉酶的活力，并能抑制脂肪酶的活力。

金花菌能够分泌多种色素。有从金花菌中提取获得黄色素，该黄色素可能是叶黄素一类。有从金花菌中分离出红冠突素（Rubrocristin）和紫冠突素（Viocristin），还有多种水溶性色素。苯甲醛衍生物AG（金色灰绿曲霉素，Auroglaucin）和FG（灰绿曲霉黄色素，Flavoglaucin）是金花菌特有的代谢物，都是抗氧化性色素。研究发现灰绿曲霉黄色素及其衍生物均有不同程度的抗氧化作用，可见金花菌的存在对于保持砖茶的品质，延长贮存时间，延缓氧化劣变有重要作用。

除此之外，金花菌还能够利用茶叶代谢出槲皮素、山柰酚等类黄酮醇化合物。

二、金花菌的功能

（一）改善茶叶品质

通过发花的发酵过程，金花菌利用茶叶中的有机物质进行自身的代谢生长。金花菌一方面分泌蛋白酶、多酚氧化酶、纤维素酶、果胶酶等胞外酶，改变茶叶中已有的营养物质与功能成分的比例含量；另一方面，金花菌本身富含多种营养物质与功能成分，并会分泌到茶叶中，构成金花菌茶特有的品质风味。

（二）降氟

金花菌能够吸收氟，达到降低茶叶中游离氟的含量。在低氟环境下，氟能够促进金花菌生长；氟离子极有可能诱导了菌体对营养成分利用的酶类的产生，而这种酶类在氟离子缺乏的情况下是不能被激活的。但随着氟含量增加，过多的氟阻遏了这种菌体自身利用营养成分的酶类的产生，从而导致了其生长促进作用的消失，还对金花菌菌体自身造成毒害，进而抑制其生长。

（三）抑菌

金花菌在生长过程中，会产生不利于其他一种或多种微生物存在的代谢产物，这样既抑制杂菌生长，又对人体健康有利。金花菌马铃薯葡萄糖琼脂（PDA）发酵液对细菌有较强的抑制作用，对供试真菌、酵母菌和放线菌没有明显的抑制作用。但从金花菌中提取的化合物对大肠杆菌、金黄色葡萄球菌和普通变形杆菌具有显著的抑制作用，而对痢疾志贺菌和肠炎沙门菌肠炎亚种无明显抑制作用。

（四）降脂

金花菌产生的多糖能够对肥胖有较强的抑制性，对与血脂代谢及肥胖相关的过氧化物酶体增殖物激活受体［PPAR（PPARα、PPARγ、PPARδ）］有一定的活性，从而产生降脂作用。金花菌胞外多糖有助于调节体内胆固醇的代谢平衡，降低血液中的甘油三酯（TG）、总胆固醇（TC）、低密度脂蛋白（LDL），增加高密度脂蛋白（HDL），使体形变瘦，并改善血脂状况，维持健康的血脂水平。金花菌孢子粉提取物能降低非酒精性脂肪肝细胞内甘油三酯的含量，且与阳性药物辛伐他汀和血脂康的效果相当。金花菌内两种新的活性物质茯茶素 A 和茯茶素 B 具有显著降低人体类脂肪、胆固醇、血脂、血糖等功效。

（五）抗肿瘤

金花菌产生的多糖对肿瘤细胞增殖等方面有较强的抑制性，还对肿瘤细胞模型K562 有一定的抑制作用。金花菌孢子粉提取物对人胃癌细胞（SNU 719 - 2）、人乳腺癌细胞（MCF - 7）和人肝癌细胞（HepG2）的增殖都具有一定的抑制作用，都呈现出一定的剂量依赖关系。

（六）调节肠道微生物菌群

低剂量金花菌悬液会使小鼠结肠内的总体细菌、乳酸杆菌属和梭菌属 IV 簇的种群多样性增加，而这两种菌属都具有健康促进作用，因此低剂量金花菌悬液可能具有调节肠道菌群功能。

（七）抗氧化

金花菌对 1，1 - 二苯基 - 2 - 三硝基苯肼（DPPH）和 2，2′ - 联氮双（3 - 乙基苯并噻唑啉 - 6 - 磺酸）二铵盐（ABTS）两种自由基的清除能力分别达到 75% 和 56% 以上，表明具有较强的抗氧化活性。金花菌菌丝体中分离得到的二氢灰绿曲霉黄色素（DFG）、FG 和异二氢金色灰绿曲霉素（IDAG）等物质均可与维生素 C 产生协同作用，共同对抗猪油、玉米和亚油酸甲酯的自氧化作用。金花菌黄色素溶液质量浓度大于 0.01g/L 时，总还原力随着浓度的增大而增大，且同浓度下高于维生素 E 的还原力。金花菌黄色素对 DPPH 的清除力明显高于维生素 E；金花菌黄色素质量浓度为 1.25 ～ 2.50mg/L 时，对红细胞的保护作用最强，溶血抑制率达到了 21.23%。

（八）其他功能

金花菌不同发酵时期的发酵液对脂肪酶活力有显著的抑制作用，而对淀粉酶和蛋白酶的酶活力则大大提高，具有调理人体胃肠消化功能，有利于淀粉、蛋白质消化吸收，抑制脂肪分解吸收。金花菌的细胞壁含有的几丁质和几丁质聚糖是一类特殊的膳食纤维，能促进小鼠肠道中的梭菌属 XIVa 簇的形成，减轻高脂肥胖小鼠的体重。金花菌孢子粉提取物还能降低非酒精性脂肪肝细胞谷丙转氨酶（ALT）、谷草转氨酶（AST）泄露量，能修复肝细胞膜损伤。

第三节　金花菌散茶发酵发花技术

金花菌散茶是以茶树鲜叶、茶叶在制品或毛茶为主料，人工接种金花菌发酵而成。金花菌散茶发花技术具有生产成本低、发花周期短、金花茂盛、菌香浓郁等特点。华中农业大学茶学系最先利用夏秋鲜叶为原料发酵金花菌散茶，选育出优良金花菌菌株，建立了完整的发酵生产技术体系，且已在湖北兴山县等地进行中试生产，并成功应用于发酵金花荷叶茶、金花柿叶茶等，获得 2 项国家发明专利和 1 项湖北省级技术成果。

一、金花菌散茶发酵工艺流程

原料→ 预处理 → 接种 → 发花 → 干燥 →成品

二、金花菌散茶发酵技术要点

（一）金花菌悬浮液制备

人工接种发酵金花菌散茶，需先制备金花菌孢子悬浮液作为菌种。将筛选保存的金花菌直接以划线法培养于 PDA 培养基中，置于 28 ℃培养箱中培养。待菌落生长 6 ～ 8d 后，挑取孢子继续划线培养于 PDA 培养基中，即分离得到纯种"金花菌"。在超净工作台上，向培养皿中加入 15mL 经过灭菌的无菌水，然后用灭菌后的玻璃棒轻轻刮取平板上的金黄色菌丝体于无菌水中，用吸管将培养皿中的浑浊液体吸入 50mL 离心管中，并加入无菌小玻璃珠。将离心管振荡 10min 后，以 3000r/min 的速度离心 5min，脱脂棉过滤后，即得金花菌孢子悬浮液。在干燥洁净的血球计数板上，盖上专用盖玻片，滴 1 滴（约 0.1mL）即可，孢子悬液在盖玻片边缘，使其通过毛细管作用缓慢进入计数室，等孢子沉至计数板底部约 5min 后，开始计数。根据所计的孢子数，计算出孢子量（个/mL）。依据计算出的孢子浓度，加水调整金花菌孢子悬液浓度，使其最终达到 $(1 \sim 10) \times 10^7$ 个/mL。

（二）原料选择

传统制作茯砖茶的原料是晒青茶，目前可用于金花菌发花的原料可以是各大茶类以及茶叶在制品。但不同茶叶原料对金花菌散茶的品质形成影响不同，如红茶发酵的金花菌茶菌香浓郁、绵滑感强，以杀青揉捻叶发酵的金花菌茶汤色橙黄尚明、滋味浓醇绵滑。在不同茶类中，以红茶为原料更有利于金花菌茶感官品质的形成，以晒青为原料更有利于金花菌茶理化品质的形成，而以杀青揉捻叶为原料发酵金花菌茶更有利于降低生产成本。以不同原料发酵金花菌散茶时，金花菌对不同原料的生长适应性会有所不同；尽管金花菌都会生长发酵，但不同原料的生长速度不一，发酵好的成品上金花茂盛程度会不一。以试验结果来看，金花菌在红茶基质上生长最快，以铁观音基质上生长最慢。

以夏秋茶树鲜叶为原料发酵金花菌散茶，不但原料来源丰富、生产成本低，而且可以有效解决目前夏秋鲜叶浪费严重的问题。不同嫩度的夏秋鲜叶发酵制成的金花菌散茶品质会有所差异，以一芽三四叶和一芽五六叶为原料发酵的金花菌散茶更优，汤色黄橙尚亮，具有金花菌茶特有的香气特征且香气浓郁纯正协调。由此可见，以发酵具有一定成熟度的原料更适合于金花菌散茶品质的形成。

（三）预处理

用于金花菌散茶的原料不一，所采取的预处理措施有所不同。

1. 夏秋鲜叶预处理

采用大宗绿茶的加工方法对鲜叶进行预处理，以滚筒杀青机或复干机等进行杀青，杀青温度 220℃左右，杀青时间 5～7min。杀青叶采用"轻－重－轻"的方式揉捻 20～30min，也可以不揉捻，但揉捻后的原料更有利于金花菌生长。揉捻叶需进行毛火，毛火可以调控茶坯含水量和通过高温高湿的作用杀死茶坯中微生物。毛火可在复干机或瓶式炒干机中进行，温度控制在 200℃左右，炒至茶坯略扎手，手捏可弹散，含水量约 30% 为好。毛火叶过干或过湿，均不利于金花菌散茶品质的形成；如过干，金花菌不生长或生长缓慢；如过湿，杂菌生长迅速，容易污染严重。

2. 毛茶预处理

以毛茶为原料，预处理主要是需复水提高茶叶含水量。在毛茶种类中，以晒青、烘青为好，炒青不利于金花菌散茶品质的形成。可通过汽蒸或泼水的方式给茶叶加湿，将茶坯含水量控制在 30% 左右。汽蒸容易让茶坯含水量均匀一致，而泼水则需翻拌和给予一定时间让水分渗入基质中。如茶坯含水量过低，金花菌难以大规模生长，而且生长缓慢，干茶色泽黄枯；但如茶坯含水量过高，会导致茶坯上霉菌大量生长，不利于金花菌茶品质的形成。湖南农业大学茶学专业最先开展以绿毛茶为原料发酵金花菌散茶，也建立了系统的发酵生产技术，并成功应用于以黄茶、大红袍等茶类的金花菌散茶发酵生产中。

3. 灭菌

人工接种金花菌进行发酵时，均需考虑原料灭菌，保证以金花菌发酵为主，防止杂菌以及有害菌的生长繁殖。考虑到大规模生产的需要，在生产实践中可考虑以湿热作用来除菌。灭菌操作可以与原料的前期预处理相结合起来，如揉捻叶打毛火时即可起到灭菌作用。毛茶复水后，也可以直接在复干机中加热炒制除菌。采用以上方式灭菌，结合调控适合的发酵条件，足以保证金花菌散茶品质的形成。如采用灭菌锅进行高压湿热灭菌，灭菌后的茶坯易带有煮熟的茶味，在金花菌发酵好后依然存在，不利于金花菌散茶品质的形成；但发酵好的金花菌散茶放置一年后，煮熟的茶味消失，品质恢复正常。

（四）接种

经湿热除菌后的原料，趁热接入5%左右（按茶坯质量计）的金花菌孢子悬浮液，趁热撒匀、拌匀，然后及时归堆发酵。适当加大金花菌接种量，有利于金花菌生长迅速，发酵快；但发酵过快，也不利于金花菌散茶品质的形成。在生产实践中，除采用金花菌孢子悬浮液接种外，还可以直接接入已发酵好的、经低温烘干或发花中未干燥的金花菌散茶，接种量控制在1%左右。也可收集干燥后的金花菌散茶中的金花菌孢子粉，将金花菌孢子粉直接撒入除菌后的茶坯中，拌匀后归堆发酵。

（五）发花

传统茯砖茶的发花是依赖于自然接种的金花菌，无严格的灭菌工序，通过适当控制发酵条件，可以形成合格的茯砖茶品质。可见金花菌散茶的生产过程，如灭菌、接种和发花中，并不需要严格的无菌状态，但必须保证金花菌能快速生长、并迅速成为优势菌，才能形成合格的发花品质。要保证这一点，除前面的灭菌、接种等因素外，发花条件的控制则显得十分关键。

1. 发花温度

人工选育的金花菌生长温度范围较宽，在37℃的温度下依然可以生长，但依然以28~30℃为金花菌最适生长温度。在较低的温度下金花菌可以生长，但生长速度慢，易滋生杂菌。而适当的高温，则可以抑制杂菌的生长，有利于促进金花菌成为优势菌。在生产实践中，在发花初期可以适当提高发花温度，在抑制杂菌生长的同时，促使表面茶坯水分的蒸发；发花中后期降至金花菌生长最适温度，有利于茶堆内部金花菌快速生长，而杂菌难以在低含水量的表面茶坯上生长。

2. 发花湿度

金花菌散茶发花时，空气湿度对金花菌生长影响较大，相对湿度以70%~80%更有利于金花菌的生长。在发花前期，结合提高发花温度，空气湿度可适当较低，有利于抑制杂菌的生长；待金花菌萌发生长出来后，可适当提高空气湿度，延缓茶坯内含水分的散发，有利于促进金花菌的生长。若长期保持较低的空气湿度，易导致茶坯变干，不利于金花菌的生长。

3. 发花时间

金花菌在接种第2天后，一般就可以看得见长出来的菌体，依所接菌种的活力而定。经发花5~7d，就可以呈现茂盛的金花，金花菌孢子囊遍布茶叶上。考虑到金花菌孢子囊越成熟，越易掉落，可以考虑适当缩短发花时间，以使茶坯上保留足够的菌体。

（六）干燥

发花好的金花菌散茶含水量一般还比较高，需进行干燥。一般采用低温烘干的方式进行金花菌散茶干燥，干燥温度控制在 40 ~ 60℃。干燥温度不宜过高，否则高温易导致菌体蛋白变性，产生菌体蛋白特有的一种腥气味，影响产品的质量。

三、金花菌散茶品质特征

金花菌散茶发花是人工接种金花菌发酵而成的。在外观上，要求金花茂盛，分布均匀，色泽黄褐、光润。在内质上，要求菌香浓郁、纯正，汤色橙黄明亮，滋味醇和，叶底褐色。金花菌发酵茶会具有区别于其他黑茶的香气，是属于金花菌特有的菌香。金花菌散茶适于陈放，随陈放时间的延长，汤色会逐渐变红，口感更佳醇和，香气更加宜人。如使用的发酵原料不一，制成的金花菌散茶品质会有所不同。

第四节　金花菌茶饮料

金花菌除可以进行固态发酵制成金花菌散茶外，还可以进行液态发酵制成金花菌茶饮料。四川农业大学茶学系最早以成茶为原料进行金花菌茶饮料发酵，华中农业大学茶学系最早以夏秋鲜叶为原料进行金花菌茶饮料发酵。

一、金花菌茶饮料发酵工艺流程

采用的原料不一时，金花菌茶饮料发酵工艺流程会有所区别，一般多用茶树鲜叶或成茶为金花菌茶饮料的原料。工艺流程为：

鲜叶杀青、揉捻 → 榨汁 → 过滤 ┐
　　　　　　　　　　　　　　　├ 灭菌 → 接种 → 发酵 → 过滤、调配 → 灭菌 → 成品
茶叶原料 → 粉碎 → 浸提 → 抽滤 ┘

二、金花菌茶饮料发酵技术要点

（一）鲜叶原料的茶汁制备

采摘一芽三四叶为主的茶树鲜叶，在自然条件下摊放适度后，在滚筒杀青机中以220℃杀青 5 ~ 7min，回潮 30min 后在揉捻机中揉捻 20 ~ 30min，解块备用。将称量好的揉捻叶置于料理机的装料杯中，加入一定量的蒸馏水，揉捻叶与水的比例为 1∶10（质量/体积），榨汁 30s 后停止，再次榨汁 30s，榨汁完成，剩余茶渣再加入少量的蒸馏水润洗。用脱脂棉或纱布过滤，按 60% 的体积分装到三角瓶中备用。

（二）毛茶原料的茶汁制备

选用烘青毛茶，在粉碎机中粉碎后过 40 目筛。按照茶水比 1∶30 ~ 1∶60（质量/体积）加入蒸馏水，在 85℃ 恒温水浴中浸提 15min 后，抽滤，获得澄清茶液，分装

备用。

（三）灭菌

将装有茶汁的三角瓶放入高压灭菌锅中，以 121℃ 灭菌 15min。灭菌后，及时进行冷却。

（四）接种

在无菌环境下，于高压灭菌冷却后的茶汁中，接入 0.8% ~ 1.0%（体积比）提前准备好的金花菌孢子悬浮液，封口。

（五）发酵

接菌后的瓶装茶汁置于温度为 26 ~ 30℃，转速为 120 ~ 150r/min 的恒温摇床中发酵 5 ~ 7d。金花菌茶饮料发酵前 3d 比较浑浊，汤色橙黄色，到第 5 天时趋于明亮，第 7 天时汤色变为橙红明亮，到第 9 天时汤色开始发暗。在 1 ~ 3 天，香气为茶清香，5 ~ 7d 香气纯正、协调，到第 9 天时茶香平淡，略带一点甜香。发酵前 3d，有较重的苦涩味，到第 5 ~ 7 天时苦涩味减弱，滋味醇和适口。在发酵进行过程中，pH 随发酵时间的增加呈现先下降后上升的变化趋势。发酵 3d 时，pH 达到最低，3d 后 pH 开始升高，一直升高到发酵的第 9 天。在整个发酵进行过程中，pH 一直保持在 4.8 ~ 5.5，处于非常适宜金花菌生长的范围内。

（六）过滤与调配

当茶汁发酵 5 ~ 7d，达到较好的感官品质风味时，即可停止发酵。取出发酵好的茶汁，进行过滤，除去菌体与沉淀，得澄清发酵液。结合发酵好的澄清液品质风味，进行合理调配。也可依据产品定位，与其他制备好的原料进行调配。

（七）灭菌

考虑到高压灭菌对茶饮料的风味改变大，以滤膜过滤除菌，可以更好地保留金花菌发酵茶饮料的风味。经除菌后，即可得到金花菌发酵茶饮料产品。

三、金花菌茶饮料品质特征

金花菌茶饮料呈橙红色，明亮，香气纯正、协调，滋味醇和、适口。金花菌茶饮料的香气成分主要包括芳香族类化合物、醇类、烯烃类、烷烃类、醛类、酮类、酸类、酯类、酚类等，但占最大比例的是酸类和酯类，增加了一些醛类和吡嗪类物质，如 4 - 羟基乙醛、苯乙醛 - 乙二醇缩醛、3 - 甲基吡嗪、2，5 - 二甲基吡嗪等。

四、其他特色金花菌发酵茶饮料

（一）辣椒叶金花菌发酵饮料

采摘成熟的新鲜辣椒叶片，清水洗净，干燥，粉碎。将粉碎的辣椒叶置于容器中，加入 125 倍的蒸馏水，以沸水恒温浸提 2h，过滤，得到辣椒叶提取液。向辣椒叶提取液中加 4% ~ 6% 的蔗糖，调整 pH 为 5.5 ~ 7.3，配制好的溶液在 121℃ 下高压蒸汽灭菌 20min，冷却至室温。以体积比 5% 的接种量，将 6.0×10^8 CFU/mL 金花菌孢子悬液接种到已灭菌的辣椒叶提取液中，于恒温摇床中以转速 120r/min、25℃ 发酵 5d。发酵完成后，静置，沉降，过滤，收集滤液，得到发酵液。最后向发酵液中添加5%的蜂蜜、0.005%的柠檬酸调味，经巴氏灭菌后灌装得到辣椒叶金花菌发酵茶饮料。

（二）茶菇金花菌发酵饮料

称取20g绿茶、3g干花菇，加入1500mL水，加热，以沸水恒温浸提1h，过滤收集滤液，获得浸提液。于浸提液中，加入50mL浓缩苹果汁、150g白砂糖，溶解后过滤，用水定容至2000mL，以121℃高压蒸汽灭菌20min，冷却后得到茶菇液，备用。以体积比2%的接种量，将1.5×10^7CFU/mL金花菌孢子悬浮液接入茶菇液中，在28℃、120r/min的条件下进行发酵；7d后终止发酵，静置，沉降，然后过滤，收集滤液，得到茶菇发酵液。于发酵液中添加5%的蜂蜜、0.005%的柠檬酸调节口味，检测各项指标，经巴氏杀菌后，无菌灌装制成茶菇金花菌发酵饮料。

（三）桑叶金花菌发酵饮料

桑叶金花菌发酵饮料以桑叶成茶为原料，以1:100~1:150的比例加水进行浸提。过滤除去茶渣，得桑叶茶水，可以加入一定量的糖类物质。桑叶茶水采用高压灭菌（120℃、30min），待冷却后，在无菌条件下接入1%的孢子菌悬液（5.0×10^8~6.0×10^8CFU/mL），于30℃、150r/min发酵7d即可。发酵液过滤除去菌体，得澄清菌液。可根据需要，适当进行调配或灭菌，制成多种风味的桑叶金花菌发酵饮料。

第五节　其他金花菌茶产品

一、金花荷叶茶

（一）工艺流程

荷叶原料→ 预处理 → 高压灭菌 → 冷却 → 接种 → 发酵

（二）技术要点

1. 荷叶原料

金花荷叶茶的发酵原料可选择新鲜荷叶、荷叶茶在制品或荷叶茶成品，无论选择何种原料，在接种发酵时均需控制含水量在一定范围之内。

2. 预处理

（1）新鲜荷叶预处理　采摘的新鲜荷叶需用自来水清洗干净，脱水后或摊放沥干水后，切分成长宽均为2cm左右的块状，在200℃杀青3~5min，及时冷却后，以揉捻机揉捻30min，得荷叶揉捻叶。然后以150~180℃进行毛火，毛火叶控制水分含量为30%左右。

（2）荷叶茶在制品预处理　如选择以荷叶茶在制品为原料，视在制品的含水量高低来选择适合的处理措施。如荷叶茶在制品含水量偏高，则需进行毛火或烘干，使含水量控制在30%左右。如荷叶茶在制品含水量偏低，可适当复水，使含水量控制在30%左右。

（3）荷叶茶成品预处理　荷叶茶成品均比较干，含水量低，需提高含水量。可采用汽蒸或泼水的方式，控制荷叶茶含水量在30%左右。

3. 灭菌与接种

将预处理好的荷叶原料按60%体积分装于容器中，用透气的封口膜封口，以121℃高压蒸汽灭菌20min，冷却后接入5%（以茶坯质量计）金花菌孢子悬浮液（孢子浓度约为0.8×10^7个/mL）。除以高压灭菌的方式外，荷叶原料可通过打毛火或汽蒸复水的方式灭菌，在达到原料含水量为30%左右的同时，又达到除菌的目的，然后直接接入金花菌。

4. 发酵

将接种后的荷叶原料置于25~28℃发酵，控制环境中的相对湿度在70%~80%，发酵4~6d，即可制得金花荷叶茶。金花荷叶茶的叶表面布满金花菌，菌花香浓郁，汤色橙黄、清澈明亮，滋味醇和。

二、金花藤茶

（一）工艺流程

藤茶原料→ 预处理 → 汽蒸 → 接种 → 渥堆 → 发花 → 干燥

（二）操作要点

1. 藤茶原料选择

以传统加工的藤茶为原料接种发花，金花不明显，成品的汤色较浑浊，口感青涩，品质差。而以直接烘干的藤茶接种发花，金花颗粒饱满，成品的口感较为醇厚，回味有甘甜，汤色较澄清，带有典型的菌花香及藤茶香。由此可见，金花藤茶宜选择直接烘干的藤茶为发花原料。同时，如以红茶和藤茶为原料进行拼配发花，随着藤茶量的逐渐增加，汤色会由橙红向橙黄呈梯度逐级变浅，明亮度好，藤茶和红茶的拼配比例以1:1（质量比）为好。

2. 预处理

当藤茶原料含水量小于28%时，金花菌生长较缓慢，发花效果较差，汤色偏黄色或者橙黄色，尤其是茶味还带有很重的苦涩味。当藤茶含水量达28%时，金花生长速度最快，发花质量最稳定。而藤茶含水量达36%时，会有黑曲霉开始生长，发花污染明显，品质变差。为此，针对选用的藤茶原料，预处理的重点是调控藤茶原料含水量至28%~30%，可以采用打毛火、泼水、汽蒸等方式来调控原料含水量。

3. 汽蒸

在采用汽蒸方式增加藤茶含水量时，可以与除菌结合起来。茶坯吸收高温汽蒸时的水蒸汽，可以较为均匀地增加水分含量，同时茶坯中的大部分霉菌和有害细菌被蒸汽的高温杀死，从而为金花菌单一菌种的发花提供了条件。而且，汽蒸同时还可以去除原料中部分粗青气，可以软化梗叶中的纤维素和角质层，有利于金花菌的生长，并使得发花制成品的口感更醇正。一般结合汽蒸时原料的数量来确定汽蒸时间，大多汽蒸10min左右，注意控制原料含水量。

4. 接种、渥堆、发花

提前用三角瓶无菌培养制作金花菌菌种，以藤茶为原料，得到色泽鲜黄、颗粒饱满、金花密集的金花菌茶。按 0.1% 的比例，将金花菌茶均匀地撒在汽蒸好的原料表面，翻拌均匀，置于 70℃ 下渥堆 2h。渥堆温度需控制得当，如过高会导致金花数量减少，因为温度升高导致在杀死杂菌的同时，也会杀死或者损害了一部分金花菌。也可以接入金花菌孢子悬浮液，需喷洒和翻拌均匀。渥堆后将茶堆摊矮，促使逐步降低堆温，使堆温维持在 28℃ 左右，发花约 4d。至藤茶原料的香气由不愉快的"青气"变为甜香、菌花香，汤色由橙黄浑浊变为橙红清澈，明亮度好，叶底由黄绿红褐变为褐绿或黑褐，滋味由醇正尚涩变为醇和回甘，则表明发酵适度。

三、金花银杏茶

（一）工艺流程

银杏鲜叶→ 杀青 → 摊凉 → 揉捻 → 解块 → 干燥 → 制成毛茶 → 切碎 → 一次汽蒸 → 渥堆 → 加茶汁调节含水量 → 二次汽蒸 → 接种 → 发花 → 干燥

（二）技术要点

1. 金花菌孢子悬液的制备

当金花菌试管斜面菌种生长处于旺盛期，培养约 7d 时，每管用 10mL 无菌水制成悬浮液，将每管悬浮液倒入盛有 40mL 无菌水并带有玻璃珠的三角瓶内，振荡 10 ~ 15min，获得浓度为（1 ~ 10）×10^7CFU/mL 的金花菌孢子悬液。

2. 银杏叶处理

将银杏鲜叶切成 3 ~ 5mm 的条状，在杀青机中杀青，杀青锅温约为 220℃，杀青 5 ~ 10min。杀青叶及时摊开冷却，然后揉捻、解块、干燥，制成银杏叶毛茶，使毛茶的含水量在 8% ~ 10%。将银杏叶毛茶切碎，与黑毛茶按质量比以 7:3 或 8:2 的比例拼配，然后汽蒸 35s 至 10min。

3. 渥堆

汽蒸叶堆放在一起，控制堆温 50 ~ 70℃，渥堆处理 4 ~ 8h。然后加入黑毛茶、茶梗与水（比例为 1g:50mL）煮 10min 后过滤获得的茶汁，在调节茶坯含水量的同时提供丰富的营养物质，茶坯含水量需控制在 30% 左右。

4. 第二次汽蒸与接种、发花

原料需翻拌均匀，然后进行第二次汽蒸，以去除杂菌。第二次汽蒸注意控制汽蒸时间，防止茶坯水分增加过高。按 0.2% 的接种量接入金花菌孢子悬浮液，翻拌均匀，然后在 25 ~ 28℃、空气湿度为 70% 的环境下发花，约发花 9d。待叶面金花满布，则发酵适合。

接入金花菌菌种后的原料，也可以压制成砖，再置于烘房中进行发花。烘房中发花温度为 30℃，空气湿度为 74% ~ 76%，需发花 15d 左右。在发花初期（3d），可看到银杏砖茶剖面有少量淡黄色菌落及许多白色菌丝，此时金花菌处于生长调整期。发花第 6 天，银杏砖茶剖面有许多黄色颗粒，此时金花菌初步进入对数生长期。随着发花时间的推移，发花第 9 天，金花菌大量繁殖，金花菌均匀地分布于茶砖中，颜色金黄，颗粒饱满，发花茂盛，此为金花菌在发酵过程中的生长对数期。发花第 12 天，金花菌生长进入稳定期，茶砖剖面金花茂盛。发花第 15 天，即发花初后期，金花菌颜色加深，茶砖有浓浓的菌花香气，但随着时间的延长，茶砖内营养物质被消耗，金花菌生长逐步进入衰亡期，茶砖内金花菌数量不再增多，此时可结束发花，进入干燥阶段。砖茶的干燥一般采用低温（40～60℃）干燥，需以 1～2d 升高 1～2℃的方式缓慢升温，需干燥 10～15d。

四、金花桑叶茶

金花桑叶茶已开发有固态和液态的产品，原料可以是鲜桑叶或桑叶成茶。鲜桑叶为原料时，可以采摘较为成熟规格的鲜叶，去掉叶柄，将桑叶切为 4cm×4cm 的小叶片。桑叶可采用滚筒杀青机或复干机杀青，杀青叶揉捻后打毛火，控制含水量约为30％。毛火叶趁热接入金花菌菌种，翻拌均匀，及时归堆发花。控制发花温度在 30℃左右，注意适当通风，不可过湿过干。发花 7～10d，金花菌满布叶表，则发花适度，可及时干燥。有以用微波进行桑叶杀青，约杀青 90s，杀青叶揉捻后加入一定量的金花菌孢子悬液，再复揉。复揉叶直接置于一定温度的培养箱中发花，培养一定时间后，待金花满布时，以微波干燥，制得金花桑叶茶。

以桑叶成茶为原料时，视茶叶大小决定是否切碎，然后进行复水。复水叶采用高温湿热灭菌（120℃、30min），或以复火的方式进行灭菌。灭菌叶趁热接入金花菌孢子悬浮液或金花桑叶茶，翻拌均匀，趁热归堆，于 30℃左右培养发酵 7d 左右，即可制成金花满布的金花桑叶茶。

第五章 酸茶产品

第一节 酸茶的开发现状

一、酸茶利用历史

茶叶作为食用，自古有之，在《茶经》和《晋书》上均有记载，神农氏也是得茶食之而解毒自救。酸茶又称腌茶，因加工过程中茶叶发酵变酸而得名，被作为一种可食茶产品保存于我国云南多个少数民族中，并存在于亚洲多数国家中。在云南，酸茶作为一种民族特色食品而深受少数民族如德昂族、布朗族的喜爱，是当地一种独特又重要的传统食品。这些少数民族将带有酸味和苦涩味的酸茶视为日常生活中不可或缺的必需品，常在重要节日或者有客人拜访时用来招待客人。每当夏季，他们家家户户几乎都要做上许多酸茶，除自己食用外，还作为馈赠亲友的礼物。特别是小伙子提亲订婚，一包酸茶是送给姑娘家必不可少的礼物。酸茶已融入这些民族生活的各个方面，被当作饮品、赠品、祭品、供品、礼品等，已成为他们日常生活中不可缺少的部分，并是这些民族特有民俗文化的重要组成部分。

除我国有酸茶的生产和食用外，在泰国、缅甸、老挝、日本等国也有悠久的酸茶生产传统。泰国、缅甸、老挝等国生产的酸茶主要是食用，少数干燥后泡饮；除本国上下均食用酸茶外，酸茶已成为这些国家重要的出口创汇产品。新加坡不产茶，但好茶，更喜酸茶，并以沙拉形式大量食用，泰国、缅甸等国每年出口大量的酸茶到新加坡。日本也生产大量酸茶，但日本不单独食用酸茶，更多的是煮饮或熬米粥。

由以上可见，酸茶仅产于亚洲产茶国家，主要以食用为主，但也有部分用于泡饮。在酸茶消费方面，除产酸茶的国家有食用或泡饮的习俗外，非产茶国家新加坡是酸茶最主要的食用国家之一。

二、酸茶保健功能

酸茶有乳酸菌发酵的清香味，还有酸甜可口的滋味。酸茶在养生健体方面有独特的作用，可以开胃健脾、肠道消炎、生津止渴、助消化和消除疲劳等，令德昂族人世世代代传承饮用和食用。少数民族常将酸茶当作一种零食，在劳作之余，喜欢把酸茶直接放在口中咀嚼，食用酸茶后，立马就可以消除疲劳，精神抖擞，又可以继续劳作。

布朗族人在实践中总结出利用酸茶治病疗疾的方法：如将酸茶配生姜，可用于治疗痢疾；配菊花，可治暴发火眼，并有清风明目之功效；拌以白糖，健脾和胃；对以米醋，可医治牙痛；拌进蜂蜜，可治便秘；加入食盐，化痰祛火；掺上奶油，帮助消化；单嚼酸茶，提神清心；久嚼酸茶，身强体健，长寿延年。酸茶也可用开水泡饮，具有解渴生津、帮助消化的作用。

三、酸茶研究现状

国内以往对酸茶的研究较少，已有报道的仅有酸茶的感官品质、主要成分的分析，以及酸茶发酵工艺技术的研究。张杨对不同等级酸茶进行了感官审评和主要品质成分的测定显示，酸茶外形色泽黄褐，汤色黄亮，滋味醇和浓厚，清香显著，叶底肥硕匀齐，不同级别酸茶内含成分差异明显。唐源江对酸茶的营养成分及微量元素进行了分析，结果显示酸茶中水分、水浸出物、茶多酚、游离氨基酸、可溶性总糖、叶绿素和总黄酮的含量分别为 7.16%、49.13%、26.29%、0.88%、19.90%、0.054% 和 6.56%；微量元素含量为 Mn > Cu > Cr > Fe > Zn，Ni 元素未检出。韩丽等对酸茶中氨基酸、儿茶素、茶多酚等主要成分和香气成分进行了分析测定，发现酸茶中茶多酚、游离氨基酸、黄酮类、水浸出物以及咖啡碱较制茶原料均有所下降，酸茶中香气成分主要是氧化芳樟醇、香叶醇、水杨酸甲酯等，他们构成了酸茶浓烈的酸香中略带清凉的独特香气特征。华中农业大学茶学系对酸茶加工工艺技术进行了系统研究，分别优化确定了泡制型和腌制型酸茶的加工工艺，并对其品质形成动态进行了分析，同时还对酸茶产品进行了多种调配，获得 2 项国家发明专利和 2 项湖北省级技术成果。在国外，日本对日本酸茶的品质特征、功能活性成分和发酵微生物分离鉴定研究较多，泰国对泰国酸茶中的优势微生物分离鉴定较多。

四、酸茶利用方式

酸茶发酵好后，在不同的国家有不同的利用方式，其产品形式多样。在日本，将发酵好的酸茶直接在发酵窖（或桶）中切块取出，日晒至干，然后包装销售。消费者购买到酸茶后，一般是冲泡饮用，也可以是煮饮。日本海边的渔民还特别喜欢用酸茶煮水熬米粥，可能与酸茶带酸味可以消除鱼腥味有关。在中国，一般将发酵好的酸茶在潮湿状态下直接当作小食品食用，或将发酵好的酸茶拌入盐、辣椒、大蒜等佐料后再食用。布朗族人民喜欢将酸茶从竹筒中取出即食，不需用开水沏泡。布朗族"腌菜茶"常在喜庆之事或佳宾来访时用于款待客人，是招待年长者和贵宾的佳品；在腌制好的茶叶上加适量辣椒和盐后嚼食，酸涩清香，喉舌清凉回味甘甜。也有少数人将酸茶晒干后，直接泡饮，或压成饼、砖等形状，供泡饮用，清香可口、酸香回甜。在缅甸、泰国和老挝等国家，发酵好的酸茶一般是直接打成茶浆，直接以散茶浆或包装好的形式在市面销售。茶浆式的酸茶多用于制成拉沙或作为配菜的一种而直接食用。但也有将酸茶晒至半干，以散茶或包装好的形式销售，供购买者直接食用或打浆后再食用。在泰国，酸茶有少数晒至全干，以泡饮或煮饮的方式利用。新加坡不产酸茶，但特别喜好酸茶，以酸茶打成茶浆的形式制作沙拉，是新加坡人特别喜好的当地特色菜。

第二节　酸茶传统加工技术

一、我国酸茶传统加工技术

（一）德昂族酸茶加工

德昂族是西南边疆最古老的民族之一濮人的后代，云南省德宏州三台山乡是全国德昂族聚居最多的乡镇，目前三台山乡德昂族传统文化被列为云南省省级非物质文化遗产。

1. 德昂族酸茶传统制法

德昂族人善于种茶，这里有百年千亩古茶树。德昂族饮茶和制作的方法颇多，也独具特色，酸茶制法有土坑、陶罐和竹筒三种制法，其中工序最为复杂、品质最好的是土坑法。

（1）土坑制法　酸茶土坑制法，即地洞制法，茶叶需要量大，多为几家联合共同制作，很少单独一家制作。土坑挖得很大，用芭蕉叶包好深埋，根据气温掌握发酵程度。至于在酸茶制作过程中，加入何种原料及其比例，则成为各家的祖传秘方。在泰国、缅甸等的酸茶制作，也多是土坑制法。

传统德昂族酸茶的土坑制法方式很特殊。先挖一个深3m、直径2m的深坑，用野芭蕉叶把坑内四周垫好。将采摘的茶树叶洗净后晾干水，加入由几种草药配制成的粉状发酵药粉，把发酵药粉和新叶搅拌均匀，放入坑中，用新鲜野芭蕉叶盖好再撒上一层薄土发酵7~10d（也有发酵30~250d的）。之后，用竹叶和竹篾将茶包成茶包，将茶包放在箩筐上，压紧，发酵半年；在这半年发酵期间，要把茶包从上到下翻一次，要得到可口的酸茶需要经历漫长的发酵时期。也有将发酵7~10d的酸茶叶取出，在阳光下一边揉搓，一边晒2d；待茶叶稍干时，又将其包裹放回深坑内，捂上3d，取出晒干便可泡饮。泡饮时使用沸水，其味酸苦，有清洁口腔、清热暑的功效。做菜用的酸茶则在第二道工序边揉边晒后，放入深坑时适当多捂几天，取出后碾碎晒干；食用时用水泡发后凉拌，其味酸涩回味，使人增加食欲。

（2）陶罐制法　酸茶陶罐制法，是直接用陶罐腌制酸茶。土坑制法和陶罐制法都属于酸茶传统加工方法，完全是纯手工制作。一般选择在雨季，鲜叶采下后立即放入灰泥缸内，压满为止，然后用很重的盖子压紧。数月后将茶取出，与其他香料相拌后食用。也有用陶缸制酸茶的，采回的鲜嫩茶叶洗净，加上辣椒、食盐等拌和后，放入陶缸内压紧盖严封存。存放几个月之后将之打开，就自然成为酸茶，取出食用，既能当菜又可作零食。

（3）竹筒制法　将新茶树鲜叶在铁锅中炒熟之后装入新鲜竹筒里，用力塞紧并密封，放置1个月左右即可拿出来泡水喝。也有将新茶树鲜叶炒熟以后用新鲜芭蕉叶或其它不漏气的软东西包起来，像酸菜一样进行腌制，时间大约1个月。而日本碁石茶的木桶制法，应该是竹筒法的改进。

2. 酸茶竹筒制法技术

德昂族酸茶竹筒制法比较普遍，其工艺流程为：

$$\boxed{鲜叶采摘}\rightarrow\boxed{摊晾}\rightarrow\boxed{蒸茶}\rightarrow\boxed{揉捻}\rightarrow\boxed{装竹筒发酵}\rightarrow\boxed{干燥}\rightarrow成茶$$

其技术要点如下。

（1）鲜叶采摘　德昂族酸茶一年大概制作两次，每次只需要耗时 1 ~ 2d 制作就可以。一般是四五月份制茶，这时属于春茶；6 月份还会做一次，这时就属于夏茶。两次不同时间做的酸茶味道明显不同，发酵的颜色也会明显不同，在亮度上有所区别。茶树原料决定着茶的品质，云南德宏州三台山乡有一种当地的茶树和一些大叶种茶树所制的酸茶口感较好，一般选择这类茶树作为原料。云南茶树的芽叶持嫩性强，10 ~ 13cm 长的茶芽依然非常细嫩，故住在山区的许多少数民族居民常采摘一芽三四叶的鲜叶来生产酸茶。所采摘的鲜叶要求当天采的当天加工完毕，尽量不隔夜。

（2）摊晾　鲜叶采摘回来后，要及时摊晾，不能堆放，否则容易产热变质。一般用竹编的大簸箕摊晾，不得有阳光照射，否则会影响酸茶的品相及质量。

（3）蒸茶　鲜叶略微摊晾一段时间后即可进行蒸制杀青。用锅烧沸水，将鲜叶装入甑子，将甑子放入锅，蒸 10 ~ 20min，倒出蒸青叶。

（4）揉捻　蒸青叶及时摊开在竹席或竹匾中，用电风扇吹凉。当晾至叶表水分干时，进行揉捻，揉 20min 左右即可。

（5）装竹筒发酵　腌制酸茶时使用竹筒。竹筒以八至十月份砍当地的大龙竹制成，竹筒需自然晾干至 60% ~ 70%，摸起来不会很干也不会很湿，具有防虫的作用。除竹筒外，还常用当地一种野生的植物叶子来做密封材料，该植物用当地德昂话称作 fangrao，其叶子较宽、有齿，毛茸茸的，属竹芋属；此叶子密封性很好，而且还具有防腐作用。

将揉好的茶叶装入竹筒内，边装边压紧；压紧一层，装一层，不留任何缝隙，直至装满，竹筒口用芭蕉叶或 fangrao 封紧口。然后找一个雨水淋不到的地方，挖一个较深的土坑，将竹筒倒过来竖放入坑内，填埋土坑，踩紧泥土，并在竹筒的顶部用石板压住，让其自然发酵。一般发酵过程大概需要 60 ~ 70d，这个发酵周期酸茶品质最好。在这个发酵过程中，千万不能让土坑进水，不能打开，不能漏气，否则酸茶的质量就不好。

（6）干燥　到发酵时间后，趁天晴时，取出竹筒，将酸茶取出。如竹筒口表层的酸茶因漏气等因素有变质的部分，去掉不要，其它发酵正常的酸茶在簸箕上摊匀后，于太阳下晾晒。可以将酸茶晒至全干，以利于长期保存。晒干的酸茶可以泡饮，也可以加水变潮后食用。近些年有像普洱茶那样，将酸茶压制成茶饼。还有待到筒内茶叶发黄时，剖开竹筒，取出茶叶晾干后，装入罐中，加香油慢腌，可以直接当菜食用，也可以加蒜或其他配料炒食。

3. 德昂族酸茶利用

德昂族酸茶又称湿茶，风味独特，酸涩回甜，汤色金黄透亮，具有生津解渴、解暑清热、消炎解酒、爽神润喉、促消食和清洁口腔的作用，数百年来一直流传下来。

酸茶发酵好后，便可直接食用，不需晒干。食用时，加入盐、辣椒、洋葱等拌着吃，或作零食。直接嚼食酸茶叶时，味微酸、微苦而回味甘甜。但绝大部分酸茶是晒干贮藏，留到以后食用或冲泡。晒干的酸茶依然可以制作凉拌茶，用少量水泡发酸茶，然后和生菜一起凉拌，极为开胃。有将晒干的酸茶舂细后，洒水微湿，用两块木板紧压成薄片，晒干后切成小块，即可放入水杯或碗中泡水喝，也可嚼着吃。自然晒干的散酸茶，多用于烤茶或直接放入杯中冲入开水泡着喝。德昂族饮食以酸辣为主，好饮浓茶，因此冲泡时会加入较多的酸茶。

过去在当地集市上可以买到德昂族酸茶，但现在已很少有人制作，市场上很难买到正宗的德昂族酸茶。目前在三台山乡出冬瓜村的农家乐里，有凉拌酸茶这道菜。

（二）布朗族酸茶加工

布朗族主要聚居在云南省西双版纳傣族自治州的布朗山乡和西定乡，少数居住在镇康、双江、澜沧、景东、墨江等县，很多人会说傣语、用傣文，与傣族的关系较密切。布朗族主要从事农业耕作，尤善种茶，自古以来有饮嚼酸茶的习惯。

1. 布朗族酸茶加工技术

布朗族酸茶腌制工艺流程为：

鲜叶采摘 → 杀青 → 摊晾、发酵 → 装竹筒发酵 → 食用

布朗族酸茶腌制工艺技术要点如下。

（1）鲜叶采摘　每年的七至十月份，布朗族几乎家家户户都要做上许多酸茶。一般在夏秋茶季节采摘一芽三四叶及较嫩的对夹叶或单片叶，也有报道需专门采摘当年生的嫩粗大叶片为原料。

（2）杀青　鲜叶杀青采用蒸汽或水潦杀青。将采回的鲜叶，放入锅内沸水中水潦，也可以用甑子汽蒸至熟。

（3）摊晾、发酵　杀青后杀青叶及时摊开冷却，然后放在阴凉通风干燥处7~10d，使其自然发酵长霉，发酵叶含水量保持在40%~50%。也有把水潦后的杀青叶趁热装在土罐里，置于阴暗处10~15d，使其发霉。采用这种处理，可增强酸茶的色、香、味，且散发部分水分，但不能馊、烂。

（4）装竹筒发酵　将摊晾发霉的茶叶，装入粗长的竹筒内，压紧、压实，以竹叶（或笋叶、芭蕉叶）、红泥土依次封口扎紧，埋入房前屋后干燥处的土中。埋竹筒时，需挖深30cm、宽20cm的坑，具体长短根据竹筒而定。然后将装好茶叶的竹筒横放入沟中，再盖上土，压紧。酸茶埋在土中发酵一般需要30d左右，最长可在土中埋8~10个月左右，甚至几年。

2. 布朗族酸茶利用

布朗族自古以来有嚼食酸茶的习惯，称吃酸茶为"敏宋"，是将酸茶放在口中嚼细咽下，该习俗古朴且有趣。酸茶埋入土中发酵一个月后，即可根据需要陆续挖出取食。遇到喜庆之事或有客人来访时，将竹筒挖出，取出茶叶拌上辣椒、盐巴、洋葱等来款待客人，也可以不加任何东西直接嚼食。除自己食用外，还作为馈赠亲友的礼物。

布朗族同胞中流传一句俗语：酸茶早吃，一天威风，晚吃，赛过仙翁。布朗族吃酸茶一般早晚各一次，男女老少围坐一起，边闲谈，边将这竹筒互相传递，先传给老人，老人又将竹筒传递给客人。每人根据各自的需要，自己动手，将酸茶从竹筒中取

出，而后放入口中慢慢嚼食。酸茶直接入口细嚼，好似槟榔；这种茶只能湿，不能干，干了就不好吃。发酵好的酸茶打开后，保存时间较短，一般仅 1 个月左右，时间长了就会腐烂。吃不完的酸茶从竹筒中掏出来晒干，留着后面慢慢食用。同时，晒干的酸茶也可以泡水饮用。

这种酸茶可以帮助消化和解渴，还具有提神、健身、化脂消积、醒酒、消除疲劳等功效。

（三）景颇族酸茶加工

居住在我国云南省德宏地区的景颇族，至今保留着以茶作菜的古老食茶法，至今还保留着过"春茶节"的习俗，而吃酸茶就是其中内容之一。

1. 景颇族酸茶加工技术

$$\boxed{鲜叶采摘} \rightarrow \boxed{摊晾、揉捻} \rightarrow \boxed{装叶发酵} \rightarrow \boxed{食用}$$

2. 技术要点

（1）鲜叶采摘　景颇族酸茶通常是在雨季进行加工，所用的原料是未经加工的茶树鲜叶，一般采摘当年生的嫩芽叶。采回后，用清水洗净鲜叶，沥去鲜叶表面的附着水后，待用。

（2）摊晾、揉捻　洗净沥干水的鲜叶放在竹匾上进行摊晾，至失去一些水分、叶子变软后，开始手工稍加搓揉。也可将鲜叶进行日晒，至失去两三成水分时，再用手搓揉。还有将采摘来的鲜叶用锅蒸煮，待芽叶柔软泛黄时，起锅将茶叶倒在竹帘上，待茶叶表面水分晾干时再用手搓揉。

（3）装叶发酵　揉捻好的叶子加上适量辣椒和食盐，拌匀，放入罐或竹筒内。在装叶时，层层用木棒春紧，不留缝隙，装满装实，将罐（筒）口盖紧，或用竹叶塞紧，密封口，静置发酵。

（4）食用酸茶　密封好后，一般需静置发酵 2~3 个月，待茶叶发酵变黄，或呈现金黄色，并发出特有的茶叶浓香时，酸茶即腌好了。可劈开竹筒取酸茶，或直接将腌好的酸茶从竹筒（罐）内掏出，而后装入碗或瓦罐，随食随取。有将腌好的酸茶从罐内取出晾干，然后装入瓦罐，再随食随取。酸茶色黄绿匀润、略有清香、微酸，无苦涩味和其他异杂味。景颇族的酸茶，其实就是一道茶菜。食用时切碎，加佐料凉拌，如辣椒油、生姜、盐、蒜泥、醋等。

（四）彝族酸茶加工

彝族主要分布于四川、云南、贵州、广西等地，历史悠久，人口众多。由于居住分散，各地区的彝族饮茶习俗有所不同。居住于云南山区的彝族同胞，也有生产和食用"酸茶"的习俗，他们的制作方法与滇南地区居民的做法一样。一般情况下，当地人雨季制作酸茶，旱季则作干茶。云南彝族酸茶，宜湿不宜干。

二、日本酸茶生产

亚洲国家只要产茶，基本都有酸茶生产，如日本、泰国、缅甸、老挝等。酸茶在这些国家的生产历史悠久，在人民传统生活中占据重要的地位。

日本酸茶主要有三种，即 Awaban cha（阿波番茶）、Goishi cha（碁石茶）和 Bata bata cha（富山黑茶）。在日本，酸茶归类于黑茶产品，以干态的形式销售，主要用于煮饮，但也可用于煮粥等。

（一）阿波番茶加工

阿波番茶，在我国也有称为"阿波晚茶"，产于日本德岛县（Tokushima Prefecture）、香川县（Kagawa Prefecture）的高松市（Takamatsu－shi）、兵库县的淡路岛（Awaji－shima）等地。阿波番茶特有的品质是由其独特的生产工艺形成的，一般在鲜叶采摘后，先在大锅里煮，然后用机械揉，再放入一个缸或桶里进行乳酸菌发酵为主，发酵时间需 1 个月以上。

1. 工艺流程

鲜叶采摘 → 杀青 → 揉捻 → 厌氧发酵 → 日晒 →成品

2. 技术要点

（1）鲜叶采摘　Bancha 有粗茶和晚茶的意思，意味着鲜叶采摘时间比较晚。阿波番茶一般是以不适合于做上品煎茶的原料来生产，多是以采完第一轮后的鲜叶，如夏季和秋季的鲜叶，或者是在早冬或早春修剪的枝叶，少部分是利用在煎茶加工中分选出的大叶片为原料。一般在 7 月中旬，已充分生长的茶树鲜叶呈比较肥大、叶色深绿时，进行采摘。以往是手工采摘，现在是用采茶机采摘。用采茶机采摘，意味着有许多不需要的茶枝、茶梗、其他植物等异物，为此鲜叶采来后还需去除大的茶枝梗和其他异物。

（2）杀青　阿波番茶常用水潦方式杀青。在直径 80cm 的大锅内，盛上清水，加热。当水烧沸后，将整理好的鲜叶投入沸水中，约煮 10min，不断搅拌。待叶质变软，叶色失绿时，捞出来；滤水晾 2～3min，转入揉捻工序。连续煮完鲜叶的沸水，冷却后留用。也有采用汽蒸的，蒸叶时间也大概为 10min。

（3）揉捻　阿波番茶传统制法的揉捻是用特殊的捣槽，将杀青叶部分捣烂。在湖北省茶博馆中，现收藏有湖北民间过去使用的这种相同的捣槽。一般将晾干水后的水潦叶趁热放入两手式的捣槽中，两人合作一起用捣板捣叶，一直捣至出现明显的绿黄色泡沫为止，一般需连续捣 100 多次。因传统捣法耗力、每次捣的叶量少，现在一般采用揉捻机揉捻，产地使用较落后的"臼井式"揉捻机（45 型）揉捻 3～4min，至叶组织稍有破损、茶汁溢出时即可。

（4）装桶发酵　将捣烂了的叶子装入大斗、大盆或木桶内，木桶一般直径 1.2m、高约 1.5m。每装一层都需用力压紧，连续装。装至快满时，倒入煮过鲜叶的水（Niji-ru，即水潦茶树鲜叶后冷却的水），润湿叶层。在叶层最表面，用日本香蕉叶（Musa Basjoo）盖上，四周密封好，然后用一个很大的圆石头盖上。发酵容器放置的位置会对发酵效果有影响，一般选择挨近房子的地方，而不是完全暴露在太阳下。阿波番茶厌氧发酵时间至少 1 周，长的达 3 周多。植物乳杆菌（*Lactobacillus plantarum*）是阿波番茶发酵中的优势微生物，对其品质形成起关键作用。

（5）日晒　发酵适度的阿波番茶，色泽暗褐色，微带酸味。将发酵叶取出，在太阳下晒干，一般需晒 10h 左右，使阿波番茶含水量降至 10%～12%。晒干后，人工进行拣剔，即制得阿波番茶。

（6）品质特点　阿波番茶是一种酸茶，属于后发酵 Bancha，发酵程度属于轻微发酵类型。在饮用时，需先煮制一会，也可在茶壶中用沸水冲泡。阿波番茶含有乳酸，带有轻微的辛辣味，具有特殊的微酸味，茶汤冷后这种酸味更强；滋味很温和，平淡，会带有霉味、烟味和蘑菇味，适口性好；煮后的叶底，变黑。除直接泡饮外，阿波番茶主要用作茶粥。

（二）碁石茶加工

碁石茶产自日本高知县（Kochi Prefecture）长冈郡大丰町（Otoyo Town）和土佐郡（Tosa）一带，已有 400 多年的生产历史。碁石茶过去主要销往日本冈山县（Okayama Prefecture）瀬户内海一带（Setonaikai），用来换取食盐，而当地居民主要用碁石茶来做茶粥。在 20 世纪 90 年代，大部分厂家因市场极少有需求而停产碁石茶，碁石茶产量急剧下降。许多研究证实，饮用碁石茶对减少饮食导致的肥胖非常有效，有利于预防代谢综合症和肥胖相关病症。碁石茶还能促进肠道蠕动，促进消食，增加胃口，抑制流感。因其在饮食中的功效，碁石茶被称为"茶中传奇"。近些年，随着日本国内媒体电视报道饮用碁石茶具有特殊养生功能，引起了人们的兴趣，又开始重新恢复生产，目前碁石茶成为大丰町主要产品之一。日本碁石茶博物馆中有介绍碁石茶的起源，认为是起源于中国云南，说明可能是学习借鉴的云南酸茶制法。

1. 工艺流程

$$\boxed{鲜叶采摘} \rightarrow \boxed{汽蒸} \rightarrow \boxed{好氧发酵} \rightarrow \boxed{厌氧发酵} \rightarrow \boxed{日晒} \rightarrow 成品$$

2. 技术要点

阿波番茶的生产仅需经过一个厌氧发酵过程，而碁石茶却需经过先好氧发酵、后厌氧发酵两个过程。

（1）鲜叶采摘　碁石茶也属于日本生产的粗茶之一，因此所采摘的鲜叶原料相对比较粗老，如修剪叶。除头批鲜叶原料外，其他用来加工绿茶的鲜叶原料均可以用来加工生产碁石茶，多是在夏季进行修剪的枝叶拿来生产碁石茶。因当地农家兼营茶业，故多于农忙后才开始采制茶叶，一般在七月上、中旬集中一两次采制完毕。

（2）汽蒸　碁石茶的鲜叶汽蒸类似于蒸汽杀青，但与一般蒸青所不同的是，汽蒸时间特别长。碁石茶的鲜叶汽蒸主要采用"蒸笼"，由于每次盛叶较多，故汽蒸长达 1h 以上方能蒸透蒸熟。为此在大锅上的大蒸桶里汽蒸鲜叶，一般需蒸 1～2h。鲜叶汽蒸后进行摊凉，待水汽稍干，即收堆进入下一工序。

（3）好氧发酵　汽蒸叶用打叶机进行打叶，去掉茶枝茶梗，仅留下叶片。然后将叶片堆积在打扫干净了的房间地上，堆成 40～70cm 高度的平堆，覆盖上席垫，然后发酵 7d 左右，长的为 10d 左右。在好氧发酵过程中，主要为霉菌发酵，从生长的霉菌里分离出烟曲霉（*Aspergillus fumigatus*）、黑曲霉（*Aspergillus niger*）、青霉（*Penicillium sp.*）和短帚霉（*Scopulariopsis brevicaulis*）等。

（4）厌氧发酵　厌氧发酵好后，将地上堆放的发酵叶装入大木桶中，边装边压紧压实。装满后，将汽蒸鲜叶后的水（Mushi－jiru）加入桶中。需要将桶密封好，然后上面用重物压上，进行厌氧发酵。此发酵是乳酸菌发酵为主，发酵 10d 左右，长的为

20d 左右。在厌氧发酵过程中，发酵温度控制在 $30 \sim 60℃$ 的范围，分离出的乳酸菌只有植物乳杆菌（*Lactobacillus plantarum*）一种。

（5）切茶和日晒　发酵好后，发酵叶呈湿态，但压得很紧密。可一层层地取出发酵叶，用刀切成 $2cm \times 2cm$ 的块状。然后将切好的茶块，完全用太阳晒干。晒干后，经简单整理后，即可包装于草包中销售。在晒干的过程中，一块块的碁石茶被放置在阳光下整洁的草席上；因碁石茶的形状像棋子，草席上的碁石茶犹如是正在围棋盘上下着的棋子，碁石茶也由此而得名。碁石茶也有先晒干，然后再切成 $4cm \times 4cm \times 0.5cm$ 的块状。

（6）贮存与品饮　碁石茶装入罐中，存放于阴凉、干燥的地方，可以保存 1 年以上，品质都非常好，但一般认为可保存 3 年。碁石茶外形呈方块状，紧结重实，干茶色泽为乌润，类似围棋子；其汤色暗褐，也有呈宝石红；滋味有海鲜味，微酸；香气纯正，有轻微的酸气。碁石茶更适合于煮饮，一般一块碁石茶约 2g，煮饮时使用 1L 的水。因其茶汤有明显的酸风味，故常被用于制作茶粥。碁石茶水加入少量盐，风味更佳。碁石茶加冰或冷后饮用，风味更好。除了单独饮用外，可将碁石茶研成粉末，加到包子、乌冬面、冰激凌、羊羹里，或加入到米粥里。

（三）富山黑茶加工

富山黑茶，又称 Bata bata cha（"巴答巴答"茶），原产于日本福井县三方町，其生产饮用历史已达 500 余年。由于工业的发展，三方町近郊茶叶生产中止。长期饮用该茶成癖的富山县、新鸿县山民要求富山县小杉町青井茶园生产该茶，故该茶的生产从福井移至富山（Toyama Prefecture），也因此而得名。该茶在饮用时，按当地习俗要用两个"茶筅"（俗称"夫妇筅"）冲泡，同时在茶碗中搅拌，搅拌时竹筅摩擦发出"巴答巴答"的声音，故称为"巴答巴答"茶。有研究报道富山黑茶富含维生素 B_{12}，在干茶中达 $456ng/100g$，茶水中达 $2.0ng/100mL$，动物试验表明能被人类很容易地吸收利用。

富山黑茶的加工一般是在八月份采收鲜叶，用蒸汽杀青，至叶色呈黄褐色为可。蒸青叶用揉捻机进行揉捻，然后放入长宽各为 1.5m、高 1m 的长方形木桶中堆积发酵，时间长达 $20 \sim 30d$，中途须翻桶 $2 \sim 3$ 次。桶内温度达 $63 \sim 64℃$ 时，必须立即翻堆，把茶叶倒出，抖松、散热后置入另一桶内继续发酵。第二次堆积在一圆木桶内进行，其形状如装稻谷的囤子，在堆积前将蒸青中剩下的带有茶汁的"甑脚水"倾入茶堆中，拌和均匀。然后将茶叶分层装入木桶，每层 $15 \sim 20cm$，踩实后再装第二层，直至离桶顶 10cm 左右为止，最后盖上木盖，覆以重物。过 10d 左右，桶面出现白色菌膜。由于嫌气性细菌、酵母菌及霉菌的作用，茶叶变成暗褐色并产生酸甜味。此时取出放在较强的阳光下晒晾，至含水量为 10% 左右时用刀切成 $4cm \times 4cm \times 0.5cm$ 的方形小块，包装后销售。

这种富山黑茶的制法与碁石茶相似，仅是由碁石茶加工中堆放于凉席上富氧发酵改为堆放木桶中发酵，同样是经过先富氧发酵、后厌氧发酵两个步骤。也有报道富山黑茶仅经过第一次的富氧发酵后即干燥而成，那这种富山黑茶是属于传统类型的黑茶，不能算为酸茶。

三、缅甸酸茶加工

缅甸酸茶名为 Lahpet（也为 Laphet），在缅甸美食中非常有地位，有俗语为："在所有的水果中，芒果是最好的；在所有的肉中，猪肉是最好的；在所有的叶子中，Lahpet 是最好的"。在缅甸，没有 Lahpet 的重大活动或仪式会被认为是不完整的，每家每户传统上会送上 a Lahpet ohk，Lahpet 还用于婚礼和提供给僧侣的斋饭里。缅甸产茶中心是位于掸邦一个叫南散（Namhsan）的山岭小镇，居住着巴朗少数民族，这里生产出最好的酸茶，小镇上几乎人人都从事酸茶的生产销售。在缅甸掸邦约 700 多平方千米的区域，2007 年产茶 6 万~7 万吨，其中酸茶约占 20%，年消费茶叶中酸茶约占 17%（1.01 万~1.19 万吨），酸茶产值每年达数百万美元。产自缅甸南散的 Lahpet，每年有成千上万吨主要销往曼德勒和仰光。

（一）工艺流程

鲜叶采摘 → 汽蒸 → 揉捻 → 发酵 → 日晒 → 成品

（二）技术要点

1. 鲜叶采摘

酸茶产于缅甸东北方向的巴朗山，这里海拔 1000 多米，气候凉爽，林木茂密。一般在春季，当茶树鲜叶细嫩时就开始采摘。最佳采摘时间是每年的四月份和五月份，赶在雨季来临之前，实际上鲜叶一直可以采摘到十月份。采摘时期还可分为五六月份、七八月份、九十月份或十一月份，每个季节的产品都有一个名字。第一个采摘季节的品质最好，称为 Shwepyi（Golden Land）。一般采摘一芽二叶，采后的鲜叶摊开散热。

2. 汽蒸

用一个木制的滤桶来汽蒸鲜叶，滤桶底部是有滤孔的竹制底板。将滤桶放在一个大锅中，烧开沸水，产生很多蒸汽后，开始放入鲜叶进行汽蒸，一般汽蒸 5min。也有将鲜叶卷成一卷一卷的，放入一个特制的木桶中，木桶中央为可喷出蒸汽的竖立蒸汽管，汽蒸 5min。

3. 揉捻

蒸后的鲜叶，变得柔软和湿润，更有利于揉捻。过去常人工揉捻，现在用揉捻机揉捻。揉捻后，用一个振动分选机将不同大小的揉捻叶分开；分出来的小揉捻叶，用于加工绿茶；分出来的大揉捻叶，用于发酵酸茶。也有介绍汽蒸叶出桶后，卷在一起，放入竹篮中，放置第 2 天后再揉捻处理。

4. 发酵

揉捻叶装入大木箱里或地下坑洞里，一般可以装几吨。装好后，上面密封，压上重物，然后发酵 3~6 个月。在发酵中，偶尔去检查，有时发酵叶还需要重新蒸制。

5. 日晒

发酵后的酸茶摊开在竹席上，以阳光晒干。晒干后进行人工拣剔，去掉一些杂物。在拣剔时，拣好的酸茶叶放入塑料格的篮子里，让叶子回潮变软。有的根据嫩度来筛选酸茶叶子，粗大的叶子需进行切割。然后装麻袋、分发，销往各地。

6. 食用

酸茶在缅甸最主要的利用方式就是吃，此外仅有少量用来泡饮。单独吃酸茶，有点像吃轻微苦的药草，像粗略脱了皮、半干的、有点湿的鼠尾草一样，有点苦和酸，但不是令人不快的酸味。

Lahpet 在缅甸为酸茶的代名词，而 Lahpet so 意思是湿茶，即湿态的酸茶。酸茶多用于制成沙拉吃，是缅甸重要的美味之一，故又称为沙拉茶（Salad tea）。缅甸沙拉称为 a thoke、thohk 或 thouk，而酸茶制作沙拉在缅甸主要有以下两种方式。

（1）A-hlu lahpet 或 Mandalay lahpet　这种酸茶主要用于节日仪式中，传统上是一种放在小浅漆器盘里称为 lahpet ohk 的菜。小浅盘带盖，里面分很多小格，每小格里放一种吃的东西。酸茶撒上香油放在漆盘中央的格子里，四周的格子里为其它配食，如脆炒大蒜、豌豆、花生、烤芝麻、粉碎虾干、腌制姜丝、炒椰丝等。

（2）Lahpet thouk 或 Yangon lahpet　这种酸茶主要用于餐饮业，是缅甸最为主要的一种非常受欢迎的沙拉茶，传统上为餐后食用，缅甸许多茶馆和餐馆都会提供。Lahpet thouk 主要是由很多配料混合在一起，然后撒上鱼酱汁和青柠檬汁食用。

四、泰国酸茶加工

泰国也生产酸茶，称为 Miang tea，也称为咀嚼茶（Chewing tea），仅在泰国北部的清莱、清迈和帕夭生产。在泰国，酸茶更多的是当作一种小吃，全国男女老少日常生活中都喜欢经常咀嚼食用酸茶，而少用于做沙拉或菜。

泰国称为 Miang 的有：①Miang：即腌茶，由阿萨姆种鲜叶汽蒸后，经过乳酸菌发酵而成；②Miang Som（泰国北方术语，学者常称为"Miang Prew"）：是指汽蒸茶叶发酵过夜，至形成一种酸味为止的酸茶；③Astringent Miang：指用嫩鲜叶汽蒸后立刻发酵，但没有变酸，适于长时间保存的酸茶；④Miang plant：指泰国当地的一种茶树类型，其最适于加工酸茶，也是当地酸茶加工最主要的原料；⑤Miang kham（也称为 Miang kam、Miang Kum）：是用假蒟（*Piper sarmentosum*）鲜叶包着各种调味佐料制成的一种小吃，与真正的酸茶无关。

（一）工艺流程

$$\boxed{鲜叶采摘}（扎成小把）\rightarrow \boxed{汽蒸}\rightarrow \boxed{摊凉、重扎}\rightarrow \boxed{发酵}\rightarrow 成茶$$

（二）技术要点

1. 鲜叶采摘

在泰国，一般一芽二叶的原料采摘用于生产优质绿茶和红茶，而半成熟的鲜叶用于生产酸茶。每年四季（4~11 月份）采摘 4 次鲜叶，前两次采摘鲜叶产量最大，约占全年产量的 60%，以第二次的量最大；后两次采摘各占全年产量的 20%，但有些茶园在最后一次仅能采到全年产量的 10% 左右。依据四个季节采摘的鲜叶不同，将酸茶分为四种，分别称为：*Miang* huapi（在很少下雨的 4 月份和 5 月份采摘的）、*Miang* glang（在产量最大的 6 月份和 7 月份采摘的）、*Miang* soi（在雨季结束前的 8 月份和 9 月份采摘的）和 *Miang* moei（在雨季结束前采摘的，天气特别潮湿）。每个采摘季节之间会间隔 1~2 周，以待鲜叶长好后采摘。

一般是将阿萨姆种和 Miang 茶树的鲜叶用于加工酸茶，其中阿萨姆种超过 50% 的鲜叶用于加工酸茶。绝大多数农民是从 Miang rerng 茶树上采摘鲜叶制作酸茶，因为该茶树的叶子大，且蒸后叶子呈黄色，这正是消费所喜好的品质。Miang ee aam 茶树是小叶子，为暗绿色，多数农民不再采摘这种鲜叶，因蒸后为暗绿色，而不被市场接受。

传统是采摘顶部的 2 片半成熟叶（含嫩茎）用于发酵酸茶，茶园生产者一般采摘 1/2~1/3 的半成熟鲜叶，一般是采摘茶枝顶部前 5 片树叶，以保证茶树能正常存活生长。采摘工除带一个大篮子去采摘鲜叶外，还带上一小捆小竹篾（约 1cm 宽，称为 Tok），以用于将鲜叶扎成拳头大小的小把（称为 Kam），为 0.3~0.4kg 鲜叶。采摘时一手抓叶，待手满时即绑在竹条上成一小把。一个熟练的采摘工一天平均可以采摘 30~50Kam，这意味着年户产量为 7500Kam。

2. 汽蒸

鲜叶入厂后，第一步是要蒸青，用木桶盛装鲜叶来蒸。成把的鲜叶要求当天尽快进行蒸青处理，以保证酸茶的品质；不允许鲜叶过夜，否则会红变。每个木桶一般可装 100~300 把鲜叶，而最通用的桶为 60cm 高、45cm 直径，可装 100~125 把鲜叶。鲜叶横着摆放，叶尖朝外；装叶时，要求装严实，压紧，否则会导致蒸汽泄漏，使鲜叶无法快速升温钝化酶活而出现红变。完全装满后，放上已烧沸的水锅上汽蒸。

汽蒸时间因原料不同会有所不同。一般嫩叶蒸青时间短，约为 20min；较成熟的鲜叶蒸青时间较长，为 1.5~2h，甚至更长，直至在制品的叶色由绿色变为淡黄绿色。如果叶子没蒸好，很容易变褐、变坏。

3. 摊凉、重扎

鲜叶一旦蒸好后，及时倒出，迅速摊开在竹席上冷却。有时将冷水泼在蒸青叶上，以加速冷却。待冷却后，将蒸青叶用竹篾条重新绑紧。在绑的同时，挤压出茶把中过多的水。

4. 发酵

重新绑好的蒸青叶，装入一个大竹筐或水泥窖中进行发酵。大竹筐和地窖底部和四周均需铺垫好香蕉叶，然后放入塑料袋。蒸青叶用脚或木槌压紧，压紧一层装一层，装满，然后表面盖上 3~4 层香蕉叶，再将塑料袋完全密封好口。塑料袋中一是必须装满和装紧蒸青叶，二是不能存在缝隙，否则缝隙中的空气会使发酵变质。塑料袋口上，用竹筐外围垫衬的香蕉叶盖紧，然后用大石头压上。一般是嫩叶用竹筐发酵，成熟叶用地窖发酵。平均 220Kam 可装成一竹筐发酵，总质量约为 100kg。装满一筐，常需花 50~60min。在发酵过程中，需朝发酵堆上洒水，以保持潮湿，避免发酵叶失水过干。发酵叶不能暴露于空气中，否则会变褐和腐烂，不适合于食用。

泰国酸茶一般自然发酵 3~4 个月，在生产过程中不需加入盐等任何防腐剂。嫩叶仅需发酵 4~7d，而成熟需发酵一年。Miang - faat 需发酵 3 个月，Miang - prieo 的制作与 Miang - faat 一样，但 Miang - prieo 需加入水以隔绝空气，并至少需发酵 4 个月。

5. 成品

100t 鲜叶可以制成 144t 泰国酸茶。泰国酸茶有典型的腌制风味，带酸味和花香味。

泰国酸茶有 sour miang、astringent miang 或 cooked miang 等种类，各有不同的风味。Miang－faat 叶色黄绿，有典型的发酵香，但滋味为涩味；而 Miang－prieo 叶色黄绿，有典型的发酵香，但滋味为酸味。据日本对泰国酸茶理化成分的检测，泰国酸茶的水分含量为 77.4%～79.4%，蛋白质为 3.4%～4.5%，脂肪为 0.4%～1.2%，纤维素为 3.7%～5.1%，灰分为 1.6%～1.7%，氯化钠为 0.1%～1.5%，总糖为 3.4%～5.1%，酸度（乳酸计）为 1.8%～2.5%，pH 为 3.6～4.1。

发酵好的酸茶存放在发酵车间，直至茶贩子来收购。发酵好的酸茶可以保持 1 个月的新鲜，直接包装密封好的可以保质 3 个月左右。绝大多数泰国酸茶都是由茶贩子上门收购，然后卖到泰国北部几乎所有的省份，特别是 Sukothai 和 Tak 省有大量酸茶嗜好者，有部分出口到缅甸和老挝。

6. 嚼食

在饭后吃酸茶是泰国的一种社会习俗，男女老少每日每餐后都要吃，可以清除嘴中不舒服的口味。当家中来客或一家人晚上坐在一起时，酸茶被一个传一个取出嚼食。泰国嚼食酸茶，类似于泰国一种传统小吃 Miang kham 的吃法。嚼食酸茶时，类似于抽手工烟，把酸茶叶卷成一坨放在脸前，深吸一会。然后待它开始有点干时，放入嘴中开始咀嚼。嚼完后，吞下酸茶。这是未加任何配料的吃法，也可以加上各种佐料来吃。常在酸茶中撒些盐吃，还可以加入油、大蒜、猪油、干鱼或烤花生、烤椰子、姜丝、罗望子果汁（Tamarind juice）或糖水，不同区域会有所差异，卷成一个球，放入嘴中，然后嚼食。因酸茶滋味苦，有经验的酸茶制作者会配以椰子刨花（Coconut shavings）和生姜片（Ginger slices）来平衡苦味。在劳作时也嚼食酸茶，可以解除疲劳，提神，去除饥饿感，还用于祭祀、婚礼等。

（三）泰国酸茶展望

人们普遍认为酸茶在泰国北部的消费量在下降，在 Pa Pae 地区酸茶的生产量在过去 10 年中约降低了 30%。年轻的一代不喜欢酸茶的口味，而更喜欢甜味、现代的食品。泰国酸茶生产量降低的速度比消费量的降低更快，因为缺乏劳力采摘鲜叶和制作酸茶。

五、其他国家酸茶的生产

老挝也生产 Lahpet，制法和利用方式和缅甸差不多。除生产国自身大量食用酸茶外，新加坡是最大的酸茶消费国之一。新加坡不生产酸茶，却特别喜爱酸茶，并主要以沙拉的方式食用。每年缅甸、老挝都有大量酸茶出口到新加坡，但以缅甸出口最多。

第 三 节　酸茶现代加工技术

传统酸茶生产容易受制于自然环境的约束，而且发酵过程不容易控制，导致发酵品质不一，不适合于现代化的加工生产。华中农业大学茶叶生物技术课题组系统地开展了现代酸茶加工技术研究，开发出一系列的酸茶产品，为酸茶规模化加工生产提供了基础。

一、酸茶加工工艺流程

酸茶的发酵，可以采用腌制和泡制两种方式，但泡制的酸茶易带有一种不良气味，故在此仅介绍腌制型的酸茶。工艺流程如下：

鲜叶采摘 → 摊放 → 杀青 → 揉捻 → 初干 → 发酵 → 干燥 → 整理 → 成品

二、酸茶配套加工设备

酸茶的鲜叶采摘、摊放、杀青、揉捻等设备均可利用常规茶叶加工的设备。酸茶的发酵设备在批量化生产时，可以采用瓦罐、泡菜坛、木桶等设备；要求口相对小，以利于密封，还需利于装取茶叶；要求能承受一定的压力，因需加重物在上面促进发酵，在装叶时需用力压紧。

三、酸茶加工技术要点

（一）鲜叶采摘与摊放

因我国夏秋鲜叶资源浪费大，而微生物发酵可以显著改变茶叶的品质，为此以价廉的夏秋鲜叶为原料来发酵酸茶有利于茶资源的利用。发酵酸茶的鲜叶原料，一般以采摘一芽二叶为标准，但也可以采摘一芽四五叶等成熟度的鲜叶。对用于食用的酸茶，鲜叶采摘偏嫩些口感会更好。鲜叶采收后，以适当摊放 2 ~ 3h 为宜，但也可以不摊放直接进行加工。

（二）杀青

酸茶如用于煮饮或泡饮，可以选用各类滚筒杀青机、复干机等进行杀青。如是食用，则必须采用蒸汽杀青或水漂杀青，这样食用时口感会更好。采用滚筒杀青机、复干机等方式杀青制作的酸茶，食用的话口感明显非常粗糙。

（三）揉捻

对食用的酸茶，杀青叶可以不揉捻。但对煮饮或泡饮的酸茶，揉捻则有利于酸茶内含物的溶出。一般酸茶只需适当揉破细胞，并适当成条即可。

（四）初干

揉捻叶要求适当降低水分含量，才能进行酸茶腌制，为此需初干。用于食用的酸茶初干方式可以选择晾干，即摊开的揉捻叶用电风扇或鼓风机吹，促进水分散发。用于煮饮和泡饮的酸茶初干方式可用复干机或连续烘干机打毛火，但需注意控制干燥程度。控制用于腌制时在制品的含水量，对保证酸茶发酵品质至关重要，一般揉捻叶初干至含水量为45% ~ 50%；如过湿易腐烂发臭，过干则发酵缓慢。

（五）装罐发酵

用洗干净的容器进行装叶，装一层压一层。要保证无空隙，压紧装瓶叶则非常关键。装满后，罐口需密封好，然后以重物压在上面，置于室温发酵，一般发酵 30d 左右即可。

（六）干燥

酸茶发酵好后，即可取出。如要制作食用的酸茶，将取出的发酵叶打碎，然后再加入各种配料，即可做成如腌菜那样食用的酸茶。如要制作泡饮的酸茶，取出发酵叶进行干燥。一般以烘箱烘干为好，烘温 $60 \sim 80℃$，烘 $2 \sim 3h$。如发酵罐密封不严，发酵罐的罐口表面一部分酸茶，容易因氧气多而变质，仅需将变质的部分去掉不要，利用下层发酵正常的茶叶。

四、酸茶品质

（一）酸茶产品等级

云南酸茶多根据生产原料的大小进行分级，分为 5 个产品等级。日本、泰国等国家生产的酸茶产品，一般也是按照生产原料的不同来分级。采用现代工艺发酵的酸茶，一般不分等级。

（二）酸茶感官品质

酸茶有茶叶的清香，还有酸甜可口的滋味。云南省不同等级酸茶的外形均色泽黄褐，条索尚紧结，内质汤色黄亮，滋味醇和浓厚，清香显著，叶底肥硕匀齐。现代工艺发酵的酸茶，外观黄绿、润泽，规格一致，无杂质异物，无霉花浮膜等；具有酸茶固有的香气，酸茶香浓郁，无不良气味；滋味鲜爽，苦涩味轻，带一点点酸味；质地柔软，脆嫩。

（三）酸茶理化品质

酸茶中茶多酚、游离氨基酸、黄酮类、水浸出物以及咖啡碱较制茶原料均有所下降，不同级别的酸茶内含成分差异明显。有测得酸茶中水分、水浸出物、茶多酚、游离氨基酸、可溶性总糖、叶绿素和总黄酮的含量分别为 7.16%、49.13%、26.29%、0.88%、19.90%、0.05% 和 6.56%；微量元素的含量 $Mn > Cu > Cr > Fe > Zn$，Ni 元素未检出。云南不同类型酸茶中，黄酮类含量为 $0.51\% \sim 0.95\%$，儿茶素含量为 $8.40\% \sim 12.03\%$，游离氨基酸含量为 $0.16 \sim 0.87mg/100g$，咖啡碱含量为 $0.32\% \sim 0.60\%$，水浸出物含量为 $26.86\% \sim 33.43\%$。酸茶水浸出物丰富，还富含茶红素和茶褐素等活性成分，其中没食子酸含量可高达 $25.72g/kg$。酸茶中香气成分主要是氧化芳樟醇、香叶醇、水杨酸甲酯等，他们构成了酸茶浓烈的酸香中略带清凉的独特香气特征。

（四）酸茶卫生品质

酸茶发酵后，亚硝酸盐含量不但不上升，还整体呈现下降趋势，且远低于蔬菜（$<4mg/g$）、酱腌菜（$<20mg/g$）的国家安全控制标准。酸茶中砷、铅、镉、亚硝酸盐均低于酱腌菜中的含量，分别为 0.054、0.52、0.01、$1.4mg/kg$。微生物指标含量远低于酱腌菜中的微生物含量，分别为菌落总数 $130CFU/g$、霉菌 $40CFU/g$、大肠菌群 $<30MPN/100g$，致病菌未检出。

第四节 酸茶产品开发

根据酸茶传统利用方式，主要开发了可食和泡饮两大类酸茶产品。

一、可食酸茶产品

依据市面上常见的腌制咸菜种类，结合酸茶自有的风味特征，调配开发出了 4 种可食酸茶产品。所有用于调配的酸茶，均需先打成浆，或切成细小颗粒状。

（一）原味酸茶

以8%麻油、4%生姜、4%大蒜、2%芝麻、10%熟花生、72%酸茶进行调配，可以得到色香味协调、口感良好的原味可食酸茶产品。

（二）五香味酸茶

五香味酸茶以添加8%麻油、4%生姜、4%大蒜、5%老干妈、3%五香粉、76%酸茶调配而成，油适量，五香味明显，香味协调。

（三）酸辣味酸茶

酸辣味酸茶辅料以添加8%麻油、4%生姜、3%辣椒粉、5%食醋调配而成，油适量，滋味协调，酸辣适宜。

（四）麻辣味酸茶

麻辣味酸茶辅料的添加量为8%麻油、4%生姜、3%辣椒粉、6%花椒，调配后，油适量，麻味与辣味协调，麻辣适当。

二、泡饮酸茶产品

腌制好的酸茶烘干后，即可直接用于煮饮或泡饮。此外，可以进行调配，制成调配酸茶产品。调配好的酸茶，均可以压制成巧克力、小砖块、小沱状等多种形状。

（一）玫瑰型酸茶

经调配，加入20%～30%（质量比）的重瓣玫瑰花蕾，调配成的玫瑰型酸茶具有浅黄色汤色，酸茶香浓，玫瑰花香明显，滋味醇和、玫瑰味明显、协调。

（二）金银花型酸茶

经调配，加入10%～20%（质量比）的金银花花蕾，调配成的金银花型酸茶具有汤色绿黄，酸茶香浓，金银花香明显，滋味醇和、金银花味明显、协调。

（三）菊花型酸茶

经调配，加入10%～20%（质量比）的贡菊，调配成的菊花型酸茶具有浅绿黄色汤色，酸茶香浓，菊花香明显，滋味醇和、菊花味明显、协调。

第六章 茶酒产品

第一节 茶酒的开发现状

茶酒，即茶叶酒类（Tea wine），是指以茶叶为主要原料，经发酵或配制而成的各种饮用酒的统称。茶酒为我国首创，早在20世纪40年代复旦大学王泽农教授就用发酵法制备过茶酒。茶叶中的化学物质多达600多种，其中含有多种营养成分和功能因子，在茶酒加工过程中可以逐渐溶入到酒液中。茶酒的酒度低，色泽鲜明透亮，入口软绵，不刺喉，不上头，既有茶的营养保健功效，又有酒的风格，是一种理想的养生饮品。

一、茶酒种类

茶酒是以茶叶、茶汁或其他代用茶等为主要原料，由微生物发酵，经过滤、陈酿、调配而成。也有以茶叶、茶汁或其他代用茶等为主要原料经浸提后，勾兑而成的茶酒。按茶酒加工工艺的不同，可分为发酵型茶酒、配制型茶酒和汽酒型茶酒三大类。

（一）发酵型茶酒

发酵型茶酒是以茶叶、茶汁或其他代用茶为主要原料，利用人工加糖、加酵母等发酵而成。发酵茶酒风味独特，内含多种氨基酸、维生素和矿物质元素等，并保持了茶多酚、咖啡碱和茶多糖等有效成分，是一种集营养、保健为一体的高级饮品。发酵型茶酒又可分为固态发酵型和液态发酵型两类。

（二）配制型茶酒

配制型茶酒是用茶叶制备液、食用酒精、蔗糖、有机酸、着色剂、香精以及蒸馏水按一定的方法和比例调配而成。茶叶制备液可以是由水浸提茶叶获得，也可以是食用酒精直接浸提茶叶获得。配制型茶酒不仅能保持茶叶固有的色香味，而且色泽鲜艳，酒体清亮，是发酵茶酒所不能及的。另外，配制型茶酒生产简单，不需很多设备，成本低廉，易于推销，并能较多地保持茶叶中的各种营养和功能成分。配制型茶酒的主要缺点是风味没有发酵型茶酒好，口感较差。

（三）汽酒型茶酒

汽酒型茶酒是以茶叶制备液为主体，仿效香槟酒的特点，以人工充入二氧化碳制成的一种低酒精度的碳酸饮料。汽酒型茶酒除保持茶叶应有的天然风味外，泡沫丰富，刹口感强，酸甜适宜，鲜爽可口，茶与酒特色兼具，内含多种氨基酸、维生素和矿物质，并含有适量的茶多酚、咖啡碱等药用成分，是一种营养保健佳品。

此外，按用于生产茶酒的茶叶原料的不同，可分为绿茶茶酒、红茶茶酒、花茶茶酒、乌龙茶茶酒、普洱茶茶酒、代用茶茶酒等。按茶酒的酒精度不同，可分为保健型茶酒和饮料型茶酒，保健型茶酒的酒精度在40%左右，而饮料型茶酒的酒精度在10%以下。

二、茶酒功能

以茶叶为原料酿制或配制而成的茶酒，既具有酒的风味，又融合了茶的营养保健功效，是一种色、香、味俱佳的饮品。

（一）营养功能

茶叶富含多种营养物质，如维生素、氨基酸、儿茶素等。在茶酒加工过程中，茶叶营养物质可以溶入到酒体中，使茶酒具有很好的营养作用。

（二）保健功能

茶叶同时还含有多种功能活性成分，如茶多酚、咖啡碱、茶多糖等，均能在茶酒酒体中检测到。茶多酚是茶叶中多酚类物质的总称，占干物质总量的20%～30%，是茶叶中有保健功能的主要成分之一。研究表明，茶多酚具有抗衰老和清除自由基、抗癌及抗辐射、降血糖、降血脂、解酒保护肝脏等作用。咖啡碱的存在，使茶酒可以起到兴奋神经中枢、振奋人的精神，消除疲劳，利尿醒酒，舒缓肠胃等功效，对人体消化功能有很好的改善作用。茶多糖是茶叶复合多糖的简称，由糖类、果胶、蛋白质等组成，其中多糖部分包括阿拉伯糖、木糖、岩藻糖、葡萄糖、半乳糖等，具有降血糖、降血脂、增强免疫力、抗凝血、抗血栓和耐缺氧等作用，近些年来发现茶多糖还具有治疗糖尿病的功效。有研究表明，酒中的酒精能增加血液中高密度脂蛋白和降低中性脂肪的沉淀，从而预防冠状动脉血管病变。因此适当地饮用茶酒，可以起到多种保健作用。

三、茶酒产品的开发现状

20世纪80年代以来，随着国内外对茶酒的研究逐渐增多，茶酒品种从原有的10多种增至目前市场上有浙江健尔茗茶汽酒、四川茶露、庐山云雾茶酒、安徽黄山茶酒、河南信阳毛尖茶酒、湖北陆羽茶酒等20～30种。目前国内茶酒生产以配制型为主，主要是采用白酒浸泡茶叶制得，如高飞将浸提所得的绿茶水与口子酒勾兑成配制型绿茶酒，胡峰、向祖祥等利用食用酒精对茶叶浸泡后配制成浓香型保健茶酒，韩珍琼等研究了以绿茶和低度浓香型白酒为原料配制成保健绿茶酒。近年来人们对发酵型茶酒的研究也逐渐增多，如李小强等以浸提的红茶茶汁接种酵母发酵生产红茶酒，张帅等采用微波浸提的铁观音茶汁添加梨汁和活性干酵母发酵得铁观音茶酒。肖平、邱新平等系统地研究了发酵型茶酒的发酵工艺技术，也有研制出发酵型普洱茶茶酒，然而发酵型的茶酒产品在国内市面上依然很少。在国外，以日本对茶酒的研究居多，仅日本静冈县茶叶试验场的研究人员便研制出红茶酒、乌龙茶酒、花茶酒和绿茶酒等品种。2003年韩国的研究人员成功利用浓茶发酵，研制酿造出绿茶酒。英美等国家的研究人员主要开发应用配制茶酒，如滋补茶酒混饮、果味茶酒、茶酒冷混饮、朗姆茶酒热混饮、白兰地茶酒混饮等。

四、茶酒展望

虽然对茶酒的生产研究取得了较大的发展，但是影响茶酒质量的因素仍然很多。首先，要根据茶酒的特殊要求选择合适的茶叶原料，应尽量选择茶多酚含量低的茶树品种或产品，采用合理的方法进行加工酿制。其次，目前茶酒生产仍面临生产技术落后、设备不够先进等问题，阻碍了茶酒的发展。最后，由于茶酒自身的特殊性，使得茶酒品质稳定性不强，容易出现浑浊、沉淀等现象。因此，采取有效的措施防止茶酒沉淀、浑浊的产生，防止茶酒色香味的改变，是十分必要的。此外，还要制定相关的茶酒生产质量指标和相关的法律法规，使茶酒生产规模化、规范化，确保产品质量安全。

尽管茶酒生产目前仍面临很多问题，但随着人们生活水平的提高和保健意识的逐渐增强，功能性保健酒已逐渐受到市场的欢迎，发展茶酒的前景广阔。

第二节 茶酒的发酵条件

一、茶酒发酵菌株

酵母菌是茶酒发酵所用的主要菌，对茶酒品质的形成至关重要。酵母菌是人类文明史中被应用得最早的微生物，4000 年前古埃及人已经开始利用酵母酿酒与制作面包了，我国殷商时期（约 3500 年前）则利用酵母酿造米酒，而酵母馒头、饼等开始于汉朝时期。

（一）酵母特性

酵母在自然界分布广泛，主要生长在偏酸性的、潮湿的含糖环境中，如果皮表层、土壤、植物表面等。目前已知有 1000 多种酵母，根据酵母产生孢子（子囊孢子和担孢子）的能力，可将酵母分成三类：一些是能形成孢子的株系，分别属于子囊菌和担子菌；一些是不形成孢子，但主要通过出芽生殖来繁殖的，称为不完全真菌，或者称"假酵母"（类酵母）。目前已知极少部分酵母被分类到子囊菌门。

酵母属于化能异养、兼性厌氧型微生物，能够直接吸收利用多种单糖分子，比如葡萄糖，果糖等。一些酵母还能代谢利用五碳糖、乙醇或者有机酸，能水解一部分双糖如蔗糖水解成单糖而被吸收利用。酵母不能直接利用淀粉等多糖类物质，因此在酿酒过程中原料必须先经过糖化。

酵母的最适生长温度各异，在低于水的冰点或者高于 47℃ 的温度下，酵母细胞一般不能生长，其最适生长温度一般在 20 ~ 30℃。酵母可以在 pH3.0 ~ 7.5 的范围内生长，最适 pH 为 4.5 ~ 5.0，毕赤酵母能在低 pH（pH≈3.0）条件下生长。像细菌一样，酵母必须有水才能存活，但酵母需要的水分比细菌少，某些酵母能在水分极少的环境中生长，如蜂蜜和果酱，这表明它们对渗透压有相当高的耐受性。在温度适合、氧气和养分充足的条件下，酵母往往能够迅速出芽繁殖。

（二）发酵茶酒的酵母种类

酒的品质因使用酵母等微生物的不同而各具风味与特色，因此不同种类的酵母是影响茶酒品质的重要因素。发酵型茶酒中应用的酵母菌的主要种类有面包酵母、清酒酵母、啤酒酵母和果酒酵母四种，多为市售酿酒活性干酵母、葡萄酒酵母和啤酒酵母等。不同的茶酒所用的发酵菌株都不尽相同，如蜂蜜茶酒所使用的酵母为专用果酒菌，蔗汁茶酒选用葡萄酒活性干酵母作为发酵用菌种，茶叶鲜啤酒使用啤酒活性干酵母作为发酵用菌种，制作茶叶米酒所用的发酵菌株为甜酒曲。特殊的红茶菌酒，其发酵菌株有保加利亚乳杆菌、葡萄糖醋酸菌和法式面包酵母。目前极少有茶酒专用酵母或菌剂的研制报道。茶水中富含抑菌成分，对酵母的生长发酵容易产生抑制作用。然而，利用特制的培养基对茶酒发酵酵母进行驯化，容易筛选出能较好适应茶液环境、发酵力较强的茶酒酵母。

二、茶酒发酵原理

（一）酒精发酵原理

在有氧条件下，酵母将葡萄糖经有氧呼吸（糖酵解→三羧酸循环）代谢生成 CO_2 和 H_2O。在缺乏氧气时，酵母会进行缺氧呼吸作用，通过糖酵解作用将葡萄糖转化成丙酮酸，其后丙酮酸经脱碳作用脱去碳原子，形成乙醛，同时释出 CO_2，乙醛再被糖酵解作用产生的 $NADH_2$ 还原成乙醇，并产生能量（ATP）。可见要发酵产生酒精，需创造出厌氧环境。酵母在厌氧环境下的酒精发酵过程，是一个非常复杂的生物化学过程，需要一系列酶的参加，有一系列连续生化反应，并随之产生许多中间产物，除了最后生成的酒精、二氧化碳和少量甘油、高级醇类、醛类物质外，还会生成二磷酸己糖、丙酸酮、乙醛等许多中间产物。在酿酒过程中，乙醇被保留下来；在烤面包或蒸馒头的过程中，CO_2 将面团发起，而酒精则挥发。

（二）茶酒发酵原理

茶酒发酵原理跟酿酒一样，主要过程为酒精发酵，唯一不同的是添加了茶汁（或茶叶）为原料。在酒精发酵过程中，酵母能转化糖为酒精，但不能直接利用淀粉和纤维素。而茶汁中由于可溶性糖的含量较少，为了提高酒精的生成量，一般在发酵时需要人工添加一定数量的可溶性糖类物质。在酵母菌的作用下，经过一系列的反应，可溶性糖最终生成酒精和二氧化碳。如果添加的是蔗糖的话，则先是由蔗糖转化酶催化蔗糖为葡萄糖和果糖，再由酵母进行酒精发酵。

（三）茶酒发酵中的品质动态变化

与白酒发酵的过程稍有不同，茶酒的发酵没有糖化和糊化过程，而是酵母直接发酵添加的蔗糖及茶汤中含有的糖类成分。酵母在生长繁殖过程中代谢茶汤中氨基酸等各类成分，并产生乙醇，茶汤中各类物质的含量及比例发生变化，逐渐形成茶酒的特有品质。

1. 酵母动态变化

由于微生物的繁殖会消耗大量营养物质，发酵的第 1 天为酵母的增殖期，即为发酵的启动期。在茶酒发酵前6d，酵母菌数均呈陡然上升的趋势，此阶段为菌体细胞大量繁殖的阶段。在发酵6d后，开始进入酿酒阶段，酵母开始发挥其"产酒"功能，酵母数趋于动态平稳期。在发酵后期，酵母数略有下降，部分菌体衰老及出现少量细胞自溶现象。

2. 总酸及 pH 的变化

总酸含量对于酒类发酵具有重要的意义，它既是工艺上控制的条件，又是产品的质量指标。酸能抑制发酵过程中的杂菌生长，促进酒中的各种香味物质生成；适合的酸有利于淀粉糊化水解，生成的可发酵性糖在酵母菌的作用下生成乙醇和香味物质。

肖平（2012）实验发现，茶酒的 pH 在发酵初期连续下降，相互之间的差异达到极显著水平；发酵第 6 天后，茶酒 pH 趋于稳定。在茶酒发酵前8d，总酸含量逐步升高，不同发酵时间之间整体增加差异显著；发酵 8d 后，总酸含量略有下降，但整体比较稳定。

3. 糖浓度、可溶性固形物及酒精度的变化

茶酒发酵第 1 天和第 2 天的糖含量下降速度最快，第 3 天到第 7 天稍慢；至第 12 天后，糖含量在 2g/L 以下，基本被消耗殆尽。可溶性固形物的含量变化趋势与总糖含量一致，前期下降迅速，后期缓慢减少并逐渐稳定。酒精含量是茶酒发酵过程中极其重要的一项指标，发酵至第 6 天达到最大值，约为 1.5%，与其他时间比较，差异达到极显著水平，以后略有下降，但变化较不明显。

4. 茶多酚、黄酮及游离氨基酸的变化

黄酮、茶多酚、氨基酸均在茶酒发酵的第 1 天就大幅度下降，第 1 天和第 2 天的含量达到极显著水平，而在后期发酵过程中含量略有起伏，但均未呈现较大变化。由此可见，茶酒酒体中仍保留了较多的有效营养成分，具有较高的营养价值。绿茶酒发酵过程中 6 种儿茶素组分含量均有所增加，表没食子儿茶素（EGC）、没食子儿茶素没食子酸酯（GCG）、表儿茶素没食子酸酯（ECG）、表儿茶素（EC）增加较为缓慢，儿茶素（C）和表没食子儿茶素没食子酸酯（EGCG）增加迅速，分别增加了 10.88 倍和 17.33 倍，儿茶素组分含量增加对绿茶酒的保健功效有重要作用。

在茶酒生产过程中，发酵液中的黄酮、茶多酚、氨基酸均在发酵的第 1 天就大幅度下降，后期发酵过程中均未呈现较大的变化。在茶酒发酵过程中，可能是微生物的酶促作用使茶多酚发生氧化、缩合等反应。黄酮为 2－苯基色原酮的衍生物在光、酶等作用下，易氧化、水解、聚合、缩合转化为其他物质，小分子物质可能被酵母细胞利用，造成茶叶中这些品质成分大量减少。氨基酸作为氮源是酵母增殖的必需成分，被用于合成利用。也有在绿茶酒的发酵过程中，茶多酚的含量不但不下降，反而逐渐增加，在发酵 2~5d 时迅速增加 104%；在茶酒发酵过程中的 6 种儿茶素组分的含量，也都有所升高。发酵好的茶酒相对于未发酵的茶汤，茶黄素几乎无减少，茶红素和茶褐素减少较多，这与固态发酵的黑茶和普洱茶以及作为食用的酸茶都不同。

5. 香气成分变化

在茶酒发酵初始阶段，香气成分含量较高的有异戊醇（27.40%）、苯乙醇（7.39%）、癸酸乙酯（7.30%）、异丁醇（2.63%），其中苯乙醇和癸酸乙酯是绿茶的

特征香气成分。茶酒发酵结束后，香气成分含量较高的有乙醇（37.11%）、异戊醇（30.63%）、异丁醇（5.39%）、苯乙醇（3.51%）、辛酸（3.47%）、乙酸乙酯（2.93%）。陈酿后的绿茶酒中，醇类物质含量下降为30.84%，酯类物质的含量升高为50.45%。醇类物质在茶酒各阶段的香气成分中含量均较高，酸类物质随发酵和陈酿的进行而减少，烃及其衍生物的含量和种类在陈酿阶段大幅增加；酯类物质含量在发酵结束后相对含量较低，陈酿过程中又升高；醛类、酮类和酚类物质相对含量较低，但含量和种类也有较大变化。

三、影响茶酒发酵的因素

影响茶酒发酵的因素较多，主要有以下几个方面。

（一）原料对茶酒发酵的影响

1. 茶水比对茶酒发酵的影响

刘蒙佳等研究发现，使用不同茶水比的茶汤发酵茶酒时，其酒精度等相关理化指标变化不是很明显，但在茶酒口感滋味方面有较大影响。若茶水比较高，茶酒中茶多酚含量高，口感苦涩，而且偏高的茶多酚会抑制酵母的生长与代谢。然而，若茶水比较低，茶酒的口感较稀薄，茶香气不足。随着茶水比增大，茶酒中茶多酚含量升高，苦涩味变强，使茶酒滋味不协调。当茶水比大于1:60时，茶多酚含量的增加速率减慢。有认为以1:50～1:70浸提的茶水较适合酵母的生长发酵，发酵的茶酒中酒精度最高，原酒茶香、酒香明显，颜色接近原茶汤；以1:30浸提的茶水由于浓度过高，使酵母的生长受到了抑制，生成的酒度较低；以1:100浸提的茶水因浓度过低，无论在酒精度、色泽还是风味上都远远不及1:50和1:70浸提发酵的。

2. 酵母菌种对茶酒发酵的影响

当前用于茶酒发酵的菌种，多为单一的菌株或混合菌株，其中用得较多的是湖北安琪酵母股份有限公司生产的葡萄酒酵母、葡萄酒酵母 ZK-1、葡萄酒果酒专用酵母 RW、葡萄酒高活性酿酒干酵母等，也有法国 CALLEMANDZNC 公司的 DV10、RC212、QA23、D47、71B、R1、RA17、EC1118 等菌株。混合菌株发酵茶酒主要是使用酒曲，含有生香酵母、酿酒酵母和根霉。

不同菌种发酵的茶酒，得到的茶酒风味各异。如采用啤酒酵母发酵的茶酒橙黄明亮，有啤酒味，与酿酒活性干酵母发酵的茶酒口感相似，但香气不同。而采用美国酿酒酵母、生香酵母、米酒曲等发酵的茶酒，更是风味各异，有的滋味酸，有的似米酒。因此选用不同的酵母菌种发酵，可以得到不同风味的茶酒。而采用几种酵母混合发酵，会更有利于茶酒发酵品质的形成。

3. 接种量对茶酒发酵的影响

接种量的多少也会影响茶酒发酵的品质。如接种量低，虽可降低成本，但是酵母不能立即形成生长优势，导致发酵缓慢，发酵周期长，酵母菌不能大量繁殖，使产酒量受到影响，且容易受到杂菌污染。但接种量过高，虽然会使发酵迅速，缩短发酵周期，但是由于发酵基质有限，不能满足过量酵母的生长需求；酵母死亡后会残留在酒液中，使得酒液有浓重的酵母味，影响茶酒的风味。因此，茶酒发酵的酵母菌接种量应该控制在一个合适的范围内。

在茶酒发酵过程中，随着接种量的增加，糖被充分降解，生成的酒精量增加，产酒速度也快。随着接种量的增加，发酵的茶酒中总酸含量呈现逐渐增大的趋势，可能是随着接菌量的增多，其中包括醋酸菌及乳酸菌等杂菌的量也相对增多，当发酵后期的酵母菌繁殖能力逐渐减弱时，醋酸菌及乳酸菌等杂菌开始生长，并产生醋酸或乳酸，使茶酒中的总酸含量增多。随着接种量的增加，发酵的茶酒中茶多酚含量呈现逐渐降低趋势，而氨基酸含量呈现增加趋势，儿茶素总量与茶多酚的变化趋势基本一致，但咖啡碱含量的变化相对较小。

茶酒发酵时，如酵母菌接种量过少，则相对糖的含量过高，影响发酵，降低出酒率；酵母自身繁殖代谢慢，杂菌生长快，不利于酒精的生成。但酵母菌接种量过大时，营养物质消耗迅速，代谢副产物累积多，抑制了菌体的代谢，使酵母不能完全发酵，酒精度反而下降，成品中带有酸馊味，且酵母味重。

4. 浸提温度对茶酒发酵的影响

浸提温度高，茶多酚、氨基酸、儿茶素的浸出量就高，根据相同比例发酵制得的茶酒中，最终保留的生化成分含量也基本呈现相同规律，但咖啡碱却没有呈现明显的变化规律。对于不同浸提温度所发酵成的茶酒，以50℃和75℃浸提发酵的酒精度较高，说明发酵程度较好，而在浸提温度为100℃时所得酒精反而较低。当茶汁浸提温度越来越高，发酵的茶酒中总酸含量也越来越多。

5. 糖的品种及添加量对茶酒发酵的影响

茶酒发酵主要是酵母将糖转化为酒精，糖类的品种不同，茶酒的风味也不相同。添加不同种类糖发酵茶酒，也可丰富茶酒品种。已有不少专利采用添加果汁的方式来增加糖含量，同时可得到不同风味的茶酒，如橘子茶酒添加橘子和冰糖为主要碳源。还有一种新型低度保健酒，通过添加麦芽汁、猕猴桃汁来丰富茶酒的内含成分及口感。糖的添加量对茶酒发酵也有直接的影响。调整糖的添加量，不仅要根据生产需要和产品品质，还要考虑到生产成本。当含糖量较少时，酒精转化量少，酒精度达不到要求；而含糖量较多时，酒精含量虽然变高，但是茶酒的风味也会受到影响，而且糖浓度过高会造成较高的渗透压而影响酵母的生长。

（二）发酵条件对茶酒发酵的影响

1. 发酵温度对茶酒发酵的影响

发酵温度对茶酒发酵的影响主要表现在对酵母生长繁殖的影响。酵母菌耐热性很差，30℃以上活动减缓，40℃则难于生长，50~60℃就可以将其杀死。在液态环境中，酵母菌最适生长温度为20~30℃。当温度逐渐升高时，酵母菌的繁殖速度加快，在30℃时达到最大值；而当温度继续升高达到35℃时，其繁殖速度迅速下降，酵母菌呈疲劳状态。因此，在茶酒发酵过程中，发酵温度不能过高，以免影响酵母菌的活动，导致发酵中止。发酵温度对茶酒中酒精发酵有明显的影响，可选择在10~30℃进行。当发酵温度偏低时，酵母菌生长受到抑制，代谢速度会减慢，产酒率低，残糖多，香气不足，在7d内不能有效地将糖转化为乙醇，发酵周期长，且对杂菌的代谢也有抑制。如发酵温度过高，发酵就会剧烈，且发酵周期短，酒度不高，香气易挥发，且酒体酸涩，色泽变深，不利于茶酒风味的形成。当发酵温度适当时，酵母菌生长旺盛，7d 可以将大部分糖类转化成酒精。当 20~25℃时，茶酒发酵的原酒质量较好。在 20~25℃范围内，茶酒中酒精度不断增加；当到达 25℃时，茶酒中酒精度就达到最大值；如发酵温度继续上升，酒精度只有轻微波动。所以，发酵温度选择为 25~30℃较为适宜。另外，随着茶酒发酵温度的升高，总糖含量逐渐降低，多酚类含量呈现减少趋势，氨基酸含量略有提高，总酸含量也逐渐增多，儿茶素和咖啡碱的含量与发酵温度间没有明显的变化关系。但当发酵温度提高到 35℃时，茶酒中总酸的含量却呈现减少趋势。酒精发酵过程中产生的二氧化碳，会提高发酵温度。当发酵温度高于 30~34℃时，酵母菌就可能会被杀死而停止发酵，因此必须合理控制茶酒发酵温度。

2. 发酵时间对茶酒发酵的影响

随着发酵时间的延长，茶汤本身具有的绿色逐渐变淡，整个液体逐渐变为浅黄绿、明亮。茶酒发酵时间长，还会产生醋酸，影响茶酒品质，因此必须在适宜的时间终止发酵，避免发酵过度。由于发酵工艺的不同，以及不同茶酒的酒精度要求不同，茶酒的发酵时间也略有差异。利用茶树鲜叶发酵茶酒的发酵时间为 6~7d（室内温度 25~35℃），前 14~16h 为酵母的启动期，发酵 3d 时即产生浓郁酒香，第 6 天时酒精度不再升高，第 7 天时糖含量在 10g/L 以下，口感适宜，无明显苦涩及酸馊味。李建芳报道的绿茶酒发酵时间在 12d 左右，邱新平报道的茶酒在 20℃时发酵 10d 为好。

（三）其他因素对茶酒发酵的影响

pH 为 3.5~4.0 时，发酵原酒的质量较好。pH 为 2.5 时，口感过于酸涩。pH 为 4.5 时，口味淡薄，典型性不足。酵母菌在酸性环境中（pH≤3.0）代谢活动会受到一定抑制，发酵速度减慢。在微酸条件下（3.0≤pH≤4.0）有利于甘油和高级醇的形成，也能抑制杂菌的代谢。当 pH 较高时，原酒的色泽变深，且口感不够柔和。

茶酒发酵液保持一定的酸度，不仅能使发酵顺利进行，提高发酵酒的质量，还能减少微生物的污染。酸度的高低也会影响茶酒的口感。酸度过低，茶酒会使人产生腻的感觉；而酸度过高，茶酒就会使人不快，难以下咽。同时，酸度对于茶酒的货架保质期也有重要的影响。

除了以上因素影响茶酒发酵外，供氧量、杂菌等对茶酒发酵过程也会产生很大影响。因此，在茶酒实际生产中，需对影响发酵的各个因素合理调控。

四、茶酒的澄清技术

发酵后的茶酒中含有蛋白质、单宁、果胶、纤维素、多糖类等物质。这些物质本身并不表现浑浊，但在一系列复杂缓慢的物理和化学反应后，就会凝聚成大分子或其他沉淀物而析出，使酒体产生浑浊现象。因此，如何解决这一问题，是亟需探讨的。

（一）茶酒浑浊的原因

1. 物理作用

光照和温度都会影响茶酒的澄清度，光照和高温可以引起铜离子破坏澄清度。低温不仅容易引起铁离子破坏澄清度，同时也可能引起单宁色素的凝集，其他物质也可能因为低温由溶解状态转化为不溶物质而析出。

2. 生化作用

茶酒中的蛋白质、多糖、果胶等物质，在后期存放过程中，与多酚类物质结合形成浑浊的胶体，从而发生沉淀，降低茶酒的品质。单宁含量较高的茶酒易发生酶氧化沉淀。经过澄清的茶酒，若茶酒中总铁含量超过 6mg/L，在贮藏中铁与茶酒中的单宁结合会形成棕褐色沉淀，使茶酒浑浊。

3. 微生物作用

茶酒中存在的微生物利用茶酒中的营养成分进行代谢作用，从而破坏茶酒的胶体平衡，造成浑浊或沉淀现象。茶酒中含有一定量的酒精且具有较低的 pH，因此造成茶酒浑浊的一般是酵母菌、醋酸菌和乳酸菌等嗜酸菌，但致病菌一般不能在茶酒中存活。此外，生产中造成的微生物污染或包装密封不严也会导致茶酒中微生物的大量繁殖。

（二）澄清剂在茶酒澄清中的应用

茶酒的澄清度直接影响着茶酒的品质，因此为了提高茶酒的质量，就必须采取一定的工艺技术提高其澄清度，提高茶酒的感官品质。

1. 茶酒澄清剂

（1）壳聚糖　壳聚糖是甲壳素水解脱去 N - 乙酰基得到的一种线性高分子碳水化合物，是一种含量丰富的天然碱性多糖，具有良好的生物相容性、适应性与安全性。甲壳素的分子链上具有氨基、羟基官能团，与酸或酸性化合物结合后，便成为带正电荷的聚电解质，和溶液中存在的带负电荷的蛋白质、纤维素等微粒相互作用，能够使引起果汁和酒液浑浊的蛋白质、单宁等胶态颗粒絮凝沉淀下来而达到澄清目的。夏文水研究了壳聚糖用于苹果汁的澄清，可使总酚含量由 138 ~ 153mg/L 降至 84 ~ 89mg/L，蛋白质含量由 0.782 ~ 1.423g/L 降至 0.447 ~ 0.796g/L，果胶由 0.87 ~ 1.25g/ L 降至微量，使苹果汁的透明度大为增加。

（2）黄原胶　黄原胶是由野油菜黄单胞杆菌分泌的一种胞外酸性多糖，在食品加工业中，其可作为稳定剂、乳化剂、增稠剂、分散剂和品质改良剂等。其被认为是食品分散体系中非常有效的絮凝剂，可以将食品分散体系中的颗粒物絮凝出来。

（3）硅藻土与活性炭　硅藻土、活性炭具有孔隙度大，吸收性强、化学性质稳定、耐热等优点，广泛用于纯净水、白酒等的处理中，特别是善于吸附截留溶液中的悬浮颗粒，有良好的过滤性和化学稳定性。

（4）单宁酶　单宁酶可以增加茶酒的透光率，多酚类是影响茶酒浑浊的主要因素，多酚类中参与沉淀形成的主要物质是酯型儿茶素。单宁酶能分解 EGCG、ECG 生成简单儿茶素，减少参加形成沉淀物质的量，从而减少沉淀物的生成，提高茶酒透光率。

（5）明胶与干酪素　明胶和干酪素是较好的茶酒澄清剂，适量的使用明胶和干酪素可得到颜色较浅或者无色的茶酒，酒体的风味和理化指标不会发生大的改变。

2. 再生纤维素超滤膜

随着现代膜技术的发展，膜过滤技术越来越多地应用于酿酒工业。在葡萄酒的酿造过程中，灌装之前可以采用 0.45 ~ 1μm 的膜过滤掉葡萄酒中残存的酵母菌及部分细菌，如醋酸菌和大肠杆菌。

综上所述，茶酒内含成分复杂，稳定性较差，极易产生浑浊现象，利用澄清剂进行澄清仍是主要的方法。然而有很多浑浊的原因仍不能得到合理的解释，使得产品质量不能得到有效的控制。因此，对于茶酒沉淀现象的产生及处理方式还需要进一步研究。

第三节　茶酒的发酵技术

茶酒发酵可以分为固态发酵和液态发酵两种类型。茶酒固态发酵，是将茶叶与酵母活化液加在酒醅中，拌匀，进行固态、半固态的方式发酵，发酵好后进行淋洗、压滤或蒸馏而得到酒液，前二者的酒液还需经过澄清处理等工序，然后再调配制成茶酒。茶酒液态发酵，是以茶叶浸提液或含茶叶的溶液为主要原料，添加酵母、糖、有机酸等成分，在一定的条件下进行液态发酵，发酵好后进行过滤、澄清处理、调配等工序而制成茶酒。然而，依据发酵酵母种类的不同，所发酵的茶酒品质风味会有明显的差异，可以将不同酵母发酵的茶酒分为普通型茶酒、啤酒型茶酒、米酒型茶酒。

一、茶酒液态发酵工艺

液态发酵的茶酒产品研制的比较多。有用单一茶液发酵而成的，如绿茶、红茶、普洱茶、乌龙茶等茶酒。有在茶液中添加各种果汁发酵而成的，如番石榴汁、枣汁等茶酒。有在茶液中添加各种花浸提液发酵而成的，如茉莉花、玫瑰花等茶酒。还有在茶液中添加各种代用茶以及中药药材等浸提液发酵而成的，如竹叶、红景天、余甘子等茶酒。

（一）工艺流程

茶叶浸提 → 调配 → 接种 → 发酵 → 陈酿 → 调配 → 澄清 → 灌装 → 灭菌 →成品

（二）技术要点

1. 茶叶浸提

用于制备茶酒的茶叶原料，应选择质量正常、符合食品安全卫生的茶叶产品。市面上生产销售的均可，但选用不同的茶叶产品，最终得到的茶酒会具有不同的品质风味。对水分含量偏高或香气不足的茶产品，可以选择复火等方式来提高品质，也利于后续粉碎等处理。茶样经粉碎后，过30～40目，备用。

茶中的酚类物质易与金属离子形成沉淀，故以去离子水或蒸馏水进行浸提为好。按照茶水比为1:（50～100）（质量/体积）添加浸提水，以90～100℃恒温浸提20～30min，使茶叶中有效成分及香味成分充分浸出，浸提完成后用200目滤布或脱脂棉过滤，得浸提茶水。也有采取分次浸提，合并浸提茶液。有为除去茶叶中一部分产生涩味的以茶碱为主的物质及其他杂质和异杂味，以使茶汁更清爽，降低成品茶酒的苦涩味，而采取冷水洗茶；以1:10的比例用冷水浸泡茶叶20～30min，然后过滤弃掉滤液，留茶叶继续浸提用。

可以用浸提获得的茶汤直接发酵为茶酒，也可以是茶汤含茶渣一起发酵成茶酒；但以茶汤发酵而成的茶酒颜色最接近原茶汤颜色，茶渣与茶汤一起发酵而成的茶酒色泽比原茶汤色泽稍暗，尤其是粉碎了的茶渣与茶汤一起发酵的茶酒颜色更发暗。

2. 茶液调配

因直接浸提的茶汤中含糖量很低，难以保证酵母菌生长和进行酒精发酵，需要外源添加糖类物质成分。可依发酵菌株的不同来选择糖源，对不具有糖转化能力的酵母菌则需添加易利用的糖源，如蔗糖、葡萄糖。有提出茶汤中添加糖含量的计算公式：

$$X = V\ (1.7A)\ /\ (100 - 1.7A \times 0.625)$$

式中　X——应加砂糖量，kg

　　　V——发酵液总体积，L

　　　A——发酵要求达到的酒精度,%（体积分数）

　　　1.7——经验数字，表示生成 1 度酒精大约需要 1.7g 蔗糖

　　0.625——1kg 蔗糖溶解于水后，其体积增加 0.625L［如要求发酵好的茶酒中酒精度≥11%（体积分数），则加糖量需为 0.21kg/L］

酒质量的好坏，取决于其中酒精和酸的含量。茶酒中的酸度应控制在一定范围之内，以协调茶酒风味。如发酵后茶酒中酸度过高，茶酒难以下咽，使人不快；而酸度过低，则使茶酒腻而发甜，风味平淡。酵母通过无氧呼吸将糖分转化为酒精，因此发酵液中的蔗糖添加量对发酵结果有直接影响。蔗糖添加量较低时，酵母发酵不足，产生酒精较少；蔗糖添加量较高时，绿茶酒酒精度高，但发酵时间长，残糖高，且在高渗透压下酵母菌的代谢活动会受到抑制。如有研究发现在红茶汁中添加不同量的蔗糖，调节 pH 为 4.0，在 25℃恒温发酵时；以初始蔗糖含量在 12%～14% 时，原酒质量较好，口感柔和；在 8%～10% 时，酒精度低，涩味较重；在 16% 时，酒精度高，但残糖多、酸味重，且在高渗透压下酵母菌的代谢活动会受到抑制。蔗糖添加量为 190g/L 时，所得的绿茶茶酒风味最好。除添加砂糖外，有添加 0.05g/L 的抗坏血酸，以防止茶汤褐变。还有添加橙汁替换部分砂糖，也有添加 0.08% 的植酸来调整 pH。

调配好的茶液，一般需在高压灭菌锅中以 121℃灭菌 15min，冷却至室温后备用。

3. 菌种制备

（1）菌种驯化筛选　在生产实践中，除使用传统的酒曲或酒精发酵菌株外，因茶液具有很强的抑菌特性，还非常有必要筛选适宜于茶水中进行酒精发酵的菌株。

将收集的菌株进行活化，采用茶汁梯度驯化，逐渐加大茶汁浓度。到一定茶浓度时，进行平板分离，筛选出可以存活的菌株。然后进行全茶汁发酵，比较发酵茶酒的品质，复筛出适宜茶液中发酵茶酒的最佳菌株。对筛选到的茶酒发酵菌株进行稳定性测定，稳定性好的菌株进行保存备用。对从环境中或发酵试样中分离获得茶酒发酵菌株，还必须进行菌株鉴定，确定为安全菌株才可使用。

（2）菌株活化与扩大培养　对市售的酒曲或酵母菌剂，在接种前需进行活化或进一步扩大培养。对保存的酵母菌株，也需进行活化，然后进行扩大培养。将适量的活性干酵母加入到 30℃含 10% 的蔗糖溶液中，活化 30min 左右，活化后酵母细胞数为 1.9×10^8 个/mL，出芽率为 36%，活细胞 98.6%，无杂菌。以 1:10 的比例把酿酒酵母菌剂加入经灭菌处理的糖度为 2% 的糖水中，在恒温水浴锅中以 35～40℃恒温培养 15～20min，再把活化液移入 34℃的恒温水浴锅中培养 1～2h，最后放入冰箱临时保存备用。

也可将酵母菌剂接入麦芽汁培养基中，28℃培养活化24h，然后转接到含有20%的茶汁的麦芽汁培养基中，继续在28℃培养24h；再转接到含有40%的茶汁的麦芽汁培养基中，以28℃培养24h，备用。

4. 接种

茶酒的整个接种过程都应该在无菌的环境中进行，防止杂菌污染。酵母菌种的添加要合适，才能保证茶酒品质的形成。酵母接种量一般以3%~5%较合适，但菌种和茶液不一时，最适接种量也会有所不同。

5. 发酵

向灭菌后的茶汁中加入活化的酵母液菌种，充分搅拌，密封后，置于28℃的培养箱中，即进入发酵过程。开始发酵的第1天，发酵温度控制为32~34℃，待酵母菌大量繁殖后将温度控制为25~30℃，冬季培养温度要偏高些，夏季培养温度要偏低些。在整个发酵过程，都要尽量防止空气中的各种微生物进入发酵液，避免污染。在茶酒发酵过程中，每天应进行搅拌或通入过滤空气，避免酵母菌沉积在酵母液的底部，促进酵母增殖，从而提高发酵的效率；每天观察发酵温度两次以上，定期测量酒精度、糖度和酸度的变化，并密切观察 CO_2 的产生。随着发酵的进行，酒液中会产生大量的 CO_2 气体，并溢出，形成厌氧环境，有利于酵母的发酵作用。当发酵液温度急剧降低，酒度、糖度无明显变化时，意味着酒精主发酵结束。一般茶酒发酵进行至7d左右时，停止产气，酒精度测得 >9% 且不再升高，残糖量 <1% 且基本不再降低时，即可停止发酵。

在茶酒发酵过程中，应注意控制发酵温度和防止微生物污染。茶酒发酵器具和场所应保持清洁、干净、卫生，并定期采用蒸汽冲洗消毒，或采用紫外线、臭氧等方式消毒，防止酒花菌、醋酸菌、苦味芽孢杆菌等微生物的污染，以免使酒液失光、浑浊、沉淀而导致变质。发酵期间首先注意发酵温度的控制和管理。由于季节、室温及发酵产热的影响，茶酒发酵液温度在发酵进程中波动较大，必须加强升温或降温处理，并注意室内的通风降温及保温处理，控制发酵温度不高于35℃。

6. 后处理

茶酒发酵好后，需进行陈化、调配、澄清、灌装、灭菌等处理。

（1）陈化　茶酒主发酵结束后，立即将酒液与沉淀分离，移入消过毒、清洁的贮罐，留出少量空间，使剩余糖分进一步发酵，20~25℃陈酿1周左右，液面平静，酒液清晰。有采用微波催陈茶酒，以540W的微波功率处理酒液3min，静置15d后取上清液重复处理第2次，再静置15d后取上清液重复处理第3次，然后装桶密封，放置在阴凉、干燥、通风良好、安全、卫生的场所约2个月。

（2）调配　为保证茶酒产品的质量，需要对茶酒原酒进行酒精度和酸度的调配，以得到酒体饱满、口味纯正的茶酒。分别用白砂糖、冰糖、蜂蜜调整茶酒糖度，将糖度控制为3~5g/100mL，有微甜感即可。用白砂糖可使酒甜得圆润，增加酒的黏稠度；用冰糖可使酒甜得凉净，增加酒的爽净感；用蜂蜜可使酒甜得丰满，但容易使酒产生沉淀。用发酵完的蒸馏酒液进行酒度调配，调配酸度用的为柠檬酸，调配碱度用的为碳酸氢钠，均为食用级产品。将调味后的茶酒沸水浴10~15min，杀死茶酒中的酵母菌等微生物，冷却至室温后放入4℃的冰箱中。

（3）澄清　勾兑后的酒液含有影响其稳定性的物质，随着温度的降低，其溶解度降低，因沉降凝结作用增强而析出。因此，需在冰箱中冷藏2d，用膜过滤器过滤，才可进行装瓶、封口。有在调配好的茶酒液中，添加0.07%的经充分浸泡、搅拌、溶解后的壳聚糖，搅拌均匀，然后添加0.22%的经充分浸泡、吸水膨胀后的皂土，边加边搅拌直至均匀，静置1周，取上清液。也可将调配好的茶酒在高速离心机中3600r/min离心10min，得到澄清透明的成品。

（4）灌装与灭菌　经澄清处理后的茶酒上清液，可再采用膜过滤进行除菌，膜孔径0.1μm，然后于无菌灌装机中进行无菌灌装、密封。茶酒上清液也可装瓶后，以121℃灭菌15min，也有采用巴氏法灭菌（70℃杀菌10～15min）。待灭菌冷却至室温，即可进行贴标、喷码等，包装入库。

二、茶酒固态发酵工艺

刘蓉燕、徐亚军分别利用微生物发酵酿造技术研究了秦简茶酒和绿茶酒的生产工艺，采用玉米、茶叶、酵母活化液混合进行固态发酵，然后压滤得酒液，再经过杀菌、澄清处理等工序制成茶酒。

（一）工艺流程

茶汁制备 → 玉米粉碎 → 蒸料 → 接种 → 发酵 → 过滤 → 灌装 → 灭菌 → 成品

（二）技术要点

1. 茶汁的制备

选用3～4级炒青绿茶，粉碎过40目后备用。用纯净水浸提，茶水比为1:50（质量/体积），浸提温度90～100℃，恒温浸提10min。浸提完成后，用100目的滤布滤出茶汁。茶渣用上述方法，再次浸提。将两次浸提所得茶汁混合，用200目滤布精滤，滤得的茶汁呈亮黄色。

2. 玉米原料的处理

选择新收获的、优质的、水分含量在12%～13%的玉米作原料为佳。因玉米胚芽含油脂，会严重影响酒精发酵，而且会使酒体产生不快的感觉，为此需去除玉米胚芽。先将玉米打成大碴，去掉皮和胚，然后再用粉碎机打成直径为2～3mm的粉状颗粒。

3. 蒸料

按玉米面粉:茶水=4:1（质量/体积）的比例，将茶水浇洒在玉米面粉上面，充分搅拌均匀。然后将玉米粉置于铺纱布的蒸笼层中，用大火蒸。蒸至上大汽后，保持约5min，揭笼盖，将面料取出笼。及时压碎结块，再浇洒比第一次稍多的茶水，继续上笼，用大火蒸。待重新上大汽后，保持30min。当面粉外观松散，下呈稀糊状，熟透无夹生时，出笼摊凉。若面粉蒸得不熟，里面有生粉，则会导致发酵中糖化不完全，会引起酒精发酵不正常。若面粉蒸得过糊，不仅浪费蒸汽，而且玉米粒容易黏成饭团，导致降低酒质和出酒率。所以，蒸好的玉米料应是熟而不黏，硬而不夹生。

4. 菌种制备

用蔗糖溶入无菌水配成 2% 的糖水，把酿酒酵母用 35 ~ 40℃ 的糖水复水 15 ~ 20min，然后在 28 ~ 34℃ 下活化 2h。把活化的酿酒酵母接入盛茶水的三角瓶中进行液体培养，在 30℃ 下振荡驯化培养 28h，快速生长、繁殖。镜检观察，留取处于对数期的酿酒酵母待用。

5. 混合发酵

蒸好冷却的玉米面粉，按熟料加入 0.8% 的酿酒酵母菌液，充分拌匀，然后装入陶瓷大缸，密封缸口，放置在干燥的地方，保持温度 28 ~ 30℃，发酵 3 ~ 4d。玉米物料下缸后就开始进行糖化和发酵，主发酵结束。后发酵需要的时间比主发酵长，以使残余的淀粉进一步糖化后发酵。在发酵快要结束时，可取出少许酒醪品尝；如果呈酸味，说明快发酵好了，应尽快降温停止发酵；若尝出苦辣味，则发酵已过，就不能再饮用了。因此，发酵适度很重要，要依发酵可控条件而掌握。

6. 过滤与灭菌

将发酵好的酒醪装入洁净纱布袋中，进行压滤。滤液静置 2d 左右，吸上清液，即是绿茶酒液。将制得的茶酒装入容器中，以 80℃ 水浴 20min 左右进行巴氏灭菌。然后取出灭菌容器静置分层，吸取上层澄清液，装入已灭菌的容器中，密封，贴标签，阴凉处存放，即为成品。

以云南大叶种绿茶、玉米为主要原料，进行微生物固态发酵生产绿茶酒，可制得酒精度 8%（体积分数）、总糖含量 ≤3.0g/L、总酸含量 ≤3g/L 的绿茶酒。该绿茶酒的理化指标、卫生指标符合 GB 2757—2012《食品安全国家标准　蒸馏酒及其配制酒》要求，并兼有茶香和醇香，具有一定的保健和营养功效。

三、啤酒型茶酒制备工艺

王妮、夏忠臣均研究了茶汁与麦芽汁共同接种发酵而制得茶啤酒的生产工艺，当前开发的有保健燕麦茶啤酒、茉莉花茶啤酒、绿茶啤酒等产品。茶啤酒既有淡爽啤酒固有的风格，又有茶的保健功能。与常规液态茶酒发酵不同的地方，主要是以啤酒酵母为发酵菌株，以麦芽汁为主要发酵原料，从而形成了特有的品质风味。

（一）工艺流程

原料（大麦芽、大米、酒花）粉碎 → 糖化 → 过滤 → 加酒花煮沸 → 过滤冷却 → 加茶汁和接种 → 前期发酵 → 后发酵成熟 → 过滤 → 灭菌 → 包装 → 成品

（二）技术要点

1. 制备茶汁

茶啤酒的茶叶原料可以是绿茶、红茶、茉莉花茶，也可以是乌龙茶、普洱茶、茯砖茶等茶样。将茶叶研磨粉碎，过 40 目。按料液比（质量/体积比）1:80 加入 80℃ 纯净水浸泡，放在 80℃ 水浴锅中浸提 10min。选用 400 目的滤布过滤，得茶汁，冷却后备用；也可以用 200 目尼龙布过滤，除去茶渣和杂质。过滤后，迅速将茶汁温度降至 5℃，使其产生沉淀；然后再以 3500r/min 离心 10min，使沉淀与茶汁分离，制得澄清

的茶汁。

2. 制备麦汁

选用大米粉碎物：麦芽粉碎物 = 20∶80（质量比）的配料比，采用复式煮出糖化法获得麦汁。在煮制过程中，糊化锅中添加适量耐高温的 α - 淀粉酶、糖化酶。糊化锅用水比 1∶4（质量/体积），糖化锅用水比 1∶3.5（体积比）。调整 pH 为 5.2，在 45℃ 时开始糖化，然后升温至 53℃ 开始蛋白分解，维持 45min。将所有的酶醪合并后，于 70℃ 保温 35min，然后碘检。碘检合格后，对麦汁灭菌，升温至 78℃，维持一段时间后，将麦汁醪液过滤。麦汁经过滤洗糟过滤后，添加酒花。采用常压密闭煮沸，煮沸时间为 90min，酒花添加量为 1.3g/L 麦汁，分三次加入，煮沸完毕过滤冷却。

3. 接种发酵

在冷却好的麦汁中，加入已制备好的茶汁。茶汁添加量为麦芽汁体积的 2%，多分两次添加，发酵前先加 1/3，第二次在主发酵后下酒时加入剩余部分。啤酒酵母需提前进行活化培养，最佳酵母添加量约为 0.5%，满罐后控制酵母细胞密度 1×10^7 个/cm^3 左右。传统的啤酒发酵过程一般分为两个阶段：主发酵和后发酵，主发酵分为起泡期、高泡期和落泡期三个阶段。冷麦汁中溶解氧为 8 ~ 10mg/L，接种温度 9℃ 左右。在发酵过程中，主发酵温度 10℃，最高发酵温度不超过 11℃，主发酵时间 5d。当麦汁残糖降为 3.7 ~ 4.0°Brix 时，补充加入其余 2/3 的茶汁。从麦汁进入发酵罐至发酵成啤酒，需要 8 ~ 9d 时间。在主发酵结束后，即可进入后发酵，开始 CO_2 的饱和与冷凝固物等其他多酚物质的析出，使酒液澄清，并降低双乙酰及一些硫化物，使啤酒进一步成熟。后发酵温度为 0 ~ 3℃，且"先高后低"，后熟约两个月左右，茶啤酒成熟。后发酵成熟的茶啤酒液，经过滤、灌装和灭菌，得到成品。

（三）茶啤酒品质

茶啤酒外观清亮透明，泡沫洁白细腻、挂杯持久，有明显的酒花香味和清新的茶味，口味清爽、协调，刹口力强，回味独特而持久，无异香异味。茶啤酒中约含酒精 0.7% ~ 1.0%（质量比），总酸 2.4 ~ 2.5 mL/100mL，色度（EBC）5.5 ~ 6.5，双乙酰 0.02mg/L，CO_2 0.48%（质量比），茶多酚 71.208mg/100mL。卫生指标符合 GB 2758—2012《食品安全国家标准 发酵酒及其配制酒》的要求。

四、黄酒型茶酒制备工艺

黄酒型茶酒是以糯米和茶汁（或含茶叶）为原料发酵而成的一种茶酒，属于固态发酵方式。利用该工艺，注意缩短发酵时间和控制发酵程度，可以制成米酒型茶酒。

（一）工艺流程

糯米→ 浸米 → 蒸煮 → 冷却 → 加酒曲和茶叶 → 发酵 → 压榨 → 过滤澄清 → 罐装灭菌 →成品

（二）技术要点

1. 原料预处理

将糯米洗干净，去除杂质，按糯米∶水 = 1∶2，水温 20 ~ 25℃ 泡 24h。要求米粒吸足水分，手捻即成粉末、内无白心。将米沥干，常压蒸 20 ~ 30min，要求米蒸熟、蒸透、内无生心。待蒸熟的糯米冷却到 35℃ 左右时，加入适量蒸馏水，同时翻拌至无饭团为止。也可以用茶汁部分替代蒸馏水，注意防止后续添加茶汁时导致糯米饭中加水过多。

2. 甜酒曲

酒曲被称为"酒之谷"，是酿酒过程中的糖化剂、发酵剂和生香剂。曲中含有根霉菌、酵母菌、毛霉、红曲霉等多种酿酒微生物，使黄酒在发酵过程中具有双边发酵作用，即边糖化边发酵。因此，糖分不会累积过高，有利于酒精提高。同时，酒曲中所含复杂的各类酿酒微生物在发酵过程中会产生酯、醇、醛、酮类等多种化合物，构成黄酒独特而醇厚的风味。酒曲用量过少，糖化速度慢，酵母生长速度受到限制，不易迅速形成生长优势，容易引起杂菌污染，导致发酵液酸败；用量过多，会使酵母繁殖旺盛，发酵过于剧烈，产生大量的 CO_2 和热量，引起发酵液温度上升，使酒精产量减少，副产物产量增加，出现"曲大酒苦"，使发酵出来的酒风味不理想。市售酒曲需提前用温水溶解，并温浴，活化菌株备用。一般酒曲添加量以 3% 左右为宜，当茶叶与糯米质量比为 1∶8 时用曲量以 0.7% 为宜。

3. 茶叶

可以将制备好的茶汁拌入糯米饭中，也可以直接将干茶叶拌入糯米饭中。因茶叶具有抑菌特性，需控制添加量。一般茶叶与糯米的质量比为 1∶25 ～ 1∶8 时，发酵情况良好，发酵产品中茶香比较浓郁，具体比例需视使用的茶叶而定。如茶叶添加过少，则发酵的茶酒中茶香不足。糯米中添加的茶叶比例越小，甜酒曲的合适使用量也就越小。

4. 拌匀

待糯米饭基本冷却时，加入一定量的茶汁（或茶叶）和酒曲，拌匀。然后将糯米饭适当压紧，包严，准备进行发酵。

5. 发酵

黄酒发酵需要注意封严，并注意保温。发酵温度过高，前期能使酵母菌旺盛繁殖，加快酒精含量上升速度，但酵母长期处于高温阶段，容易促进酵母细胞提早衰亡，造成发酵后劲不足的现象；同时，发酵液中糖化反应继续进行，糖分不断累积，很可能引起生酸菌的大量生长，导致发酵液酸败，影响酒的品质。温度过低，糖化酶的活力降低，不能提供足够的营养物质供酵母生长繁殖，从而影响发酵的正常进行。一般发酵温度控制在 25 ～ 28℃ 为宜，多以 25℃ 最佳。

黄酒型茶酒的发酵时间，一般控制在 7d 左右。如发酵时间短，则呈米酒的品质特征，口感更甜、酸度不足，可以制成米酒型茶酒。与米酒发酵相比，黄酒的发酵时间需适当延长，以保证发酵继续进行，促使菌株产酸，降低甜味，提高酸度，形成黄酒的品质特征。

6. 压榨与澄清

待酒醪发酵好，会有大量的酒液形成。可用一定目数的滤网进行压榨过滤，滤出酒液。滤完原酒的酒糟，可以加一定量无菌水清洗，再过滤，合并两次的过滤液。所得酒液可进行煮沸后，进行澄清处理，然后适当调配，即可进行灌装。可采用巴氏灭菌法灭菌，冷却后喷码贴标签，即制成黄酒型茶酒。

第四节 茶酒产品的质量

一、茶酒产品感官品质

（一）茶酒的色泽

不同原料对茶酒的色泽影响较大，一般绿茶茶酒为绿色或黄绿色，红茶茶酒为红褐色，茶叶啤酒为金黄色，普洱茶酒为棕红色。所有茶酒均要求清澈透明，发亮，具有光泽，无杂质，无明显悬浮物和沉淀物等。

（二）茶酒的滋味

不同原料和发酵工艺对茶酒的滋味影响较大。一般要求茶酒口感柔和，口味纯正，酒体协调，茶味与酒味兼具，酸甜爽口。汽酒型和啤酒型茶酒还要求具有较好的刹口感，添加果汁的还会具有果汁的滋味。

（三）茶酒的香气

茶酒具有茶和酒的复合香气，特殊的工艺使茶酒形成了具有茶的清香与酒的醇柔的香气品质。茶酒具有其独特的风味物质，既有白酒的挥发性香味物质，也融入了茶叶的特征香气。茶酒的香气以醇类物质为主，主要香气物质成分有丁二酸单乙酯、苯乙醇等，易挥发，香气持久性较差。茶酒中含量最高的香气成分是苯乙醇，具有新鲜面包香、清甜的玫瑰样花香，相对含量达到48.69%；其次是3-甲基-1-丁醇（12.93%），又称异戊醇，具有苹果白兰地香气和辛辣味，是葡萄酒中的主要香气成分。

二、茶酒产品理化品质

目前茶酒还没有相应的国家标准可以参照，可以根据现有的 NY/T 432—2014《绿色食品 白酒》、Q/CJY 0001 S—2015《云南茶玖缘工贸有限公司 普洱茶酒（蒸馏酒）》等标准，并根据实际生产情况制订茶酒的理化品质标准。一般以总酸、可溶性固形物、酒精度等，作为茶酒产品的主要理化指标。当前开发的茶酒中，酒精度为6.9%~12%（体积比），总酸（以乙酸计）含量为3~5g/L，可溶性固形物含量≤6%，残糖（以葡萄糖计）≤3.5~6g/L，总酯（以乙酸乙酯计）≥1g/L。

三、茶酒产品卫生质量标准

茶酒产品的卫生质量，可参照 GB 2757—2012《食品安全国家标准 蒸馏酒及其配制酒》、GB 2758—2012《食品安全国家标准 发酵酒及其配制酒》等进行检测。当前的茶酒，一般规定细菌总数≤40~100CFU/mL，大肠杆菌≤3CFU/mL，致病菌不得检出，重金属含量应符合相关食品卫生要求。

四、茶酒贮藏品质

茶酒在贮藏过程中，除了产品自身的质量问题外，贮存条件不合适也会导致一系列质量问题的产生，如颜色变深、氧化感增加、香气变淡，严重者有失光、沉淀等现象。贮存温度高，茶酒中可溶性固形物含量会逐渐增加更多。茶酒中茶多酚含量在不同贮存温度条件下，均呈现下降趋势，前期变化较大，后期较稳定；酸含量总体呈现上升趋势，但增加量较少。随着贮存温度和贮存时间的增加，茶酒的色度逐渐增加，透光度逐渐下降。可见在相对无氧、避光、低温的贮藏环境条件下，茶酒贮存品质更加稳定。

第七章 茶醋产品

第一节 茶醋的开发现状

茶醋是以茶叶为主要原料，经过发酵或配制而成的饮料型食醋的统称，兼有茶香与醋香，将茶叶和醋的养生功能有机地糅合在一起，是一种集营养、养生、调味等功能于一体的保健醋饮料，也是一种新兴的茶叶养生饮品。

一、醋种类

食醋是以粮食、果实、酒类等含有淀粉、糖类、酒精的原料，经微生物发酵而成的一种具酸味的液体调味品。食醋是一种高营养的、绿色的保健调味品，其市场需求量越来越大。我国人年均食醋产品消费量达4.1 kg，美国人年均消费量为我国的7倍，日本人年均消费量为我国的9倍。我国酿造醋有2000年的悠久历史，品种繁多。

（一）按食醋酿造与否分类

食醋可以分为酿造食醋和配制食醋两大类。

1. 酿造食醋

酿造食醋是单独或混合使用各种含有淀粉、糖的物料或酒精，经微生物发酵酿制成的液体调味品。

2. 配制食醋

配制食醋以酿造食醋为主体，与冰乙酸、食品添加剂等混合配制而成的调味食醋。

（二）按食醋用途分类

随着人们对醋的利用方式不一，醋已从单纯的调味品发展成为烹调型、佐餐型、保健型和饮料型等系列。

1. 烹调型

这种醋酸度为5%左右，味浓、醇香，具有解腥去膻助鲜的作用，对烹调鱼、肉类及海味等非常适合。

2. 佐餐型

这种醋酸度为4%左右，味较甜，具有较强的助鲜作用，适合拌凉菜、蘸吃，如凉拌黄瓜、点心、油炸食品等，这类醋有玫瑰米醋、纯酿米醋与佐餐醋等。

3. 保健型

这种醋酸度较低，一般为3%左右，口味较好，保健作用明显，这类醋有康乐醋、红果健身醋等。制醋蛋液的醋也属于保健型的一种，酸度较浓为9%。

4. 饮料型

这种醋酸度只有1%左右。在发酵过程中加入蔗糖、水果等，形成新型的被称为第四代饮料的醋酸饮料，具有防暑降温、生津止渴、增进食欲和消除疲劳等作用，这类醋饮料有山楂醋、苹果醋、梨醋、刺梨醋等。

二、茶醋功能

（一）茶叶的功能

茶叶富含茶多酚、茶氨酸、茶叶碱、茶多糖等功能活性成分，茶多酚具有抗氧化、抗辐射、抗癌的功能，茶氨酸有利于提高睡眠质量，咖啡碱则能够提神、解毒，茶多糖有降血糖、降血压、降血脂的功效。常饮茶，具有止渴、解热、消暑、抗氧化、抗衰老、助消化、利尿、提神等功效。

（二）醋的功能

食醋中富含多种有机酸，以醋酸为主，此外还含有苹果酸、琥珀酸、葡萄糖酸、柠檬酸、酒石酸、乳酸等。在古代医书和现代医学上，记录有很多醋的功能。食醋能有效维持体内的酸碱平衡，调节体液，调节人体新陈代谢。食醋能消腻，增强食欲，帮助消化和吸收，还能使食物中所含的钙、铁和磷等无机盐溶解和吸收。食醋是一种碱性食品，能减少乳酸的积累，达到减轻疲劳感的作用。食醋能抗氧化、抗衰老，具有软化皮肤、清除沉积物、促进皮肤血液循环的作用，使皮肤保持光滑柔嫩有弹性。食醋能抗菌、杀菌，消炎，降"三高"，预防心血管疾病。

（三）茶醋的功能

茶叶中的多酚类、生物碱、多糖类化合物以及矿物质、维生素等活性成分，在茶醋加工过程中能很好地保留在茶醋中，因而茶醋不仅具有茶的营养成分与功能活性成分，还具有茶的多种保健功能，如具有抗肿瘤、抗氧化、提神、解暑等功能，可以预防多种疾病，如高血压、糖尿病、心脑血管疾病等。茶醋经过发酵或是直接加入食醋调制而成，富含醋酸、苹果酸、琥珀酸、葡萄糖酸、柠檬酸、酒石酸、乳酸等多种有机酸，能有效维持体内的酸碱平衡、调节体内代谢、缓解疲劳、增进食欲、杀菌消炎。茶醋同时富含茶叶与食醋的功能活性成分，因此同时拥有茶叶和食醋的养生功效。

三、茶醋产品的开发现状

茶醋的研制主要集中在以茶叶为主要原料，经直接浸提调配而成，或经生物发酵、过滤、陈酿、调配而成。实验证明，浸提调配法能很好地保持茶叶的风味，但一些有效成分很难被浸提出来；而生物发酵法生产的茶醋能有效地提取茶叶的保健成分，但很难保持茶叶的风味。

成剑峰等利用发酵茶和大麦为原料，发酵茶为原料可以相对减少单宁类物质在茶汤中的溶出，减轻茶醋的涩味；经酒精发酵和醋酸发酵后，适当调配后获得茶醋饮品，其酸度为 2.6g/mL。廖湘萍等以茶叶副产物如茶梗、茶末、陈茶以及食用酒精为原料，通过浸泡得到提取液，接种醋酸菌发酵开发出茶醋产品。张学良以桑葚醋（360mL）、绿茶（50g）、冰糖（100g）和柠檬酸（10g）为原料，调配成绿茶桑椹醋饮料，并通过动物实验表明该调配茶醋具有明显的减肥降脂作用。王萌等以彩色糯玉米为原料，茶汤为发酵底液，通过酒精发酵、醋酸发酵和淋醋三个过程，以固态发酵法酿制出茶醋。张芳以茶叶和苹果汁为原料，经过醋酸菌液态深层发酵酿制出苹果茶醋制品，发酵条件为发酵温度 34℃、接种量 7%（体积比）、初始酒精度 8%（体积比）、发酵时间 10d，产品澄清透亮、色泽金黄、醋味浓郁，同时具有苹果和茶叶的特殊清香味，酸味纯正柔和、口感醇厚，酸度达到 62.7g/L。徐亚军以云南大叶种绿茶、玉米为主要原料，经过浸提、过滤、挑选、浸泡、蒸煮、糖化、酒精发酵、醋酸发酵等过程，且在糖化、酒精发酵和醋酸发酵的过程中分别人工添加黑曲霉、酵母菌和醋酸菌，固态发酵酿造成茶醋。华中农业大学茶叶生物技术课题组以茶树夏秋鲜叶为原料，经预处理浸提出茶水，添加食用酒精和醋酸菌，液体发酵而成茶醋饮料，优化出发酵工艺，并建立了茶醋质量控制技术体系。

四、茶醋开发展望

茶醋虽有多种保健功能，但目前市面上可见的茶醋产品极少。已有的少数茶醋产品，多是通过直接浸提调配而成的，而且还有是通过香精、醋精和糖精混合调配成的，缺少发酵型的茶醋产品。当前茶醋发酵工艺的研究多停留在实验水平或是中试阶段，而缺乏研究大规模工业化发酵生产技术，直接成为限制茶醋开发的重要瓶颈。同时，茶醋产品的品种单一，以选用绿茶为原料发酵生产的茶醋居多；相比多样化的茶饮料产品，可选择的茶醋产品种类略显单薄。此外，在茶醋生产过程使用的酵母菌和醋酸菌也较为单一，醋酸菌国内多使用沪酿 1.01 醋酸菌，而没有很好地利用国内外丰富的酵母菌和醋酸菌菌种，导致茶醋发酵品质同质化。而且目前还无茶醋的相关统一标准，市面上已有的产品质量良莠不齐，不利于茶醋市场的良性发展。

茶醋兼具有茶和醋的优点，是茶也是醋，非常符合现代人们保健养生的需求，发展茶醋市场潜力大。应加大茶醋工业化发酵技术的研究，增强专一发酵菌株的选育，开发多样化茶醋产品，制定相关标准，实现标准化发酵生产，保障茶醋产业良性发展。

第 二 节　茶醋的发酵条件

一、茶醋发酵菌株

醋的发酵形成需经过酒精发酵和醋酸发酵两个阶段，第一阶段酵母菌将可发酵性糖转化为乙醇，第二阶段醋酸菌将乙醇氧化为醋酸。由此可知，茶醋发酵需由酵母菌和醋酸菌两大类微生物来发酵完成。茶醋发酵过程中所用的酵母菌和醋酸菌的菌株特性与茶醋的品质密切相关，而且所用的菌种会因原料、工艺及生产环境的要求不同而不同，为此也需要针对特定的原料、工艺选育适宜的发酵菌株。发酵茶醋用的酵母菌、醋酸菌菌株多是从酒曲、食醋或果醋中分离的，可在酵母菌、醋酸菌的培养基中加入适宜浓度的茶汤进行驯化，从而筛选出能够较好适应茶汤环境的酵母菌、醋酸菌。在此基础上，可进一步采用物理化学诱变处理等方式，选育出适合在茶汤环境中生长、产量高的酵母、醋酸菌。

（一）酵母菌

酵母菌是酒精发酵过程中的主要菌株，国内外食醋生产中常用的酵母菌为安琪酵母和啤酒酵母。这两种酵母菌具有发酵速率快，糖利用率高等特点，其发酵产物除酒精外，还含有利于醋风味形成的少量有机酸、杂醇油、酯类等物质，是一种比较理想的酿醋用酵母菌株。

（二）醋酸菌

醋酸菌是醋酿造工艺中的重要菌株，应具备耐酸及耐酒精能力强、氧化酒精速度快、不再分解醋酸、产品风味良好等特性。国外食醋生产用醋酸菌主要为许氏醋酸菌和奥尔兰醋酸菌，国内食醋生产用菌株主要是沪酿 1.01 醋酸杆菌（*Acetobacterlovaniense* L.）和 AS1.41 醋酸杆菌（*A. rancens* L.）。

1. 许氏醋酸杆菌

许氏醋酸菌（*A. schuenbachii* L.）是德国有名的速酿醋酸菌种，也是目前制醋工业较重要的菌种之一，为人工培育的菌。它耐酸能力比较弱，产酸量高，可达 11.5g/100mL（以乙酸计），最适生长温度是 $25 \sim 27.5℃$，在 37℃不产酸，对醋酸没有进一步的氧化作用。

2. 奥尔兰醋酸杆菌

奥尔兰醋酸杆菌（*A. orleanense* L.）是法国奥尔兰地区用葡萄酒生产醋的主要菌株，能产生大量的酯，产醋酸能力弱，最大产酸量约为 2.9%，但耐酸性较强，并能由葡萄糖产 5.26% 的葡萄糖酸，赋予食醋特有的风味。

3. 沪酿 1.01 醋酸杆菌

沪酿 1.01 醋酸杆菌（*A. lovaniense* L.）是上海酿造科学研究所和上海醋厂从丹东速酿醋中分离的菌种，是我国醋工厂常用的菌株之一。该菌耐酒精能力强，耐受的最高酒精度达 12%（体积分数）；产酸量大，为 5% ~ 10%；由酒精产醋酸的转化率高，达 93% ~ 95%。

4. 恶臭醋酸杆菌

AS1.41 恶臭醋酸杆菌（*A. rancen* L.）是中国科学院微生物研究所编号 1.41 的菌株，也是我国醋厂生产主要使用的菌种之一。该菌株是啤酒酿醋菌种，在液面形成皱褶的皮膜，菌膜沿容器壁上升，液部浑浊。其耐酒精能力较强，耐受的最高酒精度达 8%；产醋酸量大，最高为 7% ~ 9%，但能把醋酸进一步氧化为 CO_2 和 H_2O。

5. 纹膜醋酸杆菌

纹膜醋酸杆菌（*A. aceti*）是日本酿醋的主要菌，在液面形成乳白色的皱褶状，有黏性的菌膜，摇动菌膜易破碎，使发酵液浑浊。该菌正常的细胞是短杆状，也有膨大、连锁及丝状的细胞。该菌耐高达 14% ~ 15% 的酒精，产醋酸的最大量可达 8.75%，能将醋酸分解为 CO_2 和 H_2O，耐高糖，在 40% ~ 50% 葡萄糖溶液中仍能生长，死亡温度低。

二、茶醋发酵方法

茶醋的生产方法有浸提调配法和生物发酵法两大类。浸提调配法是将茶叶经水浸提后加入到醋中，或将茶叶直接加入醋中浸提，然后经过勾兑、调味、过滤、杀菌制得，目前茶醋的研制主要是采用此方法。生物法发酵法多采用固态酿造、液体发酵，尤以液体发酵为多。发酵型茶醋的生产工艺按其发酵状态，可分为全固态发酵法、全液态发酵法和前液后固发酵法。

（一）全固态发酵法

全固态发酵法是传统的制醋法，属于两步发酵法，是以茶叶、粮食为主要原料，辅以麸皮、谷糠等填充料，经过预处理后接入酵母菌、醋酸菌发酵制得。其工艺流程为：

粮食或水果、蔬菜→ 清洗 → 破碎 → 加茶叶和少量稻壳，同时接种酵母菌 → 拌匀 → 固态酒精发酵 →

加麸皮、稻壳、醋酸菌 → 拌匀 → 固态醋酸发酵 → 淋醋 → 灭菌 → 陈酿 （酯化增香，增加固形物

和色泽，使醋酸提高到5%以上）→ 调配 →成品

全固态法酿茶醋，参与发酵的微生物种类多样，发酵界面大，产生丰富的醇、酸、酮、酸、酯等芳香类物质，使茶醋产品香气馥郁，产品风味较好。但该法生产条件差，劳动强度大，生产周期长，出品率低，且产品的卫生安全难以保证；而且由于辅料的加入，易使得茶醋带有麸皮和谷糠味，茶醋的口感不佳。

（二）全液体发酵法

全液体发酵法又可分为一步发酵法和两步发酵法。一步发酵法是将茶汤和酒醪、淡酒液或食用酒精混合后，接入醋酸菌直接进行醋酸发酵酿制；其生产周期短，原料利用率高，产品质量稳定，是目前茶醋加工中应用最广的，但产品的风味较差。两步发酵法是在茶水中加入一定糖类，先接入酵母菌进行酒精发酵；待酒精有一定量时，接入醋酸菌进行醋酸发酵，得成品；其工艺流程为：

粮食或水果、蔬菜→ 清洗 → 打浆、酶解糖化 → 加入茶叶浸提液、酵母菌 → 酒精发酵 →

加入醋酸菌 → 醋酸发酵 → 过滤 → 灭菌 → 陈酿 → 调配 →成品

全液体发酵法又分为液态深层发酵和表面静置发酵两种，前者在发酵的过程中进行不断地搅拌并且持续供应氧气，而后者则不需要搅拌过程。全液体发酵法具有机械化程度高，培养条件易控制，劳动强度低，卫生条件好，生产周期短，原料利用率高，产品质量稳定等优点，但生产的茶醋滋味略显淡薄，这可能与其生产周期较短有关。为了提高茶醋的风味，可采用在发酵过程中添加产酯产香酵母或采用后期增熟、调配等方法来改善风味。

（三）前液后固发酵法

前液后固发酵法属于两步发酵法，是先采用液态酒精发酵、后固态醋酸发酵的工艺制茶醋，这种发酵方式将固体发酵法与液态发酵法相结合，取长补短。依据固态醋

酸发酵采用的方式，又可分为固态浇淋发酵法和固态翻醅发酵法。其工艺流程为：

粮食或水果、蔬菜 → 清洗 → 破碎、打浆、酶解糖化 → 加入茶叶浸提液、酵母菌 → 液态酒精发酵 →

加麸皮、稻壳、醋酸菌 → 固态醋酸发酵 → 淋醋 → 灭菌 → 陈酿 → 调配 → 成品

该发酵方法不仅提高了茶叶、麸皮、谷糠等原辅材料的利用率，而且缩短了生产周期，生产的茶醋产品风味也较优。

三、影响茶醋发酵的因素

茶醋发酵是一个复杂的生化反应过程，很容易受各种因素的影响，导致影响最终的茶醋品质。

（一）发酵液

1. 加糖量

糖，主要是为发酵的进行提供碳源，同时对茶醋最终的风味也有重要的影响。加糖量过高或者过低，均会影响醋酸菌的生长发育，同时影响口感、色泽和香气。不同的加糖量对发酵后茶醋的 pH、总酸含量、可溶性糖含量和可溶性固形物含量均有极显著性影响。随着加糖量的增多，pH 逐渐降低，总酸含量、可溶性糖含量和可溶性固形物含量均表现出逐渐升高的趋势。高浓度糖发酵的茶醋颜色更为偏红鲜亮，果香味更浓，醋香味更为醇厚，口感也更佳。当加糖量过高时，茶醋甜味过于明显，酸甜比不适。

2. 酒精度

醋酸菌以酒精为原料，在一系列酶的作用下产生乙酸，发酵时需要调节初始酒精度，一般适宜酒精度是 5%～8%。10% 以上的初始酒精度，会抑制醋酸菌的生长，因此高酒精度将不利于醋酸发酵的进行。而过低的初始酒精度会导致醋酸菌起始发酵速度过快，而最终酸度过低，茶醋的品质不佳。

3. 加盐量

食盐和糖一样对茶醋发酵的风味有重要影响，在发酵过程中调节着微生物的水分活度、渗透压和营养等，同时可以抑制杂菌的生长。添加较多的食盐会抑制茶醋的发酵，使发酵的前 8d pH 降低缓慢，8～12d pH 又有所回升，12d 之后 pH 开始下降，但最终产品效果不佳，甜中带咸，发酵不充分，抑制作用明显。此外，当前很多人摄盐过多，需求低盐食品，故以自然状态不加盐发酵的茶醋为好。

4. 初始 pH

当醋酸菌处于适宜的 pH 环境中会促进其生长，产酸能力也会增强。反之，醋酸菌生长繁殖会受到抑制，退化快。初始 pH 为 3.5 和 3.0 时，发酵 8d 左右，就可以达到茶醋发酵的需求；此时虽然酸度尚可，但香味不佳，有异味，缺乏醋本身的绵柔醇香。可能是由于发酵周期短，醋酸菌和其他微生物没有充分的作用，茶醋的香气在短期内无法呈现。由此可见，起始 pH 过酸也不利于茶醋发酵品质的形成。

（二）菌种

1. 菌种活力

在茶醋发酵过程中，所选用的酵母菌和醋酸菌是否是优良菌株，对茶醋发酵品质

的形成至关重要。需要以优良菌株进行发酵，还需要选用能形成特色发酵品质的菌种。同时，对保存过久的优良菌株要充分进行活化，甚至进行菌株复壮。唯有活力充足的优良菌株，才能有效地进行发酵转化，才能形成优良茶醋品质。

2. 接种量

酵母菌、醋酸菌的接种量过少，茶醋发酵速度慢且发酵不彻底，最终制得的茶醋总酸含量低、品质差。而接种量过多，则需加大原辅料的投入，无疑增加了生产成本；且发酵过快，不利于发酵品质的形成。在茶醋发酵过程中，醋酸菌的接种量一般以 $5\% \sim 14\%$ 为宜。

（三）发酵条件

1. 装液量

不同的装液量对茶醋的总酸含量、可溶性糖含量和可溶性固形物含量有极显著性影响。酒精发酵对氧需求低，可以采取静置方式发酵，装液量可以偏大。而醋酸菌的代谢过程为有氧发酵，装液量的多少与发酵过程中氧气供应量有重要联系，适当的含氧量有利于醋酸发酵的正常进行，因此装液量应偏低。但若装液量过少，则发酵出来的茶醋 pH 较低，口感更为刺激，同时发酵速度也较快，导致品质风味较差。

2. 发酵时间

发酵前期酵母菌、醋酸菌处于适应期及增殖期，产酸量低，不断繁殖，发酵速度较慢，酸度上升缓慢。发酵中期，酵母菌、醋酸菌的生活力提高，发酵速度加快。发酵后期，由于营养物质的减少以及菌体数量的增多，相互抑制，菌体的活力下降，发酵基本结束，此时酸度维持在一个稳定的水平，需要及时终止发酵进程，保持茶醋已形成的良好品质。有些醋酸菌在产酸稳定后，会继续降解醋酸，导致酸度下降，更需及时终止发酵进程。发酵时间受菌种、接种量、温度等方面的综合影响，需要具体情况具体分析，一般醋酸发酵控制在 $10 \sim 28d$。

3. 发酵温度

在茶醋发酵过程中，需要对发酵温度进行调节，以适应菌体的发酵进程。在酒精发酵过程中，开始控制发酵温度在 $25 \sim 28$℃，可促进酵母菌的生长繁殖；待正常发酵后，采用 $20 \sim 25$℃ 的低温进行密闭发酵，以利于产生更多的酒精。在醋酸发酵过程中，适宜发酵温度为 $28 \sim 34$℃；如发酵温度过低，醋酸菌活力低，产酸能力差；而发酵温度过高，发酵快，产酸量也低，又会导致醋酸菌提前老化，同样不利于醋酸发酵。

4. 发酵转速

酒精发酵过程中，需进行静置发酵，不需振荡摇动。而在醋酸发酵过程中，需要振荡提供氧气，以促进发酵的进行。转速过高或过快，均不利于醋酸发酵的进行。结合茶醋的 pH、总酸、可溶性糖、可溶性固形物等指标，以 $150r/min$ 左右的转速条件下发酵，最有利于茶醋发酵品质的形成。

第三节 茶醋的发酵技术

一、液体一步发酵法

茶醋的液体一步发酵法是指以茶叶浸提获得茶汤，添加一定量的食用酒精或白酒，接种醋酸菌发酵产醋酸而制成茶醋，全过程仅经过醋酸发酵，无酒精发酵过程。

（一）液体一步静置发酵法

1. 工艺流程

茶叶浸提 → 灭菌 → 加酒精 → 接种醋酸菌 → 发酵培养 → 离心过滤 → 调配 → 灌装灭菌 → 成品

2. 技术要点

（1）醋酸菌菌种培养 采用液态培养基活化扩大醋酸菌。在工业化生产上，一般经过三级培养扩大获得生产用发酵菌种。种子培养液具体培养扩大到哪一级，根据生产规模而定。生产规模越大，需扩大培养的级数越高，种子液体积也越大。在前两级的醋酸菌活化培养基，选用营养成分较丰富的培养基，如葡萄糖1%、酵母膏1%、碳酸钙1.5%、酒精度2%、pH自然。在最后一级种子培养基，其成分应与发酵生产的培养基基本一致为好，如直接采用茶酒。

醋酸菌活化一般采用在28~37℃振荡培养的方式，其活化流程为：醋酸菌原菌 → 一级种子培养（三角瓶振荡培养24h）→ 二级种子培养（振荡培养16h）→ 三级种子（振荡培养12~14h）。在最后一级种子活化时，在经灭菌后以1:60的料液比浸提的茶水中，加入5%蔗糖和3%食用酒精，接入6%醋酸菌，于28℃、150r/min振荡培养24~48h，作为接种用的菌种。

（2）茶汤制备 以夏秋茶以及中低档茶、茶末、茶梗等为原料，按照1:60的料液比，在65℃的条件下浸提10min后，过滤灭菌即得茶汤。

（3）接种发酵 将茶汤倒入发酵罐中，按照5%的量加入蔗糖，以及3%的量加入食用酒精，按照60mL/L的量接入活化好的醋酸菌，装液量控制在30%~40%，在28℃的条件下静置发酵。因醋酸菌的发酵过程为需氧发酵，充足的氧气可以加快发酵过程，为此在发酵过程中需不间断地搅拌。整个醋酸发酵，需发酵20d左右。

（4）调配灌装 当醋酸发酵结束后，发酵液进行过滤，去掉菌体与沉淀物，获得澄清的茶醋液。进行适当调配，过滤，灌装，灭菌，得到茶醋产品。

（二）液体补料一步静置发酵法

一步液体补料发酵法采取静置发酵培养，但在醋酸发酵过程中需不断补充茶酒。

1. 工艺流程

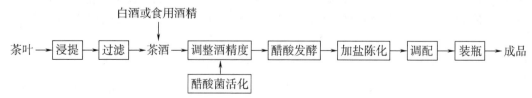

2. 技术要点

（1）茶酒的制备　茶的种类有绿茶、红茶、乌龙茶等，包括茶叶精制过程中的茶末等副产品，均可用于发酵生产茶醋。称取一定量的茶叶，按1∶（20～70）（质量/体积）的比例加入沸水，以90～100℃恒温浸提20～30min。以同样的条件浸提第二次，浸提时间可设为15～20min。合并两次的茶叶浸提液，过滤后得茶汤。

在茶汤中直接添加食用酒精或白酒，调整茶液中酒精度为6%～7%，即调得茶酒。食用酒精成分相对较纯，酿制的茶醋风味较为单一。而添加白酒为原料时，因白酒中含有较多高级醇及酯类物质，使发酵的茶醋风味更加丰富。

（2）醋酸菌活化　采用前面的液态培养活化法，扩大获得醋酸菌种子液。

（3）醋酸发酵　调配好的茶酒倒入大缸中，接入10%的醋酸菌，盖上盖子，注意保温，促进醋酸发酵。在第2～3天，醋液温度上升，当上升到40℃时，开始淋浇茶酒液进行降温，同时达到补料发酵的作用。从上往下泼入茶酒，每日1～2次，发酵旺盛期每日3～4次，待温度下降到35℃时停止淋浇，使醋酸发酵液温度不得超过42℃。当醋酸发酵液温度不再升高，并降至35℃以下，酸味刺鼻，酸度超过6%，酒精度为0.5%～0.8%时，醋酸发酵适度，可以结束发酵。醋酸发酵时间的控制，一般夏天为3～4d，冬天12d左右。

（4）加盐陈化　醋酸发酵结束后，及时加入2%食盐，以抑制醋酸菌继续氧化。食盐溶解拌匀后，陈放1d，然后进行85～90℃加热短时处理。通过加热，将醋液表面形成的白膜除去，使醋液变得清亮，可延长醋的保存期，但加热时间不能过长，以避免造成醋挥发，酸度降低。

（5）调配　陈化后的茶醋，可根据产品定位进行调配，然后加热灭菌、过滤、灌装，制得茶醋成品。

二、液体两步发酵法

两步发酵法生产茶醋，需经历酒精发酵和醋酸发酵两个过程，在实际发酵过程中多一个糖化过程。

（一）工艺流程

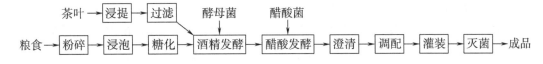

（二）技术要点

1. 菌种活化

（1）酵母培养　按0.15～2.5g/L取安琪葡萄酒活性干酵母或k氏酵母等酵母粉，加水置于水浴锅中36℃保持20min，后降温至30℃，活化2h。或将糖度为12°Brix的麦芽汁装入250mL三角瓶，每个约装100mL，加棉塞，在0.05MPa的压力下灭菌30min，冷却后在无菌操作条件下接种酵母试管菌株少许，摇匀，于28℃条件下培养18～24h，至培养液内有气泡上升，培养结束。扩大培养时，按接种比例 1:（10～20）接种，培养时间为 24h 左右。

（2）醋酸菌培养　斜面培养醋酸菌菌种，以葡萄糖 1g、酵母膏 1g、碳酸钙 1.0g（干热灭菌后加入）、琼脂 1.5g、水 100mL 配制培养基，121℃灭菌 20min，灭菌后加入无水乙醇 5mL，倒试管斜面，接入沪酿 1.01 醋酸杆菌或其他醋酸菌菌种，30℃培养 48h。

培养醋酸菌一级种子（试管培养），在蒸馏水中加入 1% 酵母膏、1% 葡萄糖、3%（体积分数）酒精（灭菌后加入），0.05MPa 灭菌 30min，取上述液体培养基 10mL 于试管中，无菌条件下接入试管斜面菌种，于 30℃、150～200r/min 培养 48h。扩大培养可用摇床培养，转速 110r/min，培养温度 30℃，培养时间 72h。培养醋酸菌二级种子（三角瓶培养），取 100mL 上述液体培养基于 500mL 三角瓶中，以 5% 的接种量接入一级种子，以 30℃、150～200r/min 培养 24h。

2. 淀粉糖化

在第一个酒精发酵过程时，需要添加大量的糖类物质。为节约成本，一般优先使用淀粉类粮食作物，如大米、糯米、薯类、玉米、小麦等。如提前将淀粉类原料进行糖化，将显著促进酒精发酵过程的进行。

（1）淀粉酶糖化　玉米、大米、小麦、薯类等洗净后，粉碎，调成匀浆，用柠檬酸调节 pH。在淀粉浆中加入适量 α-淀粉酶，于 60℃左右糖化，至糖度不再变化、碘反应不显色为止。在糖化的过程中，需要经常搅动，以促进糖化酶的充分反应。

（2）麦芽酶糖化　麦芽富含淀粉酶类，可提供酶类用于淀粉水解糖化。用 20℃左右的水浸渍大麦 48h，沥去多余的水，在 18～20℃保持湿度 6～9d，麦芽生成，其长度以麦粒的 2/3 为适。麦芽无需烘干，在糖化前粉碎。以大麦芽:水 = 1:4 的比例粉碎，取过滤液，以一定量添加入麦粉、米粉等匀浆中，拌匀，保持 60℃左右进行糖化。约经 5h，待糖化液总固形物含量 12°Brix 时，糖化完成。糖化液煮沸，钝化酶活后，过滤，得糖液。

（3）黑曲霉糖化　将淀粉类原料蒸煮后，接入产淀粉酶的黑曲霉进行发酵。在黑曲霉生长过程中，分泌的淀粉酶进行糖化。控制黑曲霉糖化进程，待达到基本完全糖化时，及时终止黑曲霉发酵。

3. 茶汤的制备

茶叶研磨粉碎，过 40 目筛，茶水比以 1:（20～100）为宜，用 80～100℃沸水恒温浸提 20～30min。一般可考虑浸提两次，第二次的茶水比可以增大、浸提时间可以缩短。合并两次的茶叶浸提液，获得一定浓度的澄清茶汤，冷却后备用。

4. 酒精发酵

将糖化液和一定量的茶汤混合，调整糖度为 12°Brix，接入 10%～20% 的酵母菌，拌匀，静置发酵。发酵第 1 天，温度控制在 25～32℃，使酵母菌大量繁殖。待发酵正常后，降低温度至 20～25℃进行低温密闭发酵。发酵 3～7d 后，待酒精度达 4%～8%，培养器内气泡很少，即可终止酒精发酵。在发酵过程中可采取分批加糖的方法，以提高酒精的生成量，但每次加糖的量需使发酵液的含糖量控制在 12～15°Brix。发酵过程中要严格控制发酵工艺参数及卫生条件，得到的茶酒色泽金黄、口感柔和、兼有茶与酒的香味。由于发酵过程中糖不可能完全转化为酒精，所得到的茶酒酒精度可能达不到醋酸发酵所需的初始酒精度（4%～8%），为此可以将发酵好的、酒精度高的茶酒与酒精度低的茶酒进行勾兑，或外源添加食用酒精以得到醋酸发酵所需的初始酒精度。

5. 醋酸发酵

调节发酵好的茶酒的酒精度至5%～8%，接种5%～15%的醋酸菌，在28～34℃恒温静置发酵10～12d。当茶醋的酸度没有明显变化时，即可加入食盐或是高温灭菌终止醋酸发酵过程。在醋酸菌发酵过程中，接入红茶菌进行混合菌种发酵，可以明显提高酸度，缓和醋酸的刺激口感，风味更佳。

6. 澄清

醋酸发酵液中含有淀粉原料的组织碎片、蛋白质、果胶、单宁、多酚等大分子物质以及悬浮状的酵母菌、醋酸菌菌体和其它微生物等物质，使得呈现浑浊状态。在醋酸菌发酵液中加入用量为1%的多孔惰性介质，如皂土，以利于发酵液澄清，拌匀后以3000～5000r/min离心20～30min，分离出菌体与发酵沉淀物，得澄清的醋酸菌发酵液。

7. 调配、灌装、灭菌与检验

调整发酵液酸度为2.0g/100mL，总固形物含量为8°Brix。为开发多种风味的茶醋饮品，可以与一些果汁或其他原料进行调配。调配液及时进行灌装，以98℃恒温杀菌30min。杀菌后的产品待冷却后，进行各项理化、卫生指标检验，检验合格即为成品。

三、固体发酵法

茶醋全固体发酵法是指在酒精发酵和醋酸发酵过程中的物料均是固体状，最后需以淋洗的方式获得茶醋。

（一）工艺流程

（二）操作要点

1. 原料处理

（1）浸泡　把选好的淀粉原料，用粉碎机打成直径为2～3mm的颗粒。把粉碎的原料和水按1:2（质量/体积）的比例浸泡。浸泡使淀粉粒子充分吸水膨胀，淀粉颗粒间逐渐疏松。有些淀粉类原料，如玉米，吸水的速度较慢，需适当提高浸泡温度、延长浸泡时间，使玉米吸水充足，否则蒸煮易产生白芯、夹生等现象，而造成发酵后期的酸败。

（2）糊化　糊化采用汽蒸方式，蒸料可使淀粉结构得到有效的破坏，为麸曲的酶解作用创造良好的条件，并使辅料充分吸水，还对原料有灭菌作用。按淀粉和水以4:1

的比例进行调和，将水浇洒在面粉上面，充分搅拌均匀，然后置于铺纱布的蒸笼层中。用大火进行汽蒸，上大汽后，约保持5min，揭笼盖，移面料出笼，及时压碎结块。再浇洒比第一次稍多的水，继续上笼，用大火汽蒸。待重新上大汽后，保持30min。当面粉表观松散，下呈稀糊状，熟透无夹生时，出笼摊凉。若面粉蒸得不熟，里面有生淀粉，会导致糖化不完全，引起不正常的发酵。若面粉蒸得过烂糊，淀粉粒容易黏成饭团，降低醇化率。

2. 糖化和酒精发酵

淀粉糖化可以单独进行，也可以与酒精发酵一体化进行。糊化淀粉中可以接入黑曲霉进行发酵糖化，黑曲霉分解淀粉转化为葡萄糖。同时接入酵母菌，酵母利用醪液中的葡萄糖大量增殖，进行酒精发酵。此过程糖化和酒精发酵应做到"低温下曲、低温入缸、低温发酵"，下曲温度应控制在30～32℃，低温是发酵的前提。糊化淀粉在糖化后，经酒精发酵成酒醪，酒醪中酒精度可达80%左右。

3. 醋酸发酵

在发酵完毕的酒醪中，加入灭菌后的麸皮等固体物，同时加入适量的茶水，拌匀，称为醅，可起到增加氧气和稀释酒精度的作用，有利于醋酸菌的发酵生长。接入培养好的醋酸菌种，接种量为10%左右，于室温进行醋酸发酵。每天翻醅一次，让醋酸菌得到充足的氧气更好地生长，同时散发多余热量，保持温度平稳。当酒精度小于0.2%，醋酸含量达到7%以上，酸度趋于平稳，醅温下降至35℃以下时，需10～12d，醋酸发酵适度，需终止发酵。在醋酸发酵过程中，总体上温度呈由低到高、再逐渐降低的变化趋势；发酵温度最高不要超过42℃，否则醋酸挥发过快，降低产品质量。

4. 后熟与淋醋

（1）后熟　醋酸发酵适度时，及时加入食盐，通常加盐量为醋醅的1.5%～2.0%，以抑制醋酸菌的生长繁殖。为防止成熟醋醅过度氧化，在发酵容器里把醋醅压实，用塑料薄膜封口。一般后熟期2～4d，即可淋醋。

（2）淋醋　淋醋是用洁净水将成熟醋醅的有效成分溶解，提取醋液的过程。向醋醅中加入60℃左右的温水（料水比5:3），浸润2h后，淋出醋，重复两次。

5. 陈酿与灭菌

（1）陈酿　茶醋液陈酿是将淋出的醋液置入玻璃或陶瓷容器内，每隔1～2d以太阳晒1d，促进酯化（形成乙酸乙酯、乳酸乙酯等）以提高固形物浓度，增加香气，调和滋味，使之澄清透明，色泽鲜艳。

（2）灭菌　茶醋灭菌又称煎醋，是通过加热的方法把陈醋或新淋醋中的微生物杀死，并破坏残存的酶，使醋的成分基本固定。同时经过加热处理，醋中各成分也会变化，醋液变得清亮，香气更浓，味道更醇正。灭菌温度应控制在85～90℃，灭菌时间为30min。灭菌后的茶醋应迅速冷却，澄清后装瓶封口即为成品。

6. 其他

茶水很多在淀粉糊化时就加入，容易导致茶叶内含物质成分氧化降解剧烈，最后得到的茶醋难以具有茶的品质风味。为此，改为在醋酸发酵阶段，甚至是醋液后熟阶段加入茶水，更容易保留茶的成分，最终的茶醋更易具有茶的品质特征。

四、先液后固发酵法

茶醋先液后固发酵法也可称为半固体发酵法，即酒精发酵阶段是液体状态，而醋酸发酵阶段通过加入麸皮等成固体状态，也需像全固体发酵法一样进行淋醋。

（一）工艺流程

茶醋先液后固发酵法的工艺流程与固体发酵法基本一样，唯一的区别是酒精发酵阶段的物态为液体。

（二）技术要点

茶醋先液后固发酵法整个操作过程与全固态发酵法基本一样，但主要有以下几个方面不同。

1. 糖化

茶醋先液后固发酵法中的糖化过程可以是固态或液态方式进行。如是固态方式进行糖化，则在糖化结束后，需加水制备成糖液。

2. 液态酒精发酵

茶醋先液后固发酵法中酒精发酵阶段，一定是以液态方式进行，具体操作过程与两步发酵法相同。

3. 添加茶水

茶水可以在糖化时添加，可以在酒精发酵时添加，可以在醋酸发酵时添加，还可以在茶醋陈酿时添加。

五、浸提调配法

茶醋浸提调配法是直接以一定浓度的食醋溶液浸提茶叶而获得茶醋产品，或是以浸提获得的茶水与食醋按一定比例调配而成，无任何的发酵过程。为此，这类茶醋产品应不属于茶叶微生物产品。

（一）工艺流程

（二）技术要点

1. 茶叶浸提

首先应将茶叶进行烘焙提香，然后粉碎至 20~40 目。以 1:（50~100）的比例加水，90~100℃恒温浸提 20~30min，过滤获得茶水。如以一定浓度的醋液进行浸提茶叶，浸提温度则不宜过高，浸提时间也不宜过长，以免醋酸挥发损失过多。

2. 调配

如是单纯以水提取获得的茶水，则需调配入一定量的食醋。同时，结合产品风味的定位，调配一定量的果汁、玫瑰花浸提液等。调配好后，需进行精滤，然后进行灌装灭菌，检验合格后得产品。

第四节　茶醋产品的质量

一、茶醋产品感官品质

茶醋的感官品质包括色泽、香味、组织状态和滋味，它们随发酵的进行不断发生着变化。茶醋发酵初期呈琥珀色、澄清明亮，之后逐渐变浑浊，此后又渐澄清，色泽加深，带微红色；香气方面最初茶味浓郁、微带酸味、酒味，随着发酵的进行茶味变淡，酸香味逐渐加强，酒味逐渐消失；组织状态由最初的澄清、均一，随着菌种的生长溶液开始浑浊，上层还出现薄膜状菌体物质，底部出现菌体沉淀，最终又变得澄清、均一。茶醋发酵初始阶段具有茶味、显甜，随着发酵时间的延长茶味变淡，酸味增加，酸甜比例也逐渐变得协调。经澄清、调配后的茶醋，色泽为棕红色或褐色，无悬浮物及沉淀，澄清透明，有光泽；醋香浓郁，有茶香；口感兼具有茶和醋特有的风味，酸甜适度，酸味柔和，酸而不涩，鲜美醇厚、回味绵长。

二、茶醋产品理化品质

（一）茶醋发酵过程中的理化成分变化

茶醋在发酵过程中，pH、总酸、可溶性糖、可溶性固形物、黄酮、氨基酸、茶多酚、咖啡碱等均有显著性的变化。

1. 总酸与 pH 的变化

酒精经醋酸菌发酵产生乙酸，总酸是反映醋酸发酵程度的一个重要指标，也是衡量茶醋品质的一个关键指标。总酸含量在茶醋发酵过程中的总体趋势相似，均呈现先上升后稍下降，再基本保持不变的趋势。但初期增长速度存在一定差异，这与茶醋发酵的菌种选择、接种量、以及发酵条件等差异有关。张芳发现茶果醋发酵前 4d 的总酸含量没有明显的变化，之后总酸含量快速增加，至发酵第 9 天达到最大值，此后基本保持不变。权晓霞发现茶醋在发酵前 8d 总酸含量急剧升高，8 ~ 12d 较快下降，在发酵第 12 天后保持稳定。茶醋的 pH 在发酵前 10 ~ 12d 急剧下降，12d 以后 pH 趋于稳定，上下浮动不大。

2. 酒精度的变化

酒精度是衡量茶醋发酵程度的另一个重要指标。在醋酸菌的作用下，酒精逐步被转化为醋酸，酒精度降低而总酸含量增加。茶醋发酵初期醋酸菌处于生长增殖阶段，酒精度变化不大。当发酵进入旺盛期，酒精氧化为醋酸，酒精度不断下降。发酵终期，酒精度降到最低，并保持不变，茶醋发酵基本结束。

3. 茶多酚与黄酮的变化

在整个茶醋发酵过程中,总酚含量缓慢减少,并在发酵后期趋于平稳。在发酵前4d,黄酮含量快速下降,但此后含量总体保持平稳态势。茶醋发酵的整个过程中,茶多酚、黄酮的含量虽有减少但并无太大降低,较多的部分还是被保留在茶醋中,这将有助于提高茶醋产品的品质和营养价值。

4. 可溶性固形物的变化

可溶性固形物主要指茶醋中的可溶性糖类物质和其他可溶性物质,主要是由糖(葡萄糖、果糖和蔗糖)组成,此外还含有少量的有机酸、维生素、芳香类物质、可溶性蛋白、色素和矿物质等。在茶醋发酵过程中,可溶性固形物含量时而上升时而下降,变化频繁而剧烈。

5. 可溶性糖、氨基酸和咖啡碱的变化

在茶醋发酵前4d,可溶性糖含量快速下降,此后可溶性糖含量整体呈现上升趋势。至发酵终期,可溶性糖含量与发酵初期含量无显著差异。在茶醋发酵前4d,游离氨基酸含量急速下降,此后含量基本上检测不出,可见茶醋产品中游离氨基酸含量非常低。在茶醋发酵前4d,咖啡碱含量急速下降,之后咖啡碱含量呈逐渐上升的趋势,最终趋于稳定,但最终含量与发酵初期相比有显著降低。

(二)茶醋产品的理化指标

以总酸、可溶性固形物、还原糖等作为茶醋的产品质量理化指标,主要有:总酸(以乙酸计)≥2g/L,其中不挥发酸(以乳酸计)≥5.0g/L;氨基酸态氮≥1.2～2.0g/L;还原糖(以葡萄糖计)≥10.0～15.0g/L;可溶性固形物(折光计)≥8%～10%;总酚≥0.75g/L。

三、茶醋产品卫生品质

茶醋作为一种新型的饮料,目前还没有相应的国家标准可以参照,可根据现有的食品卫生标准进行卫生安全检测。茶醋产品的卫生指标有:细菌总数≤100CFU/mL;大肠杆菌≤3CFU/mL;致病菌不得检出;相关重金属含量应符合相关食品卫生要求。

四、茶醋贮藏

醋具有"酸而不涩,香而微甜,色浓鲜香,越存越香"的特点,这与其发酵阶段和陈酿阶段的变化是分不开的。陈酿阶段是醋的色泽、风味形成的重要时期,这些物质通过相互的分解、重合等相互作用而不断地产生出新的香气成分,其中发酵阶段生成的酯类会在陈酿期大量减少甚至消失,同时在陈酿期会形成醛、酮、酚、吡嗪、噁唑以及高碳链酸类,从而使醋的香味更加醇厚。不同的保存温度对茶醋的色泽也有一定的影响,在4℃与43℃贮藏的茶醋颜色差异较明显。在相对较高的温度下贮藏可以提高美拉德反应,从而加速蛋白类黑素的形成;同时由于大部分色素具有不稳定性,随着时间的推移,黄色指数、红色指数和玫瑰紫指数会随着黄色色素、红色色素和玫瑰紫色色素的降解而变低。此外,茶醋的pH、总酸、茶多酚和可溶性固形物含量在贮藏的过程中也发生着变化。高温贮存易使茶醋变浑浊、浓稠,色泽加深,而低温贮藏对茶醋的色泽、香气影响较小。随着存放时间的延长，高温贮藏茶醋总酸含量上升，而低温条件下变化不明显。在贮藏过程中，茶多酚和可溶性固形物的含量随着存放时间的延长逐渐增多，且存放温度越高这种变化趋势越明显。

因此，茶醋采用低温贮藏为宜，且应放于清洁、通风、干燥、避光的环境中，严禁与有毒、有害、有异味的物品混贮。

第八章 乳酸菌茶产品

第一节 乳酸菌茶产品的开发现状

一、乳酸菌分类

乳酸菌是利用可发酵糖产生大量乳酸的一类无芽孢、革兰染色阳性细菌的总称。乳酸菌属于真细菌纲（Eubacteria）真细菌目（Eubacteriales）中的乳酸细菌科（Lactobacillaceae）。乳酸菌是广义范畴的概念，是非正式、非规范的细菌分类学名称。从形态上分类，乳酸菌主要有球状和杆状两大类，常见的球形乳酸菌主要为链球菌属、明串珠菌属、片球菌属等，常见的杆形乳酸菌是乳杆菌属，约有 20 多种。按照生化分类法，乳酸菌可分为乳杆菌属、链球菌属、明串珠菌属、双歧杆菌属和片球菌属 5 个属，每个属又有很多菌种，某些菌种还包括数个亚种。按照细菌分类学，乳酸菌分为 18 个属，共有 200 多个种，有乳酸杆菌属（*Lactobacillus*）、肉食杆菌属（*Carnobacterium*）、双歧杆菌属（*Bifidobacterium*）、链球菌属（*Streptococcus*）、肠球菌属（*Enterococcus*）、乳球菌属（*Lactococcus*）、明串珠球菌（*Leuconostoc*）、片球菌属（*Pediococcus*）、气球菌属（*Aerococcus*）、奇异菌属（*Atopobium*）、漫游球菌属（*Vagococcus*）、利斯特菌属（*Listeria*）、芽孢乳杆菌属（*Sporolactobacilus*）、芽孢杆菌属（*Bacillus*）的少数种、环丝菌属（*Brochothrix*）、丹毒丝菌属（*Erysipelothrix*）、孪生菌属（*Gemella*）和糖球菌属（*Saccharococcus*）等。

二、乳酸菌特性

乳酸菌是兼性厌氧或厌氧的细菌，为革兰阳性菌，不能形成芽孢，大多数不运动，少数以周毛运动，其菌体常排列成链。乳酸链球菌族，菌体呈球状，通常成对或成链；乳酸杆菌族，菌体呈杆状，单个或成链，有时成丝状、产生假分枝。乳酸菌在固体培养基上生长缓慢，菌落较小，但在液体培养基中生长很快。

乳酸菌与其他细菌相比，对营养的要求比较严格复杂。在培养的过程中除了要供给适量的水分、碳源、氮源和无机盐类外，还需要加入维生素、氨基酸和肽等。大多数维生素是乳酸菌辅酶的组成结构，氨基酸是许多乳酸菌所需的生长因素。

乳酸菌的生长与氧气含量间也存在密切关系。由于乳酸菌种类繁多，因此不同的菌种对氧气的需求也不尽相同。氧气与培养液中 pH 的高低，对于乳酸菌发酵后的乳酸产量有一定的影响。在碱性条件下，乳酸盐脱氢酶的生物合成能力下降，而在酸性条件下则会增加。在兼气的条件下，当培养液的 pH 由酸性变为碱性时，连续培养的保加利亚乳杆菌则会由同型乳酸发酵转化为异型乳酸发酵，使乳酸的产量减少。

三、乳酸菌的代谢成分与功能

（一）乳酸菌代谢成分

乳酸菌对葡萄糖等碳源进行同型发酵和异型发酵时，均可产生大量的乳酸、乙酸，还产生少量甲酸、丙酸等其他酸性末端产物，这些酸性代谢产物是乳酸菌抗菌防腐的主要力量，也是形成乳酸菌发酵风味的重要成分。乳酸等酸性产物具有较好的稳定性，而且 pH 越低，乳酸等酸性产物抑菌能力越强。

除有机酸外，乳酸菌在生长过程中还能够产生其他多种抗菌物质，如乳酸菌素、双乙酰、过氧化氢等，这些物质能够通过酸化环境，以溶解细胞等方式抑制多种致病菌的生长。乳酸菌素是乳酸菌在代谢过程中合成的一种细菌素，具有天然安全性，在食品保藏和医药领域中具有广阔的开发和应用前景。据乳酸菌素结构与功能的不同，基本可分为四大类：一是羊毛硫抗生素，是一种小的多肽（<5ku），含有自然界中不常见的羊毛硫氨酸和 β – 甲基羊毛硫氨酸；二是不含羊毛硫氨酸细菌素，分子量也较小（<10ku），热稳定性好，为膜活性多肽，抑菌谱很窄；三是大的热不稳定蛋白；四是复合细菌素。

目前，研究最深的、应用最广的乳酸菌素就是乳酸链球菌素（Nisin）。Nisin 是乳酸乳球菌乳酸亚种分泌的一种线型多肽，1970 年已阐明 Nisin 分子的完整结构。随着研究的深入，Nisin 的类型由最初发现的两种类型，增至到现在的 6 种类型，分别为 A 型、B 型、C 型、D 型、E 型和 Z 型，其中对 Nisin A 和 Nisin Z 两种类型的研究最为深入。目前，认为 Nisin 具有双重的作用机制，当 Nisin 浓度很低时，通过抑制细胞壁合成起作用；当 Nisin 浓度相对较高时，主要通过孔膜形成起作用。Nisin 在传统上用来防止干酪由胀气引起的质量缺陷，也被用来抑制干酪中部分致病菌的生长，是迄今为止这些细菌素中唯一被用于食品防腐保鲜的品种，作为一种安全无毒的生物防腐剂，目前应用于美国、欧盟在内的 50 多个国家。

乳酸菌胞外多糖（LAB – EPS）是乳酸菌在生长代谢过程中分泌到细胞壁外的黏液多糖或荚膜多糖，作为一种新型的天然食品添加剂备受关注，可满足现代消费者对安全、健康、无添加剂、口感优良的食品需求，大量用于发酵乳制品。乳酸菌胞外多糖具抗肿瘤活性，其抗肿瘤作用机制是多途径的：一是增强宿主免疫功能，多糖通过促进淋巴细胞分泌细胞因子发挥抗肿瘤作用；二是促进肿瘤细胞凋亡，多糖可以诱导肿瘤细胞凋亡比例增加，还可以抑制肿瘤细胞周期；三是抑制转化致癌物质粪便酶的产生及活性；四是诱导 NO 产生，NO 的诱导合成是活化的巨噬细胞杀伤肿瘤细胞的主要机制之一。此外，乳酸菌多糖还能产生细胞膜接触抑制作用。

此外，乳酸菌代谢产物还有氨基酸、B 族维生素以及各种促消化因子。

（二）乳酸菌功能

乳酸菌在自然界中的存在极为广泛，除极少数外，其中绝大部分都是人体内必不可少的且具有重要生理功能的菌群，乳酸菌对人体保健有着重要作用，具有维持肠道内菌群平衡，提高机体免疫力，促进营养物质吸收等多种功能。

1. 营养作用

乳酸菌能分解食物中的蛋白质、糖类，合成维生素，对脂肪也有微弱的分解能力，能显著提高食物的消化率和生物价值，促进消化吸收。乳酸菌在代谢过程中消耗部分维生素，同时也合成叶酸等 B 族维生素。发酵后产生的乳酸可提高钙、磷、铁的利用率，促进铁和维生素 D 的吸收。乳酸菌能利用乳糖，消除食物中乳糖在消化吸收中的副作用。

2. 降胆固醇作用

在厌氧条件下，乳酸菌在含有胆盐的高胆固醇培养基上生长时，菌体细胞可以吸收介质中的胆固醇。乳酸菌的菌体对胆固醇不仅有同化作用，还能抑制体内胆固醇生物合成酶的活力，减少体内胆固醇的合成。乳酸菌具有降低血清胆固醇和甘油三酯的作用，已发现嗜酸乳杆菌表现出最强的降胆固醇能力，且具有最多的供选择菌株类型。

3. 增强免疫功能

乳酸菌能够增强免疫力，影响非特异性免疫应答，增强单核吞噬细胞（单核细胞和巨噬细胞）、多形核白细胞的活力，刺激活性氧和单核因子的分泌。乳酸菌还能刺激特异性免疫应答，能明显激活巨噬细胞的吞噬作用，定植于肠道能刺激腹膜巨噬细胞、产生干扰素、促进细胞分裂、产生抗体及细胞免疫等，从而增强机体的非特异性和特异性免疫反应，提高机体的抗病能力。

4. 抗肿瘤作用

乳酸菌具有抗肿瘤的作用，其作用的方式是抑制致突变酶的活性，以及对一些致癌物本身的抑制。乳酸菌对使人致癌的肠中亚硝胺有高达 98% 的吸收率，能减少胃癌和肠癌的发生。乳杆菌还能发酵分解致癌物 N - 亚硝基胺，起到抗癌的作用；乳酸菌及其代谢产物能诱导干扰素和促细胞分裂剂的产生，活化自然杀伤细胞（NK），并产生免疫球蛋白抗体，从而活化巨噬细胞的功能，增强人体的免疫能力，提高对癌症的抵抗力。

5. 抑制病原菌，改善胃肠道功能

乳酸菌及其代谢产物能够促进宿主消化酶的分泌和肠道的蠕动，促进食物的消化吸收并预防便秘的发生。乳酸菌对痢疾杆菌、伤寒杆菌、副伤寒杆菌、弯曲杆菌、葡萄球菌等致病菌有抑制作用，嗜酸乳杆菌、植物乳杆菌、保加利亚乳杆菌产生的 H_2O_2 可抑制和杀灭革兰氏阴性菌、过氧化氢酶阳性细菌、大肠杆菌类和沙门氏菌属等致病菌的生长。

6. 改善血脂水平，抗血栓形成

大量研究表明，乳酸菌发酵产生的有机酸、特殊酶系、细菌表面的成分以及乳酸在体内的代谢，能改善血脂。有机酸中的醋酸盐、丙酸盐和乳酸盐可对脂肪的代谢进行调节，对降低血浆总胆固醇和甘油三酯、升高高密度脂蛋白起着一定的作用。乳酸菌的代谢产物能抑制血小板的凝聚和将纤维蛋白原结合到血小板上。因此经常食用富含乳酸菌的食品，具有预防高血脂、血稠和抗血栓的作用。

7. 抗高血压作用

乳酸菌通过其胞外蛋白酶、肽酶（羧肽酶、氨肽酶）的水解作用，将食物蛋白中具有降压活性的肽片段释放出来，从而起到降压作用。乳酸菌的菌体成分，如细胞壁的一种多糖 - 肽聚糖成分在自发性高血压患者体内表现出降血压作用。部分乳酸菌，尤其是能以活菌形式到达肠道的乳杆菌，在肠道内能促进机体吸收部分可以调节血压的矿物质。此外，部分乳酸菌产生的胞外多糖可能也具有一定的降压作用。

8. 改善肝功能

活性乳酸菌在肠道中的代谢产物可能有干预人体肠肝循环的功能。乳酸菌液通过保护胃黏膜，减少酒精从胃内的吸收，减少细菌内毒素移位，改善乙醇在肝内的代谢，能防止大量饮酒后引起的肝损伤和脂肪肝。此外，乳酸菌能够抑制腐败菌的生长，使肝脏减轻解毒重荷，改善肝功能。

9. 预防龋齿

乳酸菌具有对龋齿和牙周病的预防效果，从健康人口腔中分离出的乳酸菌 LS1 有抑制龋齿菌活动、阻碍牙周病菌增殖的作用。

10. 延缓衰老

乳酸菌能够产生超氧化物歧化酶（SOD），清除体内代谢过程中产生的过量超氧阴离子自由基，延缓衰老，提高机体对由自由基侵害而诱发的疾病的抵抗力。人到老年以后，肠内的产气荚膜杆菌等有害菌明显增多，随之粪臭素、氨等有害物质增加。乳酸菌产生的乳酸，抑制了肠道腐败细菌的生长，从而减少了这些细菌所产生的毒胺、靛基质、吲哚、氨、H_2S 等致癌物质和其他毒性物质，使机体衰老过程变得缓慢。

11. 其他功能

乳酸菌可以产生一些特殊的酶系，赋予它特殊的生理功能，如产生有机酸的酶系、合成多糖的酶系、分解亚硝胺的酶系、降低胆固醇的酶系、控制内毒素的酶系、分解脂肪的酶系、合成各种维生素的酶系和分解胆酸的酶系等。这些酶系不仅能加速乳酸菌的生长，维持肠道微生态平衡，促进机体健康，而且还可以改善产品的风味，促进乳制品、发酵香肠等食品的成熟。乳酸菌还可提高食品的储藏性能，延长储藏时间，并可赋予发酵产品特有的风味。乳酸菌促进消化、吸收，具有健胃的功能。乳酸菌产生的有机酸还有促进肠管蠕动、润肠通便的功效。乳酸菌在肠道中可以制造人体所需的维生素，如维生素 K、维生素 B_2、维生素 B_6、维生素 B_{12}、叶酸等。

四、乳酸菌应用现状

乳酸菌在自然界中分布广泛，在动植物体表、乳制品、发酵植物食品等中都有分布。除极少数种类外，绝大部分乳酸菌都是人体内必不可少的且具有重要生理功能的菌群，而且广泛存在于人体肠道中。乳酸菌与人类的关系极为密切，在工业、农牧业、食品和医药等与人类生活密切相关的重要领域具有悠久的利用历史。目前，乳酸菌广泛应用于食品工业，经乳酸菌发酵作用生产出的食品营养丰富、风味独特、易于消化吸收，被公认为安全的功能性保健食品。乳酸菌能利用乳制品中的糖类，产生乳酸，改变乳制品的风味，使乳制品的种类多样化。常见的乳酸菌发酵奶制品有酸奶、干酪、酸性奶油等，生产中常用的乳酸菌有保加利亚乳杆菌、嗜酸乳杆菌、嗜热链球菌、乳脂链球菌、两歧双歧杆菌、婴儿双歧杆菌、长双歧杆菌等。在果蔬菜深加工中主要利用乳酸菌生产泡酸菜、果蔬乳酸发酵饮料，还用于发酵型植物蛋白饮料的开发。使用乳酸菌发酵果蔬能有效提高果蔬的营养价值，改善果蔬的自有风味，在延长其保存期的同时增加果蔬的保健作用。乳酸菌还在酱油、食醋、白酒、葡萄酒、黄酒等酿造过程中发挥作用，对肉类腌制品发酵、水产品保鲜等均有作用。此外，乳酸菌还可制成药用菌剂，用于调整肠道微生物菌群，促进人体健康。

五、乳酸菌在茶产品中的应用

乳酸菌在茶产品中的应用发展快速，尤其是发酵茶饮料。多数乳酸菌对茶多酚十分敏感，在含茶内含物的培养基中不能良好生长。研究表明细胞壁中含有二氨基庚二酸肽糖的乳酸菌，可以阻遏茶多酚的抑菌作用，能够在茶汤中生长良好。日本学者 Nishiyama 和 Kozaki 从 Miang 茶中分离出 5 株对单宁酸不敏感的乳酸杆菌（*Lactobacillus ruminis*、*Lactobacillus plantarum*、*Lactobacillus vitulinus*、*Lactobacillus yananashiensis*、*Lactobacillus vaccinastercus*），翁蔚等研究发现茶多酚对某些乳酸杆菌还有一定的促生作用，保加利亚乳杆菌（*Lactobacillus bulaaricus*）在花茶、绿茶、红茶的提取液中生长良好。

当前乳酸菌发酵茶产品多为混合菌发酵制备而成。王陆玲等以保加利亚乳杆菌（LB）和嗜热链球菌（ST）以 1∶1 比例混合在红茶中，乳酸菌生长情况良好，数量最多。王霞、高云利用 LB 和 ST 研制出具有高营养价值的乳酸菌茶饮料，江洁等利用 LB、ST、啤酒酵母和面包酵母开发出一种乳酸菌和酵母菌共生的、有茶的清香、营养丰富、风味独特的发酵茶饮料。国外也有报道加入 11% 蔗糖和 0.5% ~2% 咖啡液状提取物在茶叶中后，接种 *Acetabacter* 和 *Saccharomyces cerevisiae* 发酵，可制备咖啡茶发酵饮料。德国有专利报道茶叶和谷物混合基料中，接种含 Lactobacilli、Yeast、Acetobacteriacease 的复合菌进行发酵，可制得风味可口的茶饮料。传统的红茶菌主要是由醋酸菌和酵母菌发酵而成，有的还含有少量乳酸菌，有利用从红茶菌中分离获得的乳酸菌进行人工接种发酵茶饮料。

目前研制的乳酸菌茶饮料种类较多，如绿茶型、红茶型、乌龙茶型等。张一江以乳酸菌发酵的酸奶和绿茶汤为主要原料，以糖、异抗坏血酸钠和 β–环状糊精为辅料，研制出兼有酸乳和绿茶独特风味的茶味乳酸菌饮料。闫刚等以云南 CTC（压碎、撕裂、揉卷）红茶为主要原料，经乳酸菌、酵母菌共生发酵，研制出发酵型红茶饮料。许原以武夷岩茶为研究对象，通过超声波萃取茶中有效成分，采用适宜的乳酸菌发酵技术，开发出保留有岩茶抗氧化活性的乳酸菌发酵茶饮料。另有将绿豆乳、茶汁、乳酸菌等共同发酵制备的乳酸菌饮料，也有以桑葚果和绿茶混合的乳酸菌饮料。李支霞、支明玉等将超微茶粉作为一种添加剂加入到酸奶中，制成超微茶粉酸奶。杨飞芸等将白茶和大豆为主要原料，利用乳酸菌发酵制成豆乳。李继烈等以胡萝卜、绿茶、牛乳、蔗糖为主要原料，选用 LB 和 ST 为菌种进行发酵制成酸奶。

乳酸菌在茶产品上的应用目前较多还处在研究阶段，实际在市场上的销售量较少。红茶菌、乳酸菌饮料在市场上有一定销售，但规模性小。要想进一步开拓乳酸菌在茶叶上的应用，不仅要考虑产品的功效，更要注重产品的口感风味。开发生产乳酸菌发酵茶产品尤其是乳酸菌茶饮料，对解决中低档茶滞销和茶叶的综合利用及深加工开发都具有积极意义。

第二节　茶源优良乳酸菌的筛选

要开发生产乳酸菌发酵茶产品，必须先拥有适于茶叶基质中生长的优良乳酸菌株，为此必须先进行茶源优良乳酸菌株的筛选。

一、乳酸菌茶源选择

以茶源材料筛选乳酸菌，易筛选出适于茶叶基质中生长的乳酸菌。少部分红茶菌中也含有乳酸菌，茶园土壤中也富含细菌，渥堆发酵茶样中也富含各类微生物，均可以作为筛选乳酸菌的茶源材料。酸茶是以厌氧发酵为主的特殊茶产品，在发酵过程中以乳酸菌生长为主，而茶叶比茶水含有更高含量的茶叶抑菌内含物成分，从中更易筛选出在茶叶基质中适应性强的菌株。为此，下面以酸茶为原料介绍乳酸菌的筛选。

二、乳酸菌菌株的初筛

（一）菌株分离

以发酵中的酸茶为材料，采用乳酸细菌培养基（MRS 培养基：蛋白胨 1%，牛肉膏 1%，酵母粉 0.5%，K_2HPO_4 0.2%，柠檬酸氢二铵 0.2%，乙酸钠 0.5%，葡萄糖 2%，吐温 80 0.1%，$MgSO_4 \cdot 7H_2O$ 0.02%，$MnSO_4 \cdot 4H_2O$ 0.005%）平板涂布分离乳酸菌。用酸茶制备一系列浓度梯度的菌液，分别吸取各浓度菌液 0.2mL，加至所配制的平板中，涂布均匀，于 28℃恒温培养。待平板上长出菌落后，挑取外观形态不一样的菌落分别在相应平板内划线培养，重复以上操作数次，直至显微镜下细胞形态大小及革兰氏染色结果一致，即得到纯培养。

将纯化后的菌株接种于斜面保藏培养基，28℃培养 48h 后保藏于 4℃冰箱。同时挑取单菌落于液体培养基中摇床过夜，进行甘油保存：800μL 菌液加 800μL 50% 无菌甘油后，充分混匀后，–20℃保藏。一个月后取少量菌液于相应平板，28℃培养，确认其是否生长，如果能生长则将该甘油管置于 –80℃冰箱保存。

（二）菌株初筛

将分离纯化获得的菌株于 28℃在固体培养基上培养 24h 后，分别接种于含钙 MRS 平板中，28℃培养 48~72h，挑出能较快形成溶钙圈和溶钙圈大的菌株，并保存。还可以同时将菌株发酵液进行纸层析，以乳酸作对照物，进行特殊染色，依据染色结果和比移值（Rf），进一步筛选出产乳酸多的菌株。

三、乳酸菌菌株的复筛

为进一步筛选可应用于微生物茶产品开发的优良菌株，开展了高产酸菌株的筛选。

（一）产酸性能

依据溶钙圈的大小，选择较优的菌株进一步进行产酸性能测定。将活化的菌株以4%（体积分数）接种量，接入含40g水漂杀青叶的200mL无菌盐水（含盐量为40g/L）中，30℃恒温静置发酵36h，每隔12h测定一次pH和总酸。依据产酸速率和产酸量，筛选出高产酸的优良菌株，需在24h内产酸量超过1.5g/L。

（二）菌株验证

因高产酸菌株来源于酸茶，为此以接种发酵酸茶来验证高产酸菌株的性能。通过接种高产酸菌株发酵酸茶，以自然发酵的酸茶作对照，进行感官审评，筛选出发酵酸茶品质好、酸度高的菌株。

四、乳酸菌菌株的鉴定

依据菌株的形态特征、生理生化特征和分子技术，对高产酸的菌株进行鉴定。

（一）菌株的形态特征

对复筛获得的乳酸菌菌株接种于固态培养基中培养，然后进行基本形态观察，主要从菌落形态、大小、色泽、光滑度、细胞形态等方面进行观察鉴定。

（二）菌株的生理生化特征

对乳酸菌菌株进行接触酶、精氨酸产氨、硫化氢产生和甲基红（MR）–VP（Voges–Proskauer）等试验，与乳酸链球菌对照菌株进行比较。同时进行糖类发酵试验，与乳酸链球菌对照菌株进行比较。依据菌株的形态特征和生理生化特征，初步可以鉴定出高产酸菌株。

（三）菌株的分子鉴定

对高产酸菌株的16S rDNA序列同源性进行克隆和测序，利用数据库进行检索和比较，进一步鉴定出高产酸菌株。培养提取高产酸菌株的总DNA，用16S rDNA通用引物进行PCR扩增后，以凝胶电泳确定扩增产物的片段大小，同时回收扩增产物。对扩增产物进行测序，菌株依据扩增序列可以在GenBank进行登录注册。同时与美国国家生物信息中心（NCBI）进行16S rDNA序列分析比对，构建系统发育树，找到最相似的菌株。依据比对的结果，结合菌株的形态和生理生化特征，可以确定从酸茶中分离出来的高产酸菌株为植物乳杆菌（*Lactobacillus plantarum*）。华中农业大学茶学系在GenBank中共登录8个从酸茶中分离出来的乳酸菌菌株，其中包括高产酸菌株，登录号分别是KC684521、KC684522、KC684523、KC684524、KC684525、KC684526、KC684527、KC684528。

高产酸乳酸菌菌株的获得，为开发生产乳酸菌发酵茶产品提供了有利条件。

第三节 绿茶型乳酸菌茶饮料发酵

用于绿茶型乳酸菌茶饮料发酵的原料，可以是鲜叶原料，也可以是绿茶成品。

一、鲜叶榨汁发酵乳酸菌茶饮料

（一）工艺流程

鲜叶→ 摊放 → 杀青 → 匀浆 → 过滤装瓶 → 灭菌 → 接种乳酸菌 → 发酵 → 处理 →成品

（二）技术要点

1. 茶树鲜叶杀青

采摘茶树一芽三四叶，按照大宗绿茶加工工艺进行处理。鲜叶采摘后，放在通风阴凉处摊放2~6h，摊叶不宜过厚，一般不超过20cm。摊至叶含水量60%左右适中，以滚筒杀青机杀青。经过杀青处理的原料发酵乳酸菌茶饮料，发酵品茶香味浓，具有甜酸气，汤色黄绿明亮，滋味酸甜味浓、带菌味。而采用未杀青的鲜叶发酵的乳酸菌茶饮料，茶香味淡，有异味，汤色橙红明亮，滋味苦涩味重、带菌味。

2. 榨汁过滤

采用杀青叶以10g:100mL的茶水比打浆榨汁，以打浆机打浆30min，过滤取澄清茶汁。于茶汁中加入60g/L的白砂糖，搅匀促进糖溶解，分装密封，装瓶体积控制在30%~40%。

3. 灭菌

分装后的茶汁以110℃灭菌20min，及时冷却备用。不灭菌的茶汁发酵后存在一定的青气，而温度过高灭菌或灭菌时间过长则使茶香散失严重。

4. 乳酸菌活化

高产酸植物乳杆菌如经保藏后，需进行多次活化，恢复菌株活力。活化后的菌株划平板于4℃保存，在每次接种前，需提前挑取平板上的单菌落，接种于MRS液体培养基，于37℃静置或放于恒温摇床上以150r/min振荡培养18h后，备用。

5. 接种发酵

乳酸菌接种量以1%为宜，发酵后的乳酸菌茶饮料茶甜香明显，汤色绿较亮，滋味鲜爽、酸甜，有茶糖味。如乳酸菌接种量大于1%，发酵后的乳酸菌茶饮料酸甜香为主，茶味弱，汤色黄绿为主，滋味酸甜、菌味强。发酵温度适宜在低温环境下发酵，一般控制在20℃。随着发酵的进行，茶液逐渐变浑浊，过一定时间后又澄清，液色从绿色向黄绿色转变；茶液的酸气逐渐增加，并加重，至后期会出现菌体气味；茶液的滋味从苦涩味向酸甜味转化，后期酸味变重，甜味变淡。采用静置发酵时，以发酵6~8d为好；如采用振荡培养的方式发酵，发酵速度更快，2~3d为好。

6. 发酵液处理

发酵好的乳酸菌液，如直接饮用，可以摄入活乳酸菌。但发酵好的乳酸菌液不易保存，产品周期很短，不安全。为此，需对乳酸菌液进行处理。先进行过滤，去除沉淀；然后离心，去除乳酸菌菌体，得澄清乳酸菌液。乳酸菌液可根据产品定位，添加果汁等进行调配、分装，以巴氏灭菌法除菌，冷却得绿茶型乳酸菌茶饮料成品。绿茶型乳酸菌茶饮料可以贮存于室温，但以存于低温更佳，而且以低温贮存后饮用时口感更佳。

（三）绿茶型乳酸菌饮料的品质特征

发酵好的绿茶型乳酸菌茶饮料的汤色为浅黄绿色，酸气显，有茶清香，滋味酸甜适宜，显收敛性，茶味明显。

二、绿茶浸提发酵酸奶

（一）工艺流程

绿茶→ 浸提 → 过滤 → 调配 → 接种发酵 → 成分调整 →成品

（二）技术要点

1. 原料预处理

选择干燥、无霉变、色泽好的优质绿茶原料，按茶水比 1∶（25～100）（质量/体积）加入去离子水或蒸馏水，60～100℃恒温浸提 15～30min，用纱布滤去茶渣。

2. 调配

向过滤好的茶水里添加8%的蔗糖、13%的乳粉，搅拌均匀。若仅加入蔗糖易导致凝固不好，有乳清析出，可能是因为茶叶浸提液用量高，乳粉量不足。通过增加乳粉的添加量，发酵酸度越来越高，凝固状态越来越好，乳香味越来越浓，乳清析出量逐渐减少；当奶粉量超过11%时，基本无乳清析出，酸度改变不明显。还可以配入枸杞浸提液，发酵成带有枸杞风味的乳酸菌茶饮料。

3. 菌种活化

鲜乳以3500r/min离心10min，去掉上面乳脂，分装于三角瓶中，以115℃灭菌15min，制备成脱脂乳。将保存的保加利亚乳杆菌和嗜热链球菌分接于脱脂乳中培养活化，接种于三角瓶中扩大培养，接种量均为3%～4%，培养时间18～24h，保加利亚乳杆菌培养温度30℃，嗜热链球菌培养温度35℃。

4. 接种发酵

向调整好的茶水里接种3%～5%乳酸菌（保加利亚乳杆菌∶嗜热链球菌为1∶1），随着接种量的增加，发酵酸度逐渐增加，产品的适口性和凝固状态越来越好，基本无乳清析出。置于40～42℃发酵6～8h，随着发酵时间的增加，发酵酸度逐渐升高，产品的凝固状态和适口性越来越好，乳清析出量逐渐减少；当发酵时间超过6h以后，无乳清析出，酸度改变不明显。

5. 后处理

调整经乳酸菌发酵好的发酵液，使其可溶性固形物达25%，pH为3.4，产品冷藏。

第四节 红茶型乳酸菌茶饮料发酵

一、工艺流程

鲜叶→萎凋→揉捻渥红→破碎匀浆→装瓶→灭菌→接种乳酸菌→发酵→成品

二、技术要点

（一）鲜叶预处理

采摘茶树鲜叶一芽三四叶，在自然条件下萎凋 4～5h。至萎凋叶含水量为 60% 左右时，揉捻 30～50min。揉捻充足，实际上起到渥红发酵效果，后续就可以省略渥红工序。揉捻充足，有利于发酵产酸，而且发酵的茶饮料口感好，香气浓郁。

（二）破碎匀浆

揉捻叶按照茶水比 10g:100mL 添加去离子水或蒸馏水，加入 6% 蔗糖，用打汁机破碎 1～3min。

（三）分装灭菌

将茶汁（含茶渣）分装入瓶，装瓶体积控制在 67% 左右，密封，以 110℃ 灭菌 10min。萎凋叶打浆后，不过滤除去茶渣，带渣直接发酵，发酵的产品香气更浓郁，有苹果甜味，酸甜适中，而且内含物更丰富。

（四）乳酸菌的菌种制备方法

以保存的高产酸植物乳杆菌为发酵菌种，经传代活化后，于 MRS 平板保存。每次接种前，提前挑取平板上的单菌落，接种于 MRS 液体培养基，在 37℃ 静置或放于恒温摇床上培养 18h 后备用。使用时，在超净工作台上摇匀菌液后进行接种。

（五）接种发酵

将灭菌的茶汁在超净工作台上，接种 1%（体积分数）的乳酸菌活化液，置于 28℃ 温度环境条件下，静置发酵 2～3d。随着接种量的增加，菌体味道加重，酸味增加，对滋味、香气有不利影响。以 1% 的接种量发酵的香气较浓郁，有果香味，鲜爽，酸甜适中。在 28℃ 发酵的产品香气较浓郁，有苹果香味，酸甜适中，且 28℃ 条件下 pH 最低，总酸量最高。随着发酵时间增加，乳酸含量逐渐增长，酸味加重，并显涩，颜色加深显暗，感官品质逐渐降低，以发酵 2～3d 为宜。

（六）后处理

将发酵好的发酵液先进行过滤，去除茶渣，然后以 4800r/min 离心 10min，得澄清发酵茶液。发酵茶液可直接饮用，还可以与牛乳、香蕉汁、桃子汁等进行调配，再罐装后以巴氏灭菌法灭菌。

三、品质特征

红茶型乳酸菌茶饮料带茶香味，水果香明显，甜酸味，无苦涩味，色泽橙红明亮，口感酸甜可口。乳酸菌发酵茶饮料的氨基酸、咖啡碱和茶红素含量变化不大，茶多酚、黄酮、茶褐素、可溶性糖含量均减少且差异显著，总酸含量增加，pH 降低，茶多酚、咖啡碱含量都符合茶饮料的标准：茶多酚≥500mg/kg，咖啡碱≥60mg/kg。

第五节　其他乳酸菌发酵茶产品

一、固态乳酸菌茶发酵

以高产酸植物乳杆菌接种进行发酵，可以加速酸茶发酵速度，提高活菌数量，增强酸度。

（一）工艺流程

鲜叶→ 装瓶 → 微波杀青 → 接种菌液 → 发酵 → 烘干 →酸茶

（二）技术要点

1. 鲜叶预处理

采摘夏秋茶树鲜叶，鲜叶标准为一芽三四叶。将一定量鲜叶装入玻璃瓶中，密封。采用微波对茶树鲜叶进行杀青，在杀青的同时起到杀菌效果，同时还可以降低杀青叶的含水量。杀青叶的含水量需降至 20% 左右，杀青后冷却备用。

2. 菌种制备

以高产酸植物乳杆菌为发酵菌株，接入 MRS 液体培养基中，于 37℃以 150r/min 振荡培养 24h，作为每次接种发酵的菌种。

3. 接种发酵

灭菌的茶叶中，接入 100mL/kg 的乳酸菌液，菌液需倒入均匀，适当将茶叶拌匀，促使菌种分布均匀。然后于 28℃左右静置发酵，发酵 20～30d。

4. 烘干

发酵好的乳酸菌茶也可以像传统的酸茶那样，添加一些佐料，直接食用，也可以烘干饮用。将发酵后的乳酸菌茶取出，于 60～80℃烘至足干。

二、乌龙茶型乳酸菌茶饮料发酵

（一）工艺流程

乌龙茶→ 浸提 → 调配 → 灭菌 → 接种 → 发酵 → 后处理 →成品

（二）技术要点

1. 茶汁浸提

武夷岩茶在 90～100℃充分干燥，磨碎，过 40 目筛。武夷岩茶粉以茶水比 1∶100（质量/体积）分两次浸提，每次浸提时间 20～25min，浸提温度 100℃。过滤去除茶渣，合并两次浸提液。

2. 调配

加入白砂糖 30～50g/L，以保障乳酸菌的营养需求，而且可以形成较好的口感。

3. 灭菌

调配好的茶液，以121℃杀菌15min，杀菌后迅速冷却至40℃左右。

4. 乳酸菌菌液制备

乳酸菌菌种（*Streptococcus thermophilus* BCRC14086）以MRS液体培养基于37℃活化培养48h，备用。然后取1mL菌液，接种于10mL MRS培养基中，于37℃更新培养48h。

5. 接种发酵

向武夷岩茶液中接入1%~3%（体积分数）的乳酸菌，于37℃静置发酵72h。

6. 后处理

发酵好的武夷岩茶乳酸菌液，过滤除去菌体后，以5000r/min离心20min。离心液分装，以巴氏灭菌法灭菌。

三、乳酸菌与酵母菌共生发酵茶饮料

（一）工艺流程

玉米淀粉糖浆→ 加水稀释 → 糖浆稀释液加热至沸 → 降温至70℃，加茶，保温浸提15min →

过滤得茶浸提汁 → 冷却至40℃ → 接种 → 发酵 → 过滤 → 灌装 → 灭菌 →成品

（二）技术要点

1. 脱脂乳的制备

鲜乳以3500r/min离心10min，去掉上面的乳脂，分装，以115℃灭菌15min。

2. 乳酸菌剂的制备

将保加利亚乳杆菌和嗜热链球菌分接于上述脱脂乳中活化，然后分接于干物质含量18%的淀粉糖水解液中扩大培养，接种量均为3%~4%（体积分数），培养时间18~24h，保加利亚乳杆菌培养温度为30℃，嗜热链球菌培养温度为35℃。

3. 酵母菌剂的制备

酵母培养基组成为干物质含量6%的淀粉水解糖液、0.1%尿素、0.25% KH_2PO_4、0.05% $MgSO_4$，调pH为4.0。培养基灭菌后，接入10%酵母菌种，30℃培养4h。

4. 红茶浸提汁的制备

干物质含量18%的淀粉水解液中，加入3g/L干红茶，于70℃浸提15min，过滤，得红茶滤汁用于发酵。淀粉水解液主要成分是葡萄糖和糊精，除了做发酵时菌种利用的碳源外，还是饮料中甜味来源，其浓度应以不抑制菌体生长，且使成品酸甜适当为宜。

5. 接种发酵

接种发酵分为两段接种发酵和同时接种发酵。两段接种发酵是接种时先接入4%乳酸菌（保加利亚乳杆菌∶嗜热链球菌=1∶1），于42℃保温发酵。至发酵液pH为4.0时，再接入0.2%酵母菌发酵。酵母选用的是法氏面包酵母，发酵温度需从乳酸菌发酵的42℃调至酵母适宜的生长温度30~32℃，发酵24h。同时接种发酵是同时接入4%乳酸菌（保加利亚乳杆菌∶嗜热链球菌=1∶1）和0.2%法氏面包酵母菌剂，发酵温度39℃，淀粉糖浆干物质含量20%，茶添加量0.3%。发酵温度高，适宜乳酸菌的生长和产酸，使饮料酸味过重，缺乏醇香及茶香；但温度低，酵母菌产生的乙醇量过大。

6. 后处理

发酵好的红茶型乳酸菌饮料需先过滤，去除茶渣，过滤液进一步以5000r/min离心30min。离心液根据需要进行调配，调配后分装，以巴氏灭菌法除菌。

四、调配型乳酸菌茶饮料

（一）工艺流程

鲜牛乳→ 调配 → 匀质 → 杀菌 → 冷却 → 接种 → 发酵 → 加入绿茶汁混合 → 无菌灌装 → 冷藏 →成品

（二）技术要点

1. 基础酸奶的制备

按生产所需量，将鲜牛乳90%、脱脂乳粉2.5%混合，倒入冷热缸中，加入稳定剂和10%白砂糖。加热至60℃，在18~20MPa压力下均质；然后加热至90℃，维持30min杀菌，迅速冷却至42℃。接入2%乳酸菌发酵剂（保加利亚乳杆菌：嗜热链球菌 = 1:1），在42℃发酵3h至凝乳。凝乳冷却到10~15℃，搅拌成均匀的黏稠体。

2. 茶汁的提取

提取前将绿茶粉碎，采用二次浸提合并的方法。第一次茶:水 = 1:（10~12）（质量/体积），40℃浸提3h；第二次茶:水 = 1:（10~12）（质量/体积），90℃浸提1h。将两次所得的茶汁用纱布过滤两次，100~115℃杀菌15~30min。

3. 混合

将茶汁以25%~30%的浓度（占乳酸菌凝乳的质量分数）加到乳酸菌凝乳中。

第九章 灵芝菌茶产品

第一节 灵芝菌的活性成分与功能

灵芝（*Ganoderma lucidum*）属担子菌亚门、层菌纲、非褶菌目、灵芝菌科、灵芝属，是生长过程中能够产生胶质或肉质的菌核类组织或子实体的一类真菌，可供人们食用或者药用。灵芝别名赤芝、木灵芝、菌灵芝、红芝、万年蕈等，古称瑞草，在神话传说中常称为"神仙草"，在我国的药用历史已超过 2000 年。

一、灵芝菌分类

全世界已知灵芝约有 250 种，从欧洲的温带到非洲的热带均有分布，主要集中在欧洲的北部、南部，非洲中部，南美及亚洲东部。在我国，灵芝多分布于云南、贵州、吉林、河北、江苏、浙江、福建等 29 个省、自治区、直辖市。海南灵芝科有 78 种，贵州灵芝科有 47 个种类，四川灵芝属有 26 个已知种、2 个新种，安徽灵芝属有 13 种，吉林省灵芝科 2 属有 8 种。常依据灵芝子实体的色泽不同，将灵芝分为赤芝、青芝、黄芝、紫芝、黑芝和白芝六大类。我国原卫生部 2001 年将赤芝（*Ganoderma lucidum*）、紫芝（*Ganoderma sinensis*）和松杉灵芝（*Ganoderma tsugae*）三种灵芝列入"可用于保健食品的真菌菌种名单"，可作为保健食品开发原料，原卫生部 2008 年曾将回力牌灵芝菌丝体批准为新食品原料。

二、灵芝菌活性成分

研究发现灵芝菌丝体中含有子实体中所具备的组分，但各组分在量上有所不同。灵芝菌丝体中的粗多糖及多糖含量均高于子实体，分别为子实体的 2.26 倍和 3.5 倍。灵芝菌丝体的蛋白含量也明显高于子实体，比子实体高 2.47 倍；两者氨基酸组成不完全一致，菌丝体中必需氨基酸含量比子实体低一些。灵芝菌中含有丰富的生物活性成分，目前已从灵芝菌中分离出超过 150 种活性成分，包括多糖类化合物、核苷类化合物、三萜类化合物、甾醇类化合物等 11 大类，而最主要的也是人们研究最多的生物活性成分为灵芝多糖、三萜类化合物和核苷类化合物。

（一）灵芝菌多糖

在灵芝菌的众多生物活性成分中，灵芝菌多糖的研究最为广泛。灵芝菌多糖的含量为30%～60%，是由肽多糖、葡萄糖、杂多糖等组成的混合物，以一种蛋白多糖的形式存在，糖链通过 α - 糖苷键与肽链上丝氨酸或苏氨酸连接。据悉，目前已能够分离到的灵芝菌多糖有200多种，其多糖链是由三股单糖链构成的一种螺旋状立体构形物的大分子化合物，其中大部分为 β - 型的葡聚糖，少数为 α - 型的葡聚糖。研究发现，并不是所有的灵芝菌多糖都具有良好的生物活性，当其分子量小于10ku时，灵芝菌多糖的生物活性很低或者完全没有。

（二）灵芝菌三萜类化合物

灵芝菌三萜类成分的相对分子质量一般为400～600，化学结构较复杂，多为高度氧化的羊毛甾烷衍生物。灵芝菌三萜化合物依据分子中所含的碳原子数不同，分为 C_{30}、C_{27} 和 C_{24} 三大类；灵芝菌三萜类化合物的侧链有2～10个碳不等，可划分为24类。一般依据结构和官能团不同，灵芝菌三萜化合物分为灵芝酸、灵芝酸甲酯、灵芝孢子酸、赤芝孢子内酯、赤灵酸、灵赤酸、灵赤酸甲酯、灵芝醇、灵芝醛、赤芝酸、赤芝酸甲酯、赤芝酮、灵芝内酯、赤芝醛等10余种。灵芝酸是灵芝菌苦味的主要来源，有止痛、镇痛、解毒、保肝、毒杀肿瘤细胞、抑制细胞组织胺的释放、增进消化器官机能及降低血中胆固醇、三甘油酯、脂蛋白的功能。

（三）灵芝菌腺苷

灵芝菌腺苷是以核苷和嘌呤为基本构造的活性物质。灵芝菌中含有嘧啶、尿嘧啶核苷、腺嘧啶、腺嘌呤核苷、灵芝嘌呤、腺苷和尿苷等成分。灵芝菌核苷类物质能抑制血小板的过度聚集，降低血液的黏度，能提高血液供氧能力和加速血液微循环，提高血液对心、脑的供氧能力，并能诱导干扰素形成、增强免疫力。

（四）灵芝菌甾醇

甾醇类物质是从灵芝菌脂溶性分离物中提取的活性物质，是灵芝菌的主要化学成分之一。甾醇类物质在灵芝菌中含量比较高，仅麦角甾醇含量就达3‰左右。已知从灵芝菌中分离出的甾醇有近20种，主要包括灵芝甾酮、麦角甾醇及其衍生物、羊毛甾醇类化合物、胆甾醇类化合物、β - 谷甾醇等。

（五）灵芝菌生物碱

灵芝菌中生物碱类主要有胆碱、甜菜碱及其盐酸盐 γ - 三甲胺基丁酸、硫组胺酸甲基胺盐、灵芝碱甲、灵芝碱乙和烟酸等化合物。灵芝中生物碱含量较低，但有些具有重要的生理活性。

（六）微量元素

灵芝菌中含有多种矿物质元素，有锰、镁、钙、铜、锗、锶、锌、铁、铍、硼、铬、镍、钒和钛等。1971年日本学者浅井一彦发现灵芝菌中锗含量为800～2000mg/kg，是目前已知天然植物中锗含量最高的，且具有广谱活性。灵芝菌及其类似品中，微量元素分布趋势基本相同，其中黑芝、紫芝、赤芝表现出更优的营养元素含量分布特征。

三、灵芝菌功能

据《神农本草经》记载灵芝菌可以"治胸中结，益心气，补中，增智慧，不忘，久食，轻身，不老，延年"。《本草纲目》中也讲到灵芝菌"甘温无毒，主治耳聋，利关节，保神益精气，坚筋骨，好颜色"。在长期的食用和研究中，人们发现灵芝菌作为一种食药用真菌，味道平淡，药性温和，安全，无毒副作用，并且具有明显的药用功效。

（一）抗癌

灵芝菌有抗肿瘤功效，能抑制肿瘤细胞生成。灵芝菌抗肿瘤作用的机制主要是宿主中介性的，即通过增强机体免疫功能而实现，但也有不同程度的直接抗肿瘤作用。灵芝菌抗肿瘤的主要活性成分为灵芝菌多糖，灵芝菌多糖对 Lewis 肺癌和结肠癌具有相当强的抑制生长活性，对 S-180 腹水癌抑制率为 95.6% ~ 98.5%，灵芝水煎剂也能明显抑制小鼠肝癌腹水瘤细胞在体内的生长。灵芝菌多糖能提高肿瘤患者对化学治疗和放射治疗的耐受性，诱导血液单核细胞分泌细胞因子，如肿瘤坏死因子、干扰素、白细胞介素与造血因子的产生，增强自然杀伤细胞的活性，增强吞噬细胞的吞噬作用，从而达到增强宿主免疫功能，抑制不正常的肿瘤细胞的分裂并诱导其分化完全。灵芝菌三萜也可通过细胞毒作用、抗氧化作用、诱导二相代谢酶产生及抑制肿瘤血管生成几种机制达到抗癌的目的。

（二）防治心血管疾病

灵芝菌具有对心血管系统广泛的生物活性，有降血糖、降胆固醇、降血脂的功效。除能改善心肌的缺血、缺氧和有益于心脏功能的恢复和提高外，灵芝菌还对改善整个心血管系统的氧代谢、血流动力和血液流变状态等具有良好的作用。灵芝菌水溶性部分的腺苷、尿苷、尿嘌呤等可抑制血小板聚集，具有抗血栓和血凝的作用，增加冠状动脉的血流量和心肌收缩力，降低心肌耗氧量，保障脑部血液的供应量，改善血液微循环。

（三）增强免疫功能

灵芝菌子实体、菌丝体、孢子粉及灵芝水提液、多糖、蛋白均有免疫调节作用，其中灵芝菌多糖能增强正常小鼠的细胞免疫与体液免疫功能。当机体受某种抗原侵袭导致免疫功能亢进，产生各种变态反应或免疫性病理损害时，灵芝能抑制亢进的免疫水平，保持机体自身的稳定。灵芝菌能加速骨髓细胞蛋白质的合成，促进骨髓细胞的分裂增殖，促进核酸合成代谢。灵芝菌多糖增强（恢复）免疫作用的机理，可能是其有效促进脾细胞产生白细胞介素 -2，增加抗体细胞的产生，促进免疫细胞增殖，促进淋巴细胞 DNA 的合成机制。

（四）抗氧化防衰老

古人认为灵芝有延年益寿之功效，久服可以使人轻身不老。灵芝菌除具有增强免疫功能外，具有很强的抗氧化活性和清除体内自由基作用。灵芝菌能提高机体超氧化物歧化酶的活性，消除体内自由基。灵芝菌三萜类化合物也具有较高的抗氧化活性，可抵抗连苯三酚引起的红细胞膜氧化和 Fe^{2+}-抗坏血酸引起的类脂过氧化，从而降低体内超氧化自由基。灵芝菌三萜类化合物还可以有效地调节自然衰老大鼠体内的氧化水平，提高一氧化氮合酶活力和血清中总抗氧化能力，降低单胺氧化酶活力，延缓衰老进程。

（五）利于糖尿病防治

灵芝菌对糖尿病大鼠糖、脂代谢紊乱均有明显的调节作用，可明显降低早期糖尿病肾病大鼠的尿微量白蛋白排泄率及形态学异常，使糖尿病大鼠体重明显增加，肾指数降低，血清总蛋白、白蛋白增加，提示灵芝菌对糖尿病鼠早期肾脏病变有一定的作用。灵芝菌多糖可能通过促进胰岛细胞蛋白的表达来协助葡萄糖转运入细胞，促进葡萄糖的代谢，引起胰岛细胞外内流而起到促胰岛素释放的作用。

（六）其他功能活性

灵芝菌能提高机体耐急性缺氧，对中枢神经系统的作用主要表现为镇静、镇痛和安定。灵芝菌对中枢神经系统呈抑制性作用，使运动性降低，使协调运动失调。灵芝菌有显著的镇咳祛痰、解痉平喘作用，对于缓解此种疾病的咳痰、喘的症状及防止喘息发作有显著效果。灵芝还具有减轻化学药物对肝脏的损伤，加强肝脏的解毒功能等作用，灵芝多糖能加速肝脏细胞合成血清蛋白质和肝脏蛋白质，增加小鼠肝匀浆细胞色素 P－450 含量。灵芝菌具有一定的抗病毒能力，能抑制单纯疱疹病毒 HSV－1 和 HSV－2 的活性，具有抗 HIV－1 和 HIV－1 蛋白酶的活性物质。灵芝菌有抗过敏作用，可阻断过敏反应介质的释放，防止过敏反应的发生。

四、灵芝菌应用

（一）灵芝菌产品开发

20 世纪 60 年代起，随着我国对灵芝菌的人工培养、药效学进行了深入的研究，我国在灵芝菌的开发利用方面取得了快速的发展，至今已开发出了中药制品、美容用品、保健品、饮料等类型的系列产品。

我国每年有超过 300t 的人工栽培灵芝菌子实体产出，主要用于生产灵芝菌保健类饮料，如灵芝茶、灵芝酒等；生产灵芝菌药用产品，如灵芝冲剂、灵芝丸、灵芝胶囊等；生产灵芝菌的美容护肤产品和工艺品。除子实体外，灵芝菌丝体也广泛被用于开发生产。将灵芝菌丝体发酵浓缩液、菌丝体、粗多糖成品、纯糖成品等，添加到各种食品中制成功能食品，如灵芝多糖精粉、灵芝露、灵芝乌鸡口服液、富硒功能性乳粉、灵芝饮料、膳食纤维饼干等，或与发酵菌剂再发酵制成灵芝啤酒、灵芝米酒、灵芝酸乳、灵芝苹果保健醋、灵芝功能酱油等。

我国生产的灵芝菌产品以内销为主，有一部分的灵芝菌产品与制剂出口到日本、韩国、新加坡、香港、台湾等国家和地区，创造了一定的经济效益和社会效益。

（二）灵芝菌茶

茶叶是大众饮料，灵芝菌也是公认的保健原料，自然会有人将二者联系起来。过去，有将灵芝菌子实体打碎后直接当作灵芝菌茶销售，也有在子实体粉中添加少量茶叶当作灵芝菌茶销售。在 20 世纪 90 年代末，福建省农科院土壤肥料所林新坚等依据在日本的工作基础，在国内最先研发出以茶叶为培养基、布满天然生长的灵芝菌丝的灵芝菌茶，但在培养基配制时添加了 5% 其他非茶营养物。林戎斌等筛选了灵芝菌固态发酵适合的茶叶原料，认为以茶青比以乌龙茶、珠茶作原料为好；并对固体灵芝菌发酵茶进行了安全性等分析，研究了灵芝发酵茶对小鼠的抗疲劳作用，降低血清总胆固醇的作用以及对其溶血素、细胞免疫的影响。邹礼根、连红茹先后以茶液驯化筛选出一株适茶灵芝菌株，分析了茶液对灵芝菌株生长和灵芝菌多糖等活性成分合成的影响，筛选优化了以中低档绿茶为原料的灵芝菌液态发酵培养基和发酵条件，分析了发酵过程中发酵液的品质成分与感官品质的变化。冀宏等研制了灵芝发酵型解酒茶饮料；田广文等以富硒灵芝和茶叶为原料，接入红茶菌发酵成富硒灵芝菌茶保健饮料。华中农业大学茶叶生物技术课题组驯化筛选出几株适合在茶叶基质上生长的灵芝菌，优化出液态和固态发酵工艺，开发出不添加其他任何外源物的液态灵芝菌茶饮料和固态灵芝菌茶，已在开展发酵中试。此外，有以茶渣作为培养基的一部分，用于培养灵芝菌。

第二节　灵芝菌的驯化筛选

因茶叶富含抑菌成分，微生物在含茶水的培养基中一般生长不良。但是经过驯化后的灵芝菌可以在茶叶表面生长，并利用茶叶内含物质作为有机养分来生长繁殖。为此，需要对灵芝菌进行驯化，驯化后筛选出在含茶水培养基中生长良好的灵芝菌。

一、灵芝菌生物学特性

了解灵芝菌生物学特性，有助于优化驯化条件，提高驯化效果。

（一）灵芝菌的生活史

灵芝是由菌丝体和子实体两大部分构成。灵芝的菌丝体呈白色绒毛状，无色透明，有分隔、分支、白色或褐色，直径 $1 \sim 3\,\mu m$。灵芝的子实体由菌盖、菌柄和子实层组成。灵芝整个生长发育过程为：成熟的担孢子→适宜条件下萌发成菌丝体→遇适宜的条件，菌丝开始分化，单核菌丝锁状联合，双核菌丝特化聚集密结→菌丝体表面出现纽结，发育成灵芝子实体原基→子实体成熟→弹射担孢子。

（二）灵芝菌的生长条件

1. 营养

灵芝菌既是一种腐生菌，也是兼性寄生菌。灵芝菌对木质素、纤维素等物质有较强的分解与吸收能力，适应性较广，其营养物质以木质素、纤维素、半纤维素、糖类、淀粉等为主要碳源，在栽培中通过加入一定量的麦麸、米糠、豆粉等为氮源，还需要一定的矿质元素如碳酸钾、碳酸钠、氧化钙、磷酸二氢钾、磷酸氢二钾等。常以大多数阔叶树及木屑、树叶、农作物秸秆、棉籽皮、玉米芯等为灵芝培养基质，配加适量的麦麸或糠麸。

2. 温度

灵芝菌属中高温型真菌，在生长发育中要求较高的温度。在 $4 \sim 38\,^{\circ}\!C$ 的范围内菌丝都能生长，适宜生长的温度为 $10 \sim 38\,^{\circ}\!C$，最适生长温度为 $25 \sim 30\,^{\circ}\!C$。子实体在 $18 \sim 30\,^{\circ}\!C$ 均能分化，但以 $27\,^{\circ}\!C$ 左右分化最快；在 $25\,^{\circ}\!C$ 条件下，子实体生长较慢，但质地紧密，皮层发育较好，色泽光亮。

3. 水分与空气相对湿度

在人工栽培中，代料栽培灵芝使用木屑培养料的含水量以 $50\% \sim 60\%$ 为宜，椴木栽培灵芝要求椴木含水量在33%～48%。灵芝生长发育对空气相对湿度的要求是先低后高，即菌丝体培养（发菌）阶段室内空气相对湿度为60%～70%，子实体分化发育（出芝）阶段空气相对湿度要提高到85%～95%。

4. 空气

灵芝是一种好气性真菌，菌丝生长和子实体发育需要较多的氧气。空气中二氧化碳含量的增加对灵芝菌盖发育有很大的影响，在出芝期间适时通风是人工栽培灵芝非常重要的管理措施之一。

5. 光照

灵芝的菌丝体、子实体在黑暗条件下都能生长，但完全黑暗条件下子实体不能形成菌盖和子实层。灵芝的菌丝体生长阶段不需要光，强光对菌丝体的生长反而有抑制作用，在黑暗条件下菌丝生长速度快、洁白、健壮。在子实体生长发育期，则需要有较多的散射光（300～500lux），较强的光照有利于子实体表面产生灵芝特有的漆样光泽。

6. pH

灵芝喜在弱酸性环境中生长，在pH为3.0～7.0的环境中均能生长，最适pH为5.0～6.0。

二、灵芝菌驯化筛选方法

灵芝菌驯化筛选主要需经过五大步：菌株活化 → 菌株初筛 → 菌株驯化 ↔ 菌株复筛 ↔ 菌株验证，后三步往往需要反复进行。一般是先活化菌株，然后以含茶水的培养基驯化培养灵芝菌，逐渐提高茶水的浓度，多次反复进行驯化筛选。在驯化培养的同时，需间以含茶水的固态培养基进行涂平板，筛选出生长快、菌体形态正常的灵芝菌菌株。如此反复多次的情况下，复筛出在含茶水的固态平板上生长最快、菌体形态正常的灵芝菌菌株。最后，以含茶水的液态培养基中培养验证，确认得到适于茶水生长的优良菌株。后面将详细介绍灵芝菌驯化筛选方法。

三、灵芝菌菌株活化

（一）不同活力菌株的活化方法

菌株保存时间不一，活化处理的方式也会有所不同。对保存时间不长的菌株，可以直接接种于平板上活化，活化好后即可作为菌种备用；也可先在液体培养基中活化，然后直接在固体培养基中划线保存备用；对这类菌株，活化步骤少，活化1～2次即可。对菌株保存时间较久的，菌株活力会很低、甚至退化；如直接平板活化，菌株很难生长或生长不良，活化效果差；为此，需以营养较为丰富的液态培养基进行复壮，再涂平板选育出生长良好的菌株，反复多次，得到复壮后的菌株备用；对这类菌株，活化步骤多，有菌株复壮和筛选步骤，而且需要至少两次以上的反复。

（二）灵芝菌活化方法

在此仅按第二种方法介绍灵芝菌的活化方法。将安瓿瓶中的灵芝菌菌株接入液体培养基（马铃薯20%、葡萄糖2%、蛋白胨0.3%、酵母浸膏0.3%、KH_2PO_4 0.075%、$MgSO_4 \cdot 7H_2O$ 0.03%、pH自然）中，装液量为100mL/350mL三角瓶，以培养温度28℃、转速180r/min条件下培养5d。待液体培养基中长出菌丝球后，用接种环挑出液体中生长大的菌丝球，分别接种到固体培养基（马铃薯20%、葡萄糖2%、琼脂2%、pH自然）上，在28℃恒温培养。待培养2~3d，测量比较菌落生长直径，选出生长较快的菌株，接入液体培养基中活化培养；如此反复多次，最终活化出生长优良的灵芝菌菌株，保存于固体培养基上、存放于4℃备用。

四、灵芝菌初筛

广泛购买和收集代表性的灵芝菌种以及特异性的灵芝菌种，分别经上述方法活化后备用。称取一定量的绿茶，100℃浸提30min，过滤收集浸提液，并定容，制得一定浓度的绿茶水待用。先将绿茶水添加配制成一定初始浓度，如0.1%绿茶的固体培养基（马铃薯20%、葡萄糖2%、琼脂2%、pH自然），制成平板后，分别接入活化了的0.5cm² 左右大小的灵芝菌菌块，置于28℃恒温培养，观察菌丝生长速度，测定菌落大小。每个菌株需设多个重复，取菌落直径的平均值，得出不同灵芝菌菌株在同一生长时间的生长速度，确定较适合于茶水基质上生长的灵芝菌菌株。筛选出来的灵芝菌菌种，则保存于该茶水浓度的固体培养基上备用。

如茶水浓度偏高，无灵芝菌生长，则需降低茶水浓度重复进行初筛，直至有灵芝菌菌种长出为止。如茶水浓度偏低，导致可生长的灵芝菌种多，则可依据生长初期的菌落直径来筛选。若菌落直径差异不明显，则可逐步加大茶水浓度重复进行筛选，直至少数灵芝菌菌种生长良好为止。

五、灵芝菌驯化

经过初筛后，以少数较适于茶水基质中生长的菌株进行驯化，可以显著减少驯化工作量。在灵芝菌驯化过程中，一般有以下三种驯化方法。

（一）含茶液体培养基连续驯化

在初筛的茶水浓度基础上，逐步加大茶水浓度，以液体连续培养的方式进行灵芝菌驯化。首先将活化的初筛灵芝菌株切取面积约0.5cm² 大小的菌块（包含菌丝及培养基），接种到初筛茶水浓度的液体培养基（100mL/350mL）中，温度28℃、转速180r/min条件下培养至长出菌丝球。吸取液体培养基和菌丝共1mL，接种到茶水浓度按梯度逐渐加大的驯化液体培养基（100mL/350mL）中，按相同条件培养至有菌丝球长出。再吸取最低浓度的驯化培养基中液体和菌丝共1mL，接种到下一茶水浓度梯度的驯化液体培养基中，培养至有菌丝球长出。重复上述试验，直至驯化培养基中茶水浓度达到最大时，完成驯化培养。需要注意，在接种前需将低浓度的驯化培养基摇匀，以防接种失败。这种驯化方法简便、省力，唯一需注意保留上一茶水浓度的驯化菌种液，以防下一茶水浓度中菌体不生长而导致菌株丢失。

（二）含茶固体培养基连续驯化

将活化好的菌种取约0.5cm² 大小的菌块接到比初筛茶水浓度更高的含茶水固体

驯化培养基中，进行第一梯度驯化，28℃培养 5～10d，每天测量菌落直径，观察固体驯化生长情况。将生长良好的第一梯度驯化菌种，取约 0.5cm² 大小的菌块接到相应第二梯度茶水浓度的液体培养基中，进行第二梯度驯化培养。按同样方法，进行第三、第四等梯度的茶水浓度中驯化培养，直至达到所需的茶水浓度要求为止。这种驯化方法也较简便，但菌体在固体培养基上生长与液体培养基相比相对慢、变异进化也相对慢。

（三）含茶梯度平板培养基连续驯化

需专门制作含茶水梯度平板。在培养皿底层先倒上普通培养基，倾斜一定角度，使培养基冷却凝固成斜体；再倒上 45℃ 左右的一定茶水浓度的培养基，放平冷却，形成随普通培养基斜面逐渐降低而茶水浓度逐渐增加的梯度平板培养基。将活化了的灵芝菌菌株接种于茶水低浓度端，28℃培养 5～10d；挑取高浓度端菌丝，接种于下一个茶水梯度平板上培养。如此反复，直至灵芝菌在较高茶水浓度上稳定生长。

六、灵芝菌复筛

在灵芝菌驯化过程中，往往需要进行复筛，筛选出较优的菌株进入下一个驯化阶段。灵芝菌复筛主要依据两个指标：一是菌体生长速度，包括菌丝生长速度（多以菌落大小表示）和菌体生物量；二是代谢产物，如胞外多糖、腺苷等。在一般的驯化过程中，为加快驯化进度，往往选择较为简单的方式进行复筛，常以测定同一时间的菌落直径作为复筛指标。

七、灵芝菌验证

对最后驯化复筛出的灵芝菌优良菌株，必须进行菌株验证。菌株验证除需全部完成复筛的内容外，还需观测菌株生长形态和菌种稳定性。进行灵芝菌驯化优良菌株验证时，分别在含茶水和无茶水的培养基上进行培养，以原始菌株作对照。测定优良驯化菌株的菌丝生长速度、生物量、灵芝菌多糖等，同时还需特别观测在无茶水培养基上的菌体生长形态、色泽、气味等，确保菌株无不良变异。考虑到菌株要长久保存利用，为此必须考察菌株稳定性；分别在含茶水和无茶水的培养基上连续接种培养，连续传 20 代以上，观察菌株生长速度、灵芝菌多糖、菌体形态等，确认菌株稳定性强，可以应用于生产。华中农业大学茶学系茶叶生物技术课题组经多年研究，成功选育出能在茶叶单一基质上快速生长的灵芝优良菌株。

第三节　固态灵芝菌茶发酵

固态灵芝菌茶是以茶叶为主料，接种灵芝菌进行菌丝培养，然后将带菌丝体的茶叶按低温烘焙而成，得到同时富含茶叶成分和灵芝菌成分的新型养生发酵茶产品。华中农业大学茶学系茶叶生物技术课题组以选育出的在茶叶单一基质上生长的灵芝菌株，且以茶叶单一基质为原料，开发出不添加任何外源物的灵芝菌丝茶，已在广东中山市开始进行产业化生产。

一、固态灵芝菌茶发酵工艺流程

原料准备、菌种制备 → 灭菌 → 接种 → 发酵培养 → 烘干 → 成品

二、固态灵芝菌发酵技术要点

（一）灵芝菌菌种制备

当前已报道可用于含茶基质中发酵生长的灵芝菌菌种，有曲阜灵芝 Q030101、泰山赤灵芝、惠州灵芝、京大灵芝、信州灵芝等。

将驯化筛选出的灵芝菌优良菌株接入含液体培养基中培养一定时间，制得发酵培养灵芝菌茶的菌种。可根据灵芝菌茶发酵生产规模和需要，分别扩大培养制备一级种子液、二级种子液、三级种子液。在最后一级种子液培养时，可添加补充少量葡萄糖或蔗糖等糖类营养物。

（二）发酵茶叶原料

1. 茶叶原料的选择

绿茶加工中的不同在制品，在添加外源物的情况下，接种灵芝菌后均可以长出菌丝，但灵芝菌菌丝生长快慢有明显差异。因不同茶类的品质风味各异，分别接种发酵，应该可以生产出品质风味各异的灵芝菌茶。

2. 茶叶基质含水量

灵芝菌喜高湿的原料中生长，在 45% ~ 75% 的含水茶叶基质中均能生长，但以 60% ~ 75% 含水量下生长更良好。

3. 添加配料

考虑到茶叶基质的单一营养组成不利于灵芝菌的生长，为此需在茶叶基质中添加 5% 左右的其他配料，如可添加 2% ~ 5% 的麦麸、米糠或蔗糖。添加这些外源物，可以促使灵芝菌丝快速生长。

（三）灭菌与接种

1. 灭菌

当前茶叶基质主要采用高温高压的方式灭菌，一般在 121℃灭菌 20 ~ 30min。高温高压灭菌，新发酵出来的灵芝菌茶易有煮熟味。可考虑采用微波灭菌或蒸汽湿热除菌，可以克服煮熟味的产生。

2. 接种

根据茶叶基质的多少，接入 100mL/kg 左右的灵芝菌种子液。接入时，需摇匀种子液。接入后，也需要拌匀茶叶基质，让灵芝菌尽可能地分布均匀。

（四）发酵培养

将接种后的茶叶发酵基质置于 28℃左右的环境中，进行静置恒温培养。一般发酵 10 ~ 14d，待茶叶发酵基质表面均布满灵芝菌丝，即可结束发酵培养。

（五）干燥

将长满灵芝菌丝的茶叶发酵基质从发酵培养瓶中取出，以 60 ~ 80℃的温度烘干，

烘至水分含量 5% ~7%，即制成固态发酵的灵芝菌茶。

三、固态灵芝菌茶品质

加工制好的灵芝菌茶，干茶外形呈块状，显较多白色菌丝，发酵香浓，带有灵芝菌气味，色黄褐。内质汤色杏黄明亮；滋味醇和，有灵芝菌味，微辛，不苦涩；香气为发酵香，有灵芝菌气味；叶底褐黑，硬。

采取直接冲泡的方式，灵芝菌茶内含物不容易泡出，茶汤表现出滋味淡薄，灵芝菌的香气和滋味微弱。如将灵芝菌茶粉碎后冲泡，或采取煮饮，将显著促进灵芝菌茶内含物的浸出，茶汤浓度明显提高，可以品尝到较浓的灵芝菌滋味与气味。

四、固态灵芝菌茶安全性

固态灵芝菌茶中不得检出金黄色葡萄球菌、沙门菌、志贺菌等致病菌。福建省医科所毒理学试验表明，乌龙型灵芝发酵茶小鼠急性毒性试验半数致死量（LD_{50}）为 17.79g/kg 体重，95% 可信限为 15.57 ~ 18.12g/kg 体重，毒性分级归属于无毒。对小鼠骨髓细胞微核率分别为 0.23%、0.19% 和 0.15%，均在正常范围内，结果为阴性。乌龙型灵芝发酵茶水提液 Ames 试验结果为阴性，表明乌龙型灵芝茶无致突变作用。因此可认为，灵芝发酵茶在人正常饮用量下对人体安全、无毒，无致突作用。而且，灵芝发酵茶提取液可明显延长小鼠负重游泳时间，对改善疲劳小鼠的生化代谢也有明显效果，具有抗疲劳作用。

第 四 节 液态灵芝菌茶发酵

液态灵芝菌茶是以茶叶浸提液为主料，接种灵芝菌进行菌丝发酵培养，然后过滤，得到同时富含茶叶成分和灵芝菌成分的新型液态养生发酵茶饮料。

一、液态灵芝菌茶发酵工艺流程

鲜叶→ 杀青处理 → 破碎匀浆 → 浸提茶汤 → 装瓶 → 灭菌 → 接种灵芝菌株 → 发酵 → 过滤 →
调配 → 灭菌 →茶饮料

二、液态灵芝菌茶发酵技术要点

（一）灵芝菌菌种制备

灵芝菌菌种的制备同固态灵芝菌茶一样。小规模液态灵芝菌茶发酵时，可以直接以活化好的灵芝菌平板菌块进行接种。

（二）发酵茶叶原料

1. 不同茶类的选择

灵芝菌可以在以红茶、清香型乌龙茶、黑茶、炒青绿茶、杀青叶为原料的液态培养基中生长，在清香型乌龙茶液态培养基中生长速度最快，其次是黑茶和杀青叶的液态培养基。而在绿茶和红茶的液态培养基中，灵芝菌生长受到抑制。因此，可以采用清香型乌龙茶、黑茶和杀青叶为液态灵芝菌茶发酵的原料，结合成本考虑，优先选择杀青叶为宜。

2. 茶水比的选择

灵芝菌在茶水浓度为0.5%～2.0%杀青叶的液态培养基中均能生长，但以1.5%～2.0%的浓度中生长更好。

3. 配料

在液体培养基配制时，可以考虑加入少量的食用级蔗糖、葡萄糖或果糖，以促进灵芝菌的生长，同时也可以适当调节发酵饮料的口感。

4. 浸提茶液

采摘一芽三四叶标准的鲜叶，摊放2～4h，至摊放叶含水量约70%，以滚筒杀青机于200～280℃杀青，使得杀青叶含水量约为50%。用料理机破碎杀青叶1min，按茶:水＝1:40（质量/体积）加入蒸馏水，于100℃恒温浸提30min，过滤得茶汁并定容，备用。

（三）灭菌与接种

1. 装瓶

将制备好的茶液进行分装，装瓶量为瓶体积的60%～75%更利于发酵的进行。

2. 灭菌

装好瓶的茶液，需采用高温高压的方式灭菌，一般以121℃灭菌30min。

3. 接种

接入10%左右（体积分数）的灵芝菌种子液，然后进行发酵培养。小体积发酵培养时，可按0.5cm^2/100mL的比例接入灵芝菌菌块。

（四）发酵培养

将接种后的茶液培养基置于28℃左右的环境中以振荡方式培养，转速为180r/min，发酵培养5～7d。

（五）过滤、调配

发酵好的灵芝菌茶发酵液，先进行粗滤，将菌球、菌丝和沉淀物除去。粗过滤液以5000r/min离心，进一步除去杂物。过滤后的灵芝菌发酵液，可根据产品定位，添加果汁或其他浸提液进行调配，调配液需进行超滤。

（六）灭菌

灵芝菌超滤液可以滤膜方式除菌，然后进行无菌罐装。也可直接进行灌装后，采用121℃、20min的方式高压灭菌，制得液态灵芝菌茶。

三、液态灵芝菌茶品质

茶液经过灵芝菌发酵后，在色泽、香气、滋味等方面都发生很大的变化。经过灵芝菌株发酵，色泽由原先的澄清透明、浅黄色变成红褐色，明亮带金圈。香气由原先的浓茶香变成菌香浓、茶香协调。滋味由原先的茶味浓、苦涩变成菌味浓、有茶味，绵滑感强。以杀青叶浸提的灵芝菌发酵液，外观澄清透明，深橙红，明亮，菌香宜人，带茶香；口感菌味明显，有茶味，不苦涩，绵滑适口。

第五节　灵芝菌配制茶的加工

灵芝菌在发酵培养时，会分泌很多代谢物在发酵液中，如灵芝菌多糖、灵芝菌腺苷等，同时灵芝菌的菌丝体也富含功能活性成分。为此，从对微生物利用的方式来看，除直接利用微生物发酵改变茶品质外，还可以微生物菌体、微生物发酵液或微生物代谢物添加到茶叶中，制成一类灵芝菌配制茶。

一、添加灵芝菌发酵液的配制茶

（一）工艺流程

制备灵芝菌发酵液 → 添加入茶叶中 → 干燥 → 成品

（二）技术要点

1. 灵芝菌发酵液的制备

以含茶水为主的液体培养基中，接入灵芝菌菌种，在28℃、180r/min发酵培养5～7d，即可得灵芝菌发酵液。

2. 原料的选择

添加灵芝菌发酵液，对茶叶原有品质会发生很大的改变，为此需要以与灵芝菌发酵液品质相近的茶叶为原料进行配制。在不同茶类中，以红茶和绿茶作为添加灵芝菌发酵液的原料较好。在绿茶中，则以烘青、晒青茶为原料更佳。

3. 灵芝菌发酵液添加量

添加灵芝菌发酵液的灵芝菌配制茶应具有灵芝菌的品质特征，因此必须保障加入一定的灵芝菌发酵液。如添加灵芝菌发酵液过多，会导致生产成本偏高。考虑灵芝菌发酵液的浓度和配制茶的品质等因素，一般灵芝菌发酵液以添加300～400mL/kg的茶叶为宜。

4. 干燥

添加灵芝菌发酵液的灵芝菌配制茶在干燥时，采取烘干方式为好。不同烘干温度对灵芝菌配制茶的香气和滋味等品质影响很大，以80℃烘干为好。

5. 其他

添加灵芝菌发酵液到干茶上时，要确保添加均匀，又要保证灵芝菌发酵液没有被浪费。为此，采取分次添加，多次烘干的方式比较好。也可以将灵芝菌发酵液进行浓缩，浓缩一定浓度时再添加入茶叶中。制备好的添加灵芝菌发酵液的配制茶，具有灵芝菌的功能活性成分和气味。

二、添加灵芝菌菌体的配制茶

（一）工艺流程

培养灵芝菌 → 收集灵芝菌菌体 → 添加入茶叶中 → 干燥 → 成品

（二）技术要点

1. 灵芝菌菌体的制备

以营养丰富的液体培养基在28℃、180r/min发酵培养灵芝菌，培养5～7d，待灵芝菌菌体数量最大时，收集菌体。将培养液以3600r/min转速离心20min，上清液另用，得到湿灵芝菌体。平均每升培养液约可获得30g湿质量的灵芝菌体，烘干约可得2.26g菌体量（干质量计）。

2. 原料的选择

在不同茶类中，以铁观音和烘青作为添加灵芝菌菌体的原料较好。在绿茶不同在制品中，以揉捻叶作为添加灵芝菌菌体的原料较好。

3. 灵芝菌菌体添加量

不同菌体添加量对灵芝菌配制茶的内质香气和汤色都有影响。随着灵芝菌添加量的增大，茶汤的颜色逐渐加深，茶叶原料自有的香气逐渐减弱，灵芝的香气逐渐增加，苦涩味逐渐降低，回甘度逐渐增加。考虑灵芝菌发酵液的浓度和配制茶的品质等因素，一般灵芝菌菌体以添加30%～40%（质量比）的茶叶为宜。

4. 干燥

添加灵芝菌菌体的灵芝菌配制茶在干燥时，采取烘干方式为好。不同烘干温度对灵芝菌配制茶的香气和滋味等品质影响很大，也以80℃烘干为好。

5. 其他

为保证菌体均匀地添加到茶叶上，可以一定体积的清水加入离心收集的菌体中，将菌体打散均匀后，再添加到茶叶上。制备好的添加灵芝菌菌体的配制茶，具有灵芝菌的功能活性成分和气味。

三、添加灵芝菌多糖的配制茶

（一）工艺流程

液体培养灵芝菌 → 收集发酵液 → 浓缩发酵液 → 酒精沉淀 → 收集灵芝菌多糖 → 加入茶叶中 →

干燥 → 成品

（二）技术要点

1. 灵芝菌多糖的制备

以营养丰富的液体培养基或含茶水培养基在28℃、180r/min发酵培养灵芝菌，培养5～7d，以3600r/min转速离心20min，收集上清液。将所得的上清液进行浓缩，待上清液体积浓缩到原来的1/10之后，按照1:3（酒精:浓缩液）的体积比加入纯食用酒精进行沉淀。在4℃冰箱中静置24h后，5000r/min离心20min，收集沉淀物，即得到湿重的灵芝菌多糖。

2. 原料的选择

在不同茶类中，经试验以绿茶作为添加灵芝菌多糖的原料较好。而在不同绿茶种类中，以炒青茶作为添加灵芝菌多糖的原料较好。

3. 灵芝菌多糖添加量

随着灵芝多糖添加量的增加，干茶色泽油润度明显增加；汤色也由黄绿逐渐变为深褐，但无明显浑汤；香气方面则由绿茶典型的栗香逐渐转变为略带高火香的甜香；滋味方面苦涩味持续加重，伴有锁舌的现象。综合考虑，灵芝菌多糖添加量以占干茶重量的40%左右为佳。

4. 干燥

添加灵芝菌多糖的灵芝菌配制茶在干燥时，采取烘干方式为好。不同烘干温度对灵芝菌配制茶的香气和滋味等品质影响很大，也以60~80℃烘干为好。

5. 其他

离心收集的灵芝菌多糖，不需要干燥，直接以湿态添加入茶叶中。如以食用酒精溶解灵芝菌多糖后，添加到茶叶中，在干燥后依然会在较长时间都残留有酒精味，不利于灵芝菌配制茶的品质。制备好的添加灵芝菌多糖的配制茶，富含灵芝菌多糖，具有良好的香气和滋味品质。

第十章 虫草菌茶产品

第一节 虫草菌的活性成分与功能

一、虫草菌分类

虫草菌是属于真菌门（Eumycota）子囊菌亚门（Ascomycotina）麦角菌科（Clavicipitaceae）中虫草属（*Cordyceps*）的所有真菌的统称。大多数虫草菌可感染寄生于昆虫的幼虫，把虫体变成充满菌丝的僵虫，并从僵虫头部或体表长出有柄头状或棍棒状的子座体，形成由子座（即草部分）与菌核（即虫的尸体部分）两部分组成的虫菌复合体——虫草。冬季昆虫的幼虫蛰居土里，虫草菌寄生其中，吸取营养，幼虫体内充满菌丝而死；到了夏季，自幼虫尸体之上生出虫草菌的子座体，形似草，夏至前后采集而得，故名冬虫夏草。虫草菌在地球上分布十分广泛，可见于除南极洲的所有陆生环境，尤以热带和亚热带地区（特别是东亚、东南亚地区）的物种多样性最高。目前全世界报道记载和虫草菌有关的名称已有500多个，中国已报道约120种。国内具有药用价值的虫草种类包括冬虫夏草［*Cordyceps sinensis*（Berk.）Sacc］、蛹虫草（*Cordyceps militaris*）、亚香棒虫草（*Cordyceps hawkesii* Gray）、凉山虫草（*Cordyceps liangshanensis* Zang）、巴恩斯虫草（*Cordyceps barnesii* Thwaites ex Berk. et Br.，又名香棒虫草）、蝉花（*Isaria cicadae* Miquel）、甘肃虫草（*Cordyceps gansuensis*）、新疆虫草（*Cordyceps gracilis*）、巴西虫草（*Cordyceps brasiliensis*）、蔗蛾虫草（*Cordyceps phragmatoecia*）、金针虫草（*Cordyceps agriota*）、山西虫草（*Cordyceps shanxiensis*）、分枝虫草（*Cordyceps ramosa*）、大囊团虫草［*Cordyceps ophioglossoides*（Ehrenb.）Link］、阳平珊瑚虫草（*Cordyceps martialis*）、古尼虫草（*Cordyceps gunnii*）共16种。可人工培养的（包括菌丝体发酵的）有蛹虫草、蛹草拟青霉（*Paecilomgces militaris*）、冬虫夏草、中国被毛孢（*Hirsutella sinensis*）、蝉茸（*Cordyceps sobolifera*）、蝉棒形虫草（*Cordycepsclavulate*）、蜡棒束孢（*Isaria cicaclae miquel*）、古尼虫草、古尼拟青霉（*Paeciomgces gunnii*）、蚁被毛孢（*Hirsutella leacallii*）、布氏虫草（*Cordycepsbrongniartii*）、布氏白僵霉（*Beaureria brongniartii*）。

在众多的虫草菌中，冬虫夏草菌［*Ophiocordyceps sinensis*（Berk.）G. H. Sung, J. M. Sung, Hywel-Jones & Spatafora，或为 *Cordyceps sinensis*（Berk.）Sacc.］和蛹虫草

菌［*Cordyceps militaris*（L.）Link］研究开发最多，成为虫草菌研究中的"模式物种"。冬虫夏草菌是生产冬虫夏草的虫草菌，其侵染青藏高原高山草甸土中的蝙蝠蛾科（Hepialidae，主要为钩蝙蛾属 *Thitarodes* Viette）幼虫而形成的幼虫尸体与真菌子座的复合体。蛹虫草菌又名北冬虫夏草菌、北虫草菌、蚕蛹虫草菌、蛹草菌等，主要寄生鳞翅目昆虫的蛹，与冬虫夏草菌相比，生长较快，容易人工培养产生子实体，因此，人们常把蛹虫草作为冬虫夏草的替代品进行开发利用。

二、虫草菌活性成分

虫草菌中药用价值最明显的有效成分为类胡萝卜素、腺苷、多糖、虫草素、甘露醇及超氧化物歧化酶（SOD）等。

（一）虫草菌多糖

虫草菌多糖分为胞内多糖和胞外多糖，蛹虫草中的虫草菌多糖属于胞内多糖。虫草菌多糖是一类高度分支的半乳甘露聚糖，主要由甘露醇、葡萄糖、半乳糖等单糖组成。蛹虫草多糖含量因存在部位不同相差很大，但不同培养基培养得到的蛹虫草多糖差异不大，主要集中在菌丝体中。虫草菌多糖是虫草菌中的主要活性成分之一，是目前世界上发现增强免疫效果比较好的物质之一。在虫草菌体内的多种生物活性物质中，虫草菌多糖所占的比例最大。虫草菌多糖因其结构的特异性而具有一定的药理活性，具有抗疲劳、免疫调节、增强体液、降低血糖、抗肿瘤、保肝护肾、抗辐射、抗氧化、修复损伤细胞等多重功效，目前已有多种富含虫草菌多糖的药品和保健品等上市。

（二）虫草菌核苷类化合物

虫草菌丝及其发酵菌丝体中含有多种核苷类化合物，是虫草菌活性成分。至今从虫草菌中已分离并鉴定了 11 个核苷类化合物，有尿苷、尿嘧啶、虫草素（3′-脱氧腺苷）、腺嘌呤、腺苷、鸟嘌呤、次黄嘌呤、次黄嘌呤核苷、3′-氨基-3-脱氧腺苷、高瓜氨酰基氨基腺苷和赖氨酰氨基腺苷等。腺苷是冬虫夏草的质量标准成分，也是我国蛹虫草子实体的质量标准成分之一，要求腺苷含量不少于 0.055%。腺苷能改善心脑血液循环，抑制神经系统，抗辐射，保护心脏，对血小板凝集具有抗性等功能。

（三）虫草素

虫草素又称虫草菌素，即 3′-脱氧腺苷（3′-Deoxyadenosine），相对分子质量为 251.24，是一种虫草菌腺苷类抗菌素，属于一种广谱抗菌活性的嘌呤类生物碱。虫草素是从真菌中分离出来的第一个核苷类抗生素，也是蛹虫草菌中最主要活性成分。虫草素与腺苷的结构相似，因生物识别错误，虫草素能代替腺苷参与肿瘤细胞的生长繁殖，从而抑制肿瘤细胞的生长。虫草素对鼠艾氏腹水癌、人鼻咽癌 KB 细胞等皆具明显拮抗作用，可治疗急性淋巴细胞白血病，有极强的抗真菌、抗人类免疫缺陷病毒（HIV）-Ⅰ型病毒和选择性抑制梭菌属细菌活性。

（四）虫草酸

虫草酸即 D-甘露醇，为奎宁酸的异构物，分子式为 $C_6H_{14}O_6$，是一种广泛存在于植物和微生物中的功能性多元醇。虫草酸含量为 7%~29%，不同生长期的虫草菌中含量不一。蛹虫草中虫草酸含量高低与虫草质量成正相关关系，一般在 6%～9%。冬虫夏草菌和蛹虫草菌中虫草酸含量均较高，蛹虫草发酵菌丝体中虫草酸的含量远远高于天然虫草，高达 16.04%。天然蛹虫草与人工栽培的子实体中，虫草酸含量差别在 3%～10%。虫草酸具有降低颅内压、利尿脱水、降低心肌耗氧量、增强肝脏解毒作用，能治疗多种疾病，可改变血浆渗透压等。

（五）氨基酸与肽类

蛹虫草粗蛋白含量和氨基酸总量达到 50% 以上，除组氨酸外，其余的必需氨基酸和非必需氨基酸在蛹虫草的组织都有。蛹虫草中含有的氨基酸与天然冬虫夏草相比，基本一样。人工产冬虫夏草菌丝体中的氨基酸含量约为天然冬虫夏草的 2 倍，其发酵液中的氨基酸含量很低，每 100mL 中仅含 0.596mg。从虫草发酵菌丝中分离出环二肽类化合物：L－甘－L－脯环二肽、L－亮－L－脯环二肽、L－缬－L－脯环二肽、L－丙－L－亮环二肽、L－丙－L－缬环二肽、L－苏－L－亮环二肽、虫草环肽 A 等，已发现 L－甘－L－脯环二肽具有抗癌和增强免疫作用的活性。

（六）超氧化物歧化酶

蛹虫草菌中含有 Mn－SOD 和 Cu－SOD，其中 Cu－SOD 是蛹虫草菌中主要的 SOD 酶。蛹虫草中提取出的超氧化物歧化酶含有铜和锌两种金属元素，超氧化物歧化酶的酶活力在 pH 为 7.0～8.0 范围内比较稳定，且活力最大。蛹虫草中的超氧化物歧化酶含量比冬虫夏草的高，虫草菌丝体发酵液中的酶活力普遍高于菌丝体。蛹虫草超氧化物歧化酶主要有提高免疫力、抗衰老、抗氧化、清除自由基等作用。

（七）其他活性成分

虫草菌中含有多种甾醇物质，如麦角甾醇、麦角甾醇过氧化物、胆固醇、谷甾醇、2，2－二氢麦角甾醇、胆甾醇棕榈酸酯、菜油甾醇、二氢菜籽甾醇等。因麦角甾醇在虫草菌中的含量相对恒定，通常作为质量控制指标之一。虫草菌中含有硬脂酸、油酸、亚油酸、软脂酸和胆甾醇软脂酸酯等脂肪酸，蛹虫草富含大量的类胡萝卜素，蛹虫草人工栽培子实体的类胡萝卜素含量可达 2.16mg/g，主要包含叶黄素、玉米黄素以及 Cordyxanthin Ⅰ～Ⅳ 等。此外，蛹虫草中含有 26% 蛋白质，21.9% 脂肪，28% 糖，13.41mg/g 黄酮，富含多种维生素，包括维生素 A、维生素 B_1、维生素 B_2、维生素 B_{12}、维生素 B_6、维生素 C、维生素 D、维生素 E、烟酸等。虫草菌中所含矿物质元素十分丰富，已检出 36 种，以 P 的含量为最高，其次为 Na、K、Mg、Mn、Fe、Cu、Zn。

三、虫草菌功能

《新华本草纲要》称，蛹虫草"全草：味甘，性平。有益肺肾，补精髓，止血化痰的功能"。虫草菌味甘，性平，入肺肾二经，具有补肺益肾、止血化痰之功效，主治肾虚、阳痿遗精、肺结核、腰膝酸痛、病后虚弱、久咳虚弱、劳咳痰血、自汗盗汗、慢性肾炎等。现代研究表明，蛹虫草具有增强免疫、抗癌、抗衰老等功能作用。

（一）抗肿瘤

蛹虫草对多种肿瘤均有良好的疗效，能抑制癌细胞裂变，阻延癌细胞扩散，显著提高体内 T 细胞、巨噬细胞的吞噬能力，对 S180 瘤、人黑色素瘤 B16 细胞、人白血病

HL－60 细胞、人体红血病 K562 细胞及喉癌细胞具有较好抑制效果。蛹虫草发酵菌丝提取物通过影响相关基因的表达来抑制血管的形成，从而抑制黑色素瘤的生长。蛹虫草水提液能通过诱导细胞凋亡使白血病细胞 U937 的生长受到抑制。虫草素能抑制肿瘤细胞的生长发育，具有抗癌作用。除直接作用外，蛹虫草还可使宿主特异性免疫功能增强而获得明显的免疫保护效应来抗癌，如蛹虫草多糖和虫草酸具有增强和调节非特异性免疫。

（二）抗衰老

蛹虫草中的超氧化物歧化酶与其他物质对生物体具有很好的抗氧化和清除自由基能力，能明显降低老年大鼠体内的过氧化脂质（LPO）含量和自由基水平，提高老龄老鼠的超氧化物歧化酶和谷胱甘肽过氧化物酶的活力并降低过氧化脂质的含量，延缓器官及机体的衰老，对 D－半乳糖致小鼠的多项衰老体征的出现具有明显的延缓作用，能明显延长果蝇存活的时间。

（三）增强免疫力

蛹虫草主要在免疫器官、免疫细胞及免疫分子等水平上发挥作用，促进特异性抗体的产生，增强机体体液免疫能力，提高巨噬细胞吞噬指数，显著提高自然杀伤细胞的杀伤力及血清溶血素的含量，促进抗体的形成。

（四）抑菌

蛹虫草组织中含有大量的生物活性成分，对外来的细菌等会产生一定的抑制作用。虫草素对葡萄球菌、链球菌、鼻疽杆菌、炭疽杆菌、猪出血性败血症杆菌等均有抑制作用，蛹虫草煎剂对须疮癣菌、絮状表皮癣菌、石膏样小芽孢癣菌、羊毛状小芽孢癣菌等真菌及鸟结核杆菌、鼻疽杆菌等结核杆菌也均有抑制作用，蛹虫草发酵液可抑制一些葡萄球菌、芽孢杆菌等细菌和木霉、曲霉等真菌。

（五）补肾益精

蛹虫草菌丝能明显改善慢性肾功能衰竭患者的身体状况，如提高肌酐清除率，促进蛋白质的合成，纠正负氮平衡等，提高患者的生活质量。人工虫草提取物能够防治庆大霉素导致的急性肾小管损伤，抑制人体自身低密度脂蛋白（LDL）引起的人肾小球膜细胞增生。蛹虫草能增加睾丸的生精与内分泌功能，并能修复腺嘌呤引起的睾丸功能障碍，使小鼠血清睾酮含量增加，同时使其体重及皮腺、精囊和前列腺的质量显著增加，增强去势大鼠的质量，有明显的雄性激素样作用，能提高胰岛素的分泌，对肾功能损伤具有明显的治疗作用。蛹虫草也可促进雄性激素的合成和分泌，从而促进睾丸生精细胞生长发育及精子形成，发挥其补肾助阳益精之功效。

（六）护肺

蛹虫草对肺虚咳嗽、急慢性支气管炎、哮喘等有较好的疗效。虫草提取物可通过调节机体组织的免疫功能，缓解由于内毒素或类似物质造成的肺部炎症，对肺有一定的保护作用。蛹虫草菌粉含有一种与贝母碱结构类似的物质，是对呼吸道疾病有特效的药物，可有效治疗慢性支气管炎。

（七）镇静

虫草菌有镇静安神作用，调节神经系统，对神经系统具有外周抗胆碱作用，并能降低副交感神经兴奋性，明显减少小鼠的自主活动，对心悸、失眠有较好的治疗作用。虫草菌能与戊巴比妥钠产生协同的催眠作用，能对抗戊四唑引起的惊厥，而呈现抗惊厥作用，增强小鼠耐疲劳能力，增强耐缺氧能力。

（八）其他功能活性

虫草菌有护肝作用，虫草菌多糖对 BCG（卡介苗＋脂多糖）引起的肝损伤有一定保护作用，一定程度上可减轻肝细胞坏死和肝脏炎症，能减少肝脏的胶原沉积，有效防止肝纤维化发生。虫草菌还具有显著抗炎效果，有降血糖、降血脂等功效。

四、虫草菌安全性

虫草属种类很多，其中一部分虫草菌的毒性较大，难以食用。经大、小鼠急性毒性试验半数致死量实验，表明蛹虫草菌属于实际无毒类，同时致癌、致畸、致突变试验阴性。在大鼠 30d 的蛹虫草菌喂养试验中，各项指标均未见明显毒性反应，其最大无副作用剂量为 4.0g/kg 体重，说明食用蛹虫草是安全的。

五、虫草菌应用

天然虫草稀少且价格高，不能满足人们对虫草的需求。尽管冬虫夏草保健功效最好，但当前还无法实现规模化人工栽植。因此在 20 世纪 80 年代初我国就已经开始了虫草菌丝体的人工培养研究，并取得了很大的进展。蛹虫草菌的人工培养已基本成型，很容易在人工培养基上培养产生子实体，已实现规模化栽培子实体。然而，因蛹虫草菌的主要成分与冬虫夏草菌类似，甚至高于冬虫夏草菌，而且二者的养生功能基本一致，故可以蛹虫草代替冬虫夏草。蛹虫草和广东虫草子实体（*Cordyceps guangdongensis*）分别于 2009 年、2013 年由国家原卫生部批准为新食品原料，可以当作食品使用，但冬虫夏草当前还仅限于作药用和保健品。

目前，虫草菌已被广泛应用于饮料、食品、药品及保健品当中。在药品方面，吉林东北虎药业股份有限公司制药分公司已将蛹虫草作为主要成分研制出了一类能够补肾益肺、抗衰老、调节睡眠的新药——蛹虫草菌粉。长春中药制药有限责任公司生产的蛹虫草菌粉胶囊，有补肺益肾、止咳化痰之功效，可用于治疗慢性支气管炎。由冬虫夏草菌的发酵菌丝体制成的"百令胶囊"，作为国家中药一类新药，已被用于治疗慢性肾衰、Ⅱ型糖尿病、尿路感染、肝脏疾病、哮喘、结核及辅助治疗肿瘤等。有利用从冬虫夏草分离的其他真菌进行药品开发，如由蝙蝠蛾被孢霉发酵菌丝体制成的"至灵胶囊"，由蝙蝠蛾拟青霉菌丝体发酵物制成的国家中药一类新药"金水宝胶囊"，由虫草头孢（*Cephalosporium sinensis* C. T. Chen）开发出的"宁心宝胶囊"，由粉红黏帚霉（*Gliocladium roseum* Bainier）开发出的"心肝宝胶囊"等。同时还有一系列药用产品，如可治疗高血压的"复方北虫草胶囊"；可营养肌肤、抗衰老、防皱、适于老年人使用的"北虫草活力霜"；对于手足癣、严重溃疡、皮肤奇痒、蚊虫叮咬红肿有显著疗效的"北虫草止痒露"。此外，还研制有蛹灵口服液、"北虫草液"、"天王宝口服液"、"绿野仙液"、"蛹虫草枸杞口服液"、"不老神液"等。

在食品与保健品方面，蛹虫草作为新型绿色保健食品走上了饭桌，可用来炒菜、炖鸡、炖鸭、煲汤、烫火锅、沏茶等，尤其是用虫草煲汤在广东、香港和台湾等地很受欢迎。利用蛹虫草液体发酵菌丝体及发酵液研制出功能性蛹虫草酸奶饮料和蛹虫草面包，其含有丰富的虫草多糖。将蛹虫草发酵液应用于八宝粥生产中，研制出一种富含多种活性成分的功能性食品蛹虫草八宝粥。此外，还有虫草酱、虫草燕麦粉等。目前已上市的蛹虫草保健品有虫草口服液、虫草补肾酒、虫草保健啤酒、虫草黄酒、虫草白酒、子实体干粉、子实体胶囊以及虫草胶囊等。此外，研究人员还研制出了营养保健醋、虫草葡萄补酒、虫草枸杞葡萄酒、蛹虫草茶酒等。

在茶产品方面，虫草菌茶产品一般分为虫草调配茶和虫草发酵茶。虫草调配茶大多以茶叶、虫草菌发酵液或虫草浸提液为原料，加以花茶、代茶饮品等按一定比例调配而成，如北冬虫夏草保健茶饮料、虫草绿茶饮料、无糖型乌龙茶饮料和加糖型乌龙茶饮料等。虫草发酵茶则是以茶叶或茶叶浸提物为培养基，接种虫草菌，在一定条件下发酵而成。如将茶叶加水浸提得到茶汁，将蛹虫草培养基进行糊化、液化和糖化后，加入一定比例的茶汁和蔗糖，以活性黄酒干酵母为发酵剂，采用液态发酵法酿造出具有保健功能的茶酒，兼有酒和茶的香气。有以茶渣 40% ~ 50%、茶叶 40% ~ 50%，添加剂不超过 10%，接入 20mL 虫草菌液体菌种，于（25±1）℃温度下培养两周，搅拌后继续培养 10~15d，烘干包装，得到带虫草菌丝的发酵茶叶。华中农业大学茶叶生物技术课题组以驯化筛选出的虫草菌，在纯茶叶培养基上长满菌丝，研制出一种纯茶与虫草菌丝的复合发酵茶；并以茶水进行发酵，研制出纯虫草菌茶饮料；此外，还分别以虫草菌的菌体、多糖等分别添加入茶叶中，制成各种配制茶。

第 二 节　虫草菌的驯化筛选

一、虫草菌生物学特性

（一）虫草菌生活史

虫草菌具有无性型和有性型的复合型生活史，只产生分生孢子的阶段称为无性型阶段，产生子囊壳和子囊孢子的阶段称为有性型阶段，这两个阶段都可以独立地循环生长和产孢。

1. 有性型阶段

（1）冬虫夏草菌的有性型阶段　在自然条件下，冬虫夏草菌完成生活史需要约一年的时间。在每年夏秋季节，冬虫夏草菌开始侵染在地下生活的蝙蝠蛾幼虫。冬虫夏草菌进入虫体后在幼虫体腔内生长，逐渐使虫体内充满真菌菌丝体。被感染的幼虫初期行动迟缓，最后虫体内的菌丝体变为坚硬的"菌核"，进入冬季时成为僵虫（即所谓的"冬虫"），并在当年土壤冻结前从虫体头部长出短小的子座芽。到次年春夏时分、土壤解冻后，冬虫夏草菌的子座继续生长并伸出地面，状似嫩草，故称"夏草"。到 6 月份中下旬，子座头部渐渐膨大，子囊壳和子囊孢子逐渐成熟。成熟的子囊孢子从子囊壳口弹射出来，散落到土壤中，在适宜的条件下又去侵染其他的蝙蝠蛾幼虫。冬虫夏草菌为同宗配合真菌，一般只从昆虫幼虫头部长出一个子座，鲜见有生长两个及以上子座的。

（2）蛹虫草菌的有性型阶段　蛹虫草菌从接种到子实体成熟，需经过菌种萌发期、菌丝扩展期、菌丝转色期、原基分化期、子座形成期、子实体分化期、子囊和子囊孢子发育期、子实体成熟期过程。蛹虫草菌子实体成熟后会形成子囊孢子（繁殖单位），孢子随时会散发传播在其他适宜的蛹体上进行下一轮新的繁殖。蛹虫草菌开始吸收养分生长出白色菌丝，菌丝利用蛹体内的营养成分而进行着生长发育，菌丝体不断生长将整个蛹体侵染，蛹体内的结构组织随着菌丝的侵占而逐渐被瓦解，待蛹体内的营养及组织被全部分解掉后，菌丝体生长已经进入原基阶段到逐渐成熟，形成黄色至橙黄色的顶端膨大棒状的子座，称此现象为"出草"。子实体开始分化，形成子囊壳，待其发育成熟后，子实体也发育成熟，子囊壳产生子囊孢子，孢子弹射出来，继续进行侵染繁殖，这样一轮的生长发育就已经完成，新一轮的生活史开始。人工栽植蛹虫草菌，从营养生长再进入生殖生长直至成熟，整个过程需要 50～60d。蛹虫草菌为异宗配合真菌，只有将不同交配型单孢菌株混合培养才能确保产生成熟子座，才能具有子囊壳和子囊孢子；其子座数目不定，可从僵虫多处长出。

2. 无性型阶段

一般虫草菌的人工培养、液体发酵等应用研究和工业生产都以无性型作菌种。已基本确定，蛹虫草菌的无性型为蛹草拟青霉，冬虫夏草菌的无性型为中国被毛孢。当存在使用的分离材料不一、培养温度不同、培养基不同等因素时，导致分离出来的虫草菌无性型特征差异较大。此外，在虫草中往往会同时存在多种类似的虫草菌，导致分离鉴别困难，如已报道从冬虫夏草中分离出多达 22 个不同的真菌。蛹虫草菌的无性型具有二型的产孢结构，即拟青霉型和轮枝孢型。

（二）虫草菌形态特征

1. 菌丝特征

人工培养时，蛹虫草菌种萌发一般需要 1 周左右。蛹虫草的菌丝多为乳白色绒毛状，待见光转色后呈橘黄色。蛹虫草菌丝致密程度和爬壁能力均较强，菌丝结构致密呈树枝状，有隔膜和分生孢子，无锁状联合。蛹虫草菌的分生孢子有圆形和圆柱形，着生在分生孢子梗的顶端，分生孢子梗单生或有分枝，以成单、成对或成簇为主的方式排列。

初生的菌丝为单核，菌丝构成了菌核和子座柄。菌丝结合是在子座头部子囊壳发育过程中靠近子囊壳基部的相邻菌丝之间进行。在营养的诱导下，不同菌系的菌丝在一定的温度刺激下扭结成子实体的原基，有性阶段就在子实体中产生，由此即两个交配型的菌丝之间进行体细胞的结合，并产生双核菌丝。由此可知，蛹虫草子实体是双核菌丝和初生菌丝的混合体。

2. 子实体特征

一般蛹虫草菌寄主的蚕蛹蛹体颜色偏暗，蛹体长只有 2cm。蛹虫草菌的子实体色泽为橙黄或橘黄色，一般不分枝，可看出纵沟，高约 10cm。子座柄部呈圆柱形，内实心，粗约 4mm，长约 4cm。子囊壳下部在子座头部的外层，子囊壳外露，呈圆锥形。子座顶部一般呈棒状，表面较粗糙，粗有 5mm，长 2cm。子囊呈细长线形，平行排列在子囊壳内，成熟时产生横隔，并断成 $2 \sim 3 \mu m$ 小段。子座中的子囊壳里有子囊，一个子囊里含有八个子囊孢子，子囊孢子间有隔膜分结现象。子囊壳无序分布，子囊壳的口朝着上方，子囊壳的上面和中间部分比较厚。

（三）虫草菌生长条件

1. 营养条件

人工栽培时，蛹虫草可利用的碳源有葡萄糖、蔗糖、麦芽糖、淀粉、果胶等，其中尤以葡萄糖、蔗糖等小分子糖的利用效果最好。蛹虫草能利用氨基酸、蛋白胨、豆饼粉、蚕蛹粉等有机氮，能利用氯化铵、硝酸钠、磷酸氢二铵等无机氮，但有机氮的利用效果最好。蛹虫草对矿质元素的需求以磷、钾、钙、镁等为主，一般通过添加无机盐类来满足。虫草菌丝不能合成必要的维生素，适当加入维生素 B_1 有利于菌丝的生长发育。

2. 培养条件

在不同生长发育阶段，虫草菌分别有不同的最适温度、最低温度和最高温度的界限。虫草菌丝生长温度 $6 \sim 30℃$，最适生长温度为 $18 \sim 22℃$；子实体生长温度为 $10 \sim 25℃$，最适生长温度为 $20 \sim 23℃$；原基分化时需较大温差刺激，一般应保持 $5 \sim 10℃$ 温差。蛹虫草菌丝生长阶段，培养基含水量保持在 $60\% \sim 65\%$，空气相对湿度保持在 $60\% \sim 70\%$；子实体生长阶段，培养基含水量要达到 $65\% \sim 70\%$，空气相对湿度保持在 $80\% \sim 90\%$。蛹虫草需要少量空气，在子实体发生期要适当通风，增加新鲜空气，否则因二氧化碳积累过多而导致子座不能正常分化。虫草菌孢子萌发和菌丝生长阶段不需要光照，应保持黑暗环境；但转化到生殖生长阶段需要明亮的散射光，光照度为 $100 \sim 240 lux$；光照强，菌丝色泽深，质量好，产量高。蛹虫草为偏酸性真菌，其菌丝生长发育最适 pH 为 $5.2 \sim 6.8$。

二、虫草菌菌株活化

虫草菌驯化筛选方法类似于灵芝菌的，在此主要介绍虫草菌驯化筛选方法。购买来的虫草菌株，需多次活化，甚至进行复壮。虫草菌种子培养基（1L）含 20% 马铃薯汁、葡萄糖 20g、KH_2PO_4 3g、$MgSO_4 \cdot 7H_2O$ 1.5g、维生素 B_1 8mg，还可添加 10% 左右的蚕蛹粉或奶粉。挑取 $0.5 cm^2$ 大小的虫草菌原种菌块，转接入装液量为 100mL/250mL 种子液态培养基中，于恒温摇床中以 25℃、150r/min 条件下遮光培养 3d，作为液态一级菌种。然后再转接到种子培养基平板划线，25℃恒温遮光静置培养 7d，再接种到三角瓶中培养，再划线到平板，为固态三级菌种，即可作为下一步驯化筛选。虫草菌平板培养时，是在 25℃ 条件下遮光静置培养，待白色菌丝长满平面时为适当。

三、虫草菌初筛

广泛购买和收集代表性的虫草菌种，分别经上述方法活化后备用。称取一定量的绿茶，100℃浸提 30min，过滤收集浸提液，并定容，制得一定浓度的绿茶水待用。先将绿茶水添加配制成一定初始浓度如 0.1% 绿茶的固体培养基（1L 培养基：20% 马铃薯汁，白砂糖 20g，茶叶，琼脂 2%，pH 自然），制成平板后，分别接入活化了 $0.5 cm^2$ 左右大小的虫草菌菌块，置于 25℃恒温遮光培养，观察菌丝生长速度，测定菌落大小。

每个菌株需设多个重复，取菌落直径的平均值，得出不同虫草菌菌株在同一生长时间的生长速度，确定较适合于茶水基质上生长的虫草菌菌株。筛选出来的虫草菌菌种，则保存于该茶水浓度的固体培养基上备用。

如茶水浓度偏高，无虫草菌生长，则需降低茶水浓度重复进行初筛，直至有虫草菌菌种长出为止。如茶水浓度偏低，导致可生长的虫草菌种多，则可依据生长初期的菌落直径来筛选；若菌落直径差异不明显，则可逐步加大茶水浓度重复进行筛选，直至少数虫草菌菌种生长良好为止。

四、虫草菌驯化

经过初筛后，以少数较适于茶水基质中生长的菌株进行驯化。虫草菌驯化方法与灵芝菌驯化方法相同。

（一）含茶液体培养基连续驯化

在初筛的茶水浓度基础上，逐步加大茶水浓度，以液体连续培养的方式进行虫草菌驯化。配制系列茶水浓度梯度的发酵培养基，每 100mL 液态培养基加入 0 ~ 2.0g 茶叶，再加入 2% 的白砂糖。第一个 0.1% 茶水浓度时，接种量为 10%，于 25℃、转速 150r/min 培养 5d。之后每个驯化浓度依序降低接种量，最后保留至 5% 的接种量。下一个茶水浓度接入的菌种为上一个茶水浓度的菌种，同一茶水浓度菌种重复培养两次，使菌种生长稳定后再接入到下一个茶水浓度中。观察菌体生长速度、絮状沉淀产生时间，以能在最大茶水浓度生长的菌株，测定虫草酸、多糖指标，筛选出优势菌株。优化出的菌株，保存于该茶水浓度的固体培养基上。在不同茶水浓度的培养基中，经虫草菌发酵生长后，发酵液的颜色不一；这除了茶水浓度不一导致颜色有一定差异外，还与虫草菌在不同浓度的茶水发酵叶中生长代谢有所不同。

（二）含茶固体培养基连续驯化

将活化好的虫草菌菌种取约 0.5cm² 大小的菌落，分别接种到由低到高浓度的含茶固体培养基（用 20% 马铃薯汁 1L 浸提茶叶，过滤后，加入 2% 白砂糖，2% 琼脂）中培养，每个平板上按四边形的格式接种 4 个点，也可以直接接入一定量的活化菌液，25℃ 遮光静置培养，每 24h 观察一次。筛选出在较高茶水浓度的培养基上保持生长较快，菌体色泽等正常的优良虫草菌株。

（三）含茶梯度平板培养基连续驯化

也可以制作含茶梯度平板培养基，进行连续驯化虫草菌。将活化了的虫草菌菌株接种于茶水低浓度端，25℃ 培养 5 ~ 10d。挑取高浓度端菌丝，接种于下一个茶水梯度平板上培养。如此反复，直至虫草菌在较高茶水浓度上稳定生长。

五、虫草菌复筛

在虫草菌驯化过程中，也需要进行复筛，筛选出较优的菌株才可进入下一个驯化阶段。虫草菌复筛主要依据两个指标：一是菌体生长速度，包括菌丝生长速度（多以菌落大小表示）和菌体生物量；二是代谢产物，如虫草菌多糖、虫草酸、虫草素等。在一般的驯化过程中，为加快驯化进度，往往选择较为简单的方式进行复筛，常以测定同一时间的菌落直径作为复筛指标。

六、虫草菌验证

对最后驯化复筛出的虫草菌优良菌株,必须进行菌株验证。菌株验证除需完成复筛的内容外,还需观测菌株生长形态和菌种稳定性。进行虫草菌优良驯化菌株验证时,分别在含茶水和无茶水的培养基上进行培养,以原始菌株作对照。测定优良驯化菌株的菌丝生长速度、生物量、虫草菌多糖、虫草素等,同时还需特别观测在无茶水培养基上的菌体生长形态、色泽、气味等,确保菌株无不良变异。考虑到菌株要长久保存利用,为此必须考察菌株稳定性;分别在含茶水和无茶水的培养基上连续接种培养,连续传 20 代以上,观察菌株生长速度、虫草菌多糖、菌体形态等,确认菌株稳定性强,可以应用于生产。华中农业大学茶学系茶叶生物技术课题组经多年研究,成功选育出能在茶叶单一基质上快速生长的虫草优良菌株。

第三节 固态虫草菌茶发酵

固态虫草菌茶是以茶叶为主料,接种虫草菌进行菌丝培养,然后将带菌丝体的茶叶经低温烘焙而成,得到同时富含茶叶成分和虫草菌成分的新型养生发酵茶产品。华中农业大学茶学系茶叶生物技术课题组以选育出的在茶叶单一基质上生长的虫草菌株,且以茶叶单一基质为原料,开发出不添加任何外源物的虫草菌丝茶,已在广东中山市开始进行产业化生产。

一、固态虫草菌茶发酵工艺流程

原料准备、菌种制备 → 灭菌 → 接种 → 发酵培养 → 烘干 → 成品

二、固态虫草菌发酵技术要点

(一)虫草菌菌种制备

将驯化筛选出的虫草菌优良菌株接入液体培养基中培养一定时间,制得虫草菌茶发酵培养的菌种。可根据虫草菌茶发酵生产规模和需要,分别扩大培养制备一级种子液、二级种子液、三级种子液。在最后一级种子液培养时,可添加补充少量葡萄糖或蔗糖等糖类营养物。

(二)发酵茶叶原料

1. 茶叶原料的选择

绿茶加工中的不同在制品在添加外源物的情况下,接种虫草菌后均可以长出菌丝,但虫草菌丝生长快慢因不同茶类的品质风味不同而有明显差异。分别接种发酵,可以生产出品质风味各异的虫草菌茶。

2. 茶叶基质含水量

虫草菌类似灵芝菌,要求原料基质有高的含水量,以 60% ~ 75% 的含水量更适宜

虫草菌生长。在含水量为 30%～60% 的茶叶基质上，虫草菌也可以生长，但菌丝生长缓慢，耗时长。

3. 其他配料

考虑到茶叶基质的单一营养组成不利于虫草菌的生长，为此需在茶叶基质中添加 5% 左右的其他配料，如可添加 2%～5% 的大米、麦麸、米糠或蔗糖。添加这些外源物，可以促使虫草菌丝快速生长。

（三）灭菌与接种

1. 灭菌

当前茶叶基质主要采用高温高压的方式灭菌，一般以 121℃ 灭菌 20～30min。高温高压灭菌，发酵出来的虫草菌茶也会带有煮熟味，可考虑采用微波灭菌或蒸汽湿热除菌。

2. 接种

根据茶叶发酵基质的多少，接入 100mL/kg 左右的虫草菌种子液。接入时，需摇匀种子液；接入后，也需要拌匀茶叶发酵基质，让虫草菌尽可能地分布均匀。

（四）发酵培养

虫草菌接种完成后，需置于 25℃ 的培养箱中遮光培养。在 22～31℃ 虫草菌均可以生长，但以 25℃ 时虫草菌生长快、品质更佳。在发酵时间上，虫草菌丝生长量呈现先增加后稳定的趋势，以 8～15d 生长快，15d 后虫草菌生物量保持稳定，以发酵 10d 左右为佳。

（五）干燥

将长满虫草菌丝的茶叶发酵基质从发酵培养瓶中取出，以 60～80℃ 的温度烘干，烘至水分含量 5%～7%，即制成固态发酵的虫草菌茶。

三、固态虫草菌茶品质

以鲜叶添加配料为原料发酵好的虫草菌茶，外形呈片状，汤色呈杏黄色较明亮，滋味较为甘醇，有虫草菌香，略显花果香。以揉捻叶添加配料为原料发酵的虫草菌茶，外形呈条状，汤色呈暗杏色，滋味菌香和陈香味浓。

采取直接冲泡的方式，虫草菌茶与灵芝菌茶一样，其内含物不容易被泡出，茶汤表现为滋味淡薄，虫草菌的香气和滋味微弱。如将虫草菌茶粉碎后冲泡，或采取煮饮，可显著促进虫草菌茶内含物的浸出，茶汤浓度明显提高，呈现出较浓的虫草菌滋味与气味。

第四节　液态虫草菌茶发酵

液态虫草菌茶是以茶叶浸提液为主料，接种虫草菌进行菌丝发酵培养，然后过滤，得到同时富含茶叶成分和虫草菌成分的新型液态养生发酵茶饮料。

一、液态虫草菌茶发酵工艺流程

鲜叶→ 杀青处理 → 破碎匀浆 → 浸提茶汤 → 装瓶 → 灭菌 → 接种虫草菌株 → 发酵 →

过滤 → 调配 → 灭菌 →茶饮料

二、液态虫草菌茶发酵技术要点

（一）虫草菌菌种制备

虫草菌菌种的制备同固态虫草菌茶一样。小规模液态虫草菌茶发酵时，可以直接以活化好的虫草菌平板菌块进行接种。

（二）发酵茶叶原料

1. 不同茶类的选择

虫草菌可以在以红茶、清香型乌龙茶、黑茶、炒青绿茶、杀青叶等为原料的液态培养基中生长，但以杀青叶发酵的虫草菌液香气高、菌香浓、甜茶香浓，虫草酸含量也高，综合品质最好。为此，以杀青叶为虫草菌茶饮料制备的原料。

2. 鲜叶嫩度

茶鲜叶嫩度过高，高温灭菌后的茶水营养成分变化大，不利于发酵后虫草菌茶饮料优良品质风味的形成。茶鲜叶如偏粗老，内含成分营养性差，也不利于虫草菌发酵生长。以一芽三四叶为原料发酵的虫草菌茶饮料香气高，菌香浓，甜茶香浓，口感绵滑，无苦涩，因此以一芽三四叶为虫草菌茶饮料的最适鲜叶嫩度。

3. 茶水比的选择

虫草菌在茶水浓度为 0.5% ~2.0% 杀青叶的液态培养基中均能生长，但以 1.5% ~2.0% 的浓度中生长更好。随着茶水浓度的增加，虫草菌发酵茶饮料的内含成分也增加，香气高且丰富，口感绵滑，茶味浓。在不同茶水浓度下，发酵好的虫草菌茶饮料中不同功能活性成分含量不一，如虫草菌多糖含量以 1.5% 茶水浓度的最高，虫草酸含量以 1.0% 茶水浓度的最高。

4. 配料

在液体培养基配制时，可以考虑加入少量的食用级白砂糖、葡萄糖或果糖，以促进虫草菌的生长，同时也可以适当调节发酵饮料的口感，多选择加入 2% 的白砂糖。

5. 浸提茶液

采摘一芽三四叶的鲜叶，摊放 2 ~4h，至摊放叶含水量约 70%，以滚筒杀青机于 200 ~280℃杀青，使得杀青叶含水量约为 50%。用料理机破碎杀青叶 1min，按茶∶水 = 1∶50（质量比）加入蒸馏水，于 100℃恒温浸提 30min，用纱布过滤得茶汁，加入 2% 的白砂糖，溶解，冷却后，定容待用。

（三）灭菌与接种

1. 装瓶

将浸提好的茶液进行分装，装瓶量为瓶体积的 30% ~40% 更利于发酵的进行。茶液装瓶量过高或过低，均不利于虫草菌的生长，发酵后的茶液香气、滋味等品质差。

2. 灭菌

装好瓶的茶液，需采用高温高压的方式灭菌，一般以 121℃ 灭菌 30min。

3. 接种

较大接种量可增加菌丝生长点，从而使菌丝生长加快且菌丝量增加。在灭菌后的茶液中，接入 10% ~ 12.5% 虫草菌活化菌液，发酵后菌香较浓，滋味协调，甜茶香浓。

（四）发酵培养

将接种后的茶液培养基置于 25℃ 左右的环境中，以振荡遮光方式培养，转速为 150r/min，发酵培养 7d。虫草属中低温菌类，温度过高会使虫草菌代谢过快，加快虫草菌的衰退。虫草菌在 20 ~ 25℃ 时菌丝生长量最大，其中以 25℃ 发酵得到的菌丝量最多，品质更好。虫草菌丝生长过程中，氧气的供应十分重要。转速过低发酵的虫草菌茶饮料，菌香较浓，滋味较协调，甜茶香浓；转速过高发酵的虫草菌茶饮料，菌香味较淡，茶味较淡，带收敛性。

（五）过滤与调配

发酵好的虫草菌茶发酵液，先进行粗滤，将菌球、菌丝和沉淀物除去。粗过滤液以 5000r/min 离心，进一步除去杂物。过滤后的虫草菌发酵液，可根据产品定位，添加果汁或其他浸提液进行调配，调配液需进行超滤。

（六）灭菌

虫草菌超滤液可以滤膜方式除菌，然后进行无菌灌装。也可直接进行灌装后，采用 121℃、20min 的方式高压灭菌，制得液态虫草菌茶。

三、液态虫草菌茶品质

液态虫草菌茶在发酵前期苦涩味浓，收敛性强，随着发酵时间的增加苦涩味降低，收敛性变弱，甜味增加，菌味逐渐凸显出来，口感变得越来越绵滑。如发酵时间过长，香气变得平淡。发酵茶汤经历"橙黄→橙红→咖啡色→深红褐→黑红褐"的颜色变化。发酵好的虫草菌发酵茶饮料，汤色以红褐色或深红褐色为主，具有较浓的虫草菌香和甜茶香，滋味协调、绵滑，茶味明显，略有收敛性。虫草菌发酵茶饮料中含有虫草酸、虫草菌多糖等虫草菌功能活性成分，茶褐素含量明显升高。

第五节　虫草菌配制茶的加工

虫草菌与灵芝菌一样，在发酵培养时会分泌很多代谢物在发酵液中，如虫草菌多糖、虫草素、虫草酸等，同时发酵液中大量的虫草菌丝中也含有丰富的功能活性成分。为此，可以将虫草菌菌体、虫草菌发酵液或虫草菌代谢物添加到茶叶中，制成一类虫草菌配制茶。

一、添加虫草菌发酵液的配制茶

（一）工艺流程

制备虫草菌发酵液 → 添加入茶叶中 → 干燥 → 成品

（二）技术要点

1. 虫草菌发酵液的制备

以茶水为虫草菌生长的主要营养物质。称取适量烘青绿茶，按照 2∶100 的茶水比，于 100℃ 的水浴锅中浸提 30min，每隔 10min 搅拌一次，过滤得到茶汁。茶汁中加 2% 的蔗糖，分装，装液量为 40%，在高压蒸汽灭菌锅中以 121℃ 灭菌 30min。以含茶水为主的液体培养基中，接入虫草菌菌种，在 25℃、150r/min 遮光发酵培养 7d 后，即可得虫草菌发酵液。

2. 原料的选择

添加虫草菌发酵液，对茶叶原有品质会发生很大的改变，为此需要以与虫草菌发酵液品质相近的茶叶为原料进行配制。在不同茶类中，以红茶和黑茶作为添加虫草菌发酵液的原料较好。

3. 虫草菌发酵液添加量

添加虫草菌发酵液的虫草菌配制茶应具有虫草菌的品质特征，因此必须加入足够量的虫草菌发酵。如添加虫草菌发酵液过多，会导致生产成本偏高。考虑虫草菌发酵液的浓度和配制茶的品质等因素，一般虫草菌发酵液以添加 300~400mL/kg 茶叶为宜。

4. 干燥

添加虫草菌发酵液的虫草菌配制茶在干燥时，采取烘干方式为好。不同烘干温度对虫草菌配制茶的香气和滋味等品质影响很大，以 60~80℃ 烘干为好。

5. 其他

添加虫草菌发酵液到干茶上时，要确保添加均匀，又要保证虫草菌发酵液没有被浪费。为此，采取分次添加，多次烘干的方式比较好。也可以将虫草菌发酵液进行浓缩，浓缩一定浓度时再添加入茶叶中。制备好的添加虫草菌发酵液的配制茶，具有虫草菌的功能活性成分和气味。

二、添加虫草菌菌体的配制茶

（一）工艺流程

$$\boxed{培养虫草菌} \rightarrow \boxed{收集虫草菌菌体} \rightarrow \boxed{添加入茶叶中} \rightarrow \boxed{干燥} \rightarrow 成品$$

（二）技术要点

1. 虫草菌菌体的制备

将扩大培养的虫草菌接种于茶叶液体培养基，于 25℃ 恒温摇床上以 150r/min 遮光培养 7d。待虫草菌菌体数量基本达到最大时，收集菌体。将培养液以 3600r/min 转速离心 20min，弃去上清液，得到湿虫草菌体。也可以增加培养基中的营养成分，以营养丰富的液体培养基进行培养虫草菌，可以明显增加菌丝体产量。

2. 原料的选择

在不同茶类中，以绿茶作为添加虫草菌菌体的原料较好。在绿茶不同在制品中，以杀青叶作为添加虫草菌菌体的原料较好。

3. 虫草菌菌体添加量

在配制添加虫草菌菌体的茶时，同样需添加足够的虫草菌菌体，以保证配制茶有明显的虫草菌菌味和一定量的虫草菌功能活性成分。从不添加到虫草菌体添加量40%，茶叶的干茶色泽变化较明显，逐渐变暗，而干茶的香气则没有明显的变化。不添加虫草菌体的茶样，茶汤在很短时间内（5min左右）有变浑浊的现象出现；而添加虫草菌丝体量10%～30%的茶样，茶汤则随着冷却时间的加长而逐渐依次有浑浊现象出现。添加量为40%的茶样，茶汤在长时间（20min左右）冷却的情况下，无浑浊现象出现，汤色澄清明亮，似杏绿，浅绿微黄，清澈明亮。不同菌体添加量对虫草菌配制茶的内质香气和汤色都有影响，菌体添加量以占干茶的40%（菌体湿质量）时为佳。

4. 干燥

添加虫草菌菌体的虫草菌配制茶在干燥时，采取烘干方式为好。不同烘干温度对虫草菌配制茶的香气和滋味等品质影响很大，也以60～80℃烘干为好，菌香可以和茶叶本身的栗香很好地融合。

5. 其他

为保证菌体均匀地添加到茶叶上，可以一定体积的清水加入离心收集的菌体中，将菌体打散均匀后，再添加到茶叶上。制备好的添加虫草菌菌体的配制茶，具有虫草菌的功能活性成分和气味。

三、添加虫草菌多糖的配制茶

（一）工艺流程

液体培养虫草菌 → 收集发酵液 → 浓缩发酵液 → 酒精沉淀 → 收集虫草菌多糖 → 加入茶叶中 → 干燥 → 成品

（二）技术要点

1. 虫草菌多糖的制备

以营养丰富的液体培养基或含茶水培养基在25℃、150r/min下遮光发酵培养虫草菌，培养约6d。以3600r/min转速离心20min，收集上清液。上清液浓缩至约为原体积的1/10时，加入3倍体积的95%食用酒精，4℃静置24h。将冷藏液以5000r/min离心20min，弃去上清液，收集沉淀物，即得到虫草菌多糖。

2. 原料的选择

在不同茶类中，以绿茶作为添加虫草菌多糖的原料较好。在不同绿茶种类中，以炒青茶作为添加虫草菌多糖的原料较好。

3. 虫草菌多糖添加量

取经95%食用酒精沉淀的虫草湿多糖，用少量的蒸馏水溶解多糖后，加入到茶叶中。在干燥前期，每隔2min对茶叶进行适当地翻拌，使茶叶吸附更多的虫草粗多糖，促进多糖与茶叶混匀，以减少多糖的损耗。随着虫草菌多糖添加量的增加，干茶色泽油润度明显增加；汤色也由黄绿逐渐变为深褐，但无明显浑汤；香气方面则由绿茶典型的栗香逐渐转变为略带高火香的甜香；滋味方面苦涩味持续减轻，回甘增强。综合考虑，虫草菌多糖添加量以占干茶质量的 30% ~ 40% 时为佳。

4. 干燥

采取烘干方式制得的虫草菌多糖茶略带多糖香，与茶香尚协调，滋味方面略带有特殊的多糖味。先烘后炒的干燥方法获得的虫草多糖茶，绿茶的栗香突出，与多糖香欠协调，多糖味较淡。先炒后烘的干燥方法制得的虫草菌多糖茶，多糖香与茶香协调，但多糖味较淡。炒干的干燥方式制备的虫草菌多糖，多糖香气突出，且与茶香较好的融合，茶汤苦涩味淡，带有特殊的多糖味，但干茶油润度略逊色于其它干燥方式加工的茶叶，茶汤易浑。因此添加虫草菌多糖的虫草菌配制茶在干燥时，采取烘干方式为好。随着干燥温度的降低，虫草菌多糖茶干茶油润度逐渐提高，多糖香气逐渐增强，苦涩味也渐渐得以缓解。低温烘干制得的虫草菌多糖茶干茶更加油润，茶汤深褐带金圈，栗香、多糖香显。因此以低温 60℃ 干燥更有利于虫草菌多糖茶的感官品质形成。

5. 其他

离心收集的虫草菌多糖，不需要干燥，直接以湿态添加入茶叶中。如以食用酒精溶解虫草菌多糖后，添加到茶叶中，在干燥后依然会在较长时间都残留有酒精味，不利于虫草菌配制茶的品质。制备好的添加虫草菌多糖的配制茶，富含虫草菌多糖，具有良好的香气和滋味品质。

第十一章 高香茶产品

第一节 产香微生物的种类与应用

一、产香微生物的种类

有些微生物在代谢过程中可以产生各种香气物质，这类微生物统称为产香微生物或产香菌，常见的有酵母菌、白地霉、葡萄球菌、乳酸菌等。

（一）酵母菌

酵母菌（*Saccharomyces*）是一种单细胞微生物，属于真菌类。酵母菌营养细胞为圆形、卵形或长圆形，呈乳白色、乳黄色和粉红色，在固体的培养基表面生长扁平光滑；在 25~30℃ 生长最旺盛，少数可耐受至 37℃ 的高温。酵母菌可以产生蔗糖酶、麦芽糖酶以及辅酶 I 和辅酶 A 等生理活性物质，可产生维生素 B_1、维生素 B_2 等。有机物经酵母菌发酵后，蛋白质、维生素等物质的生物活性都会大幅度提高。在食品的生产过程中所使用的酵母菌类主要是具有产酒精和产酯性能的生香酵母。生香酵母可产生酯类、醇类，广泛用于面包、酿酒、污水处理、果蔬采后保鲜等。酿酒、制醋中用到的生香酵母主要有汉逊酵母、球拟酵母等，酱油酿造过程中使用比较广泛的生香酵母主要是鲁氏接合酵母和多变假丝酵母。

（二）白地霉

白地霉（*Geotrichum candidum*）是一种常见真菌，属于半知菌亚门丛梗孢科卵形孢霉族地霉属。白地霉的形态特征介于酵母菌和霉菌之间，繁殖方式以裂殖为主，少数菌株间有芽生孢子，最适生长温度为 25℃，最适生长 pH 为 5.0~7.0，具有比较广泛的生态适应性。白地霉在中国西北各地均有分布，能适应干旱寒冷，高碱性土壤环境。不同种类白地霉可产生腥臭味、樟脑味、豆腐乳味和浓郁的果香味四种类型，包括多种醇类、醛类、酯类化合物，被用作天然芳香剂、调味品、环境治理、生产饲料蛋白。目前，白地霉在食品、香料、饲料、天然香气化合物的合成、奶酪行业、环境治理等领域都有着广泛的应用。

（三）葡萄球菌

葡萄球菌（*Staphylococcus*）是一群革兰阳性菌，广泛分布于自然界和生物体内。产香的葡萄球菌常见于发酵肉制品中，包括有腐生葡萄球菌（*Staphylococcussaparophytics*）、肉糖葡萄球菌（*Staphylococcus carnosus*）、木糖葡萄球菌（*Staphylococcus xylosus*）等。此类葡萄球菌都具有较高的蛋白酶活力、酯酶活力和硝酸还原酶活力，能将蛋白质降解为游离氨基酸，能生成甲基醛、酮类等风味物质，产香能力显著，主要产生肉香、果香等香气类型，是重要的增香菌，常用于肉类研制过程中。

（四）乳酸菌

乳酸菌是一类无芽孢的革兰氏阳性细菌的总称，其发酵糖类后的主要产物为乳酸。按照发酵糖后产生乳酸的多少，乳酸菌可分为两类：一类的发酵产物中乳酸占 80% ~ 90%，称为同化发酵型；另一类为异化发酵型，发酵产物中仅有 50% 为乳酸，发酵葡萄糖的过程同时产生其他大量的有机酸、醇类等副产物。乳酸菌可产生乙醛、丁二酮、乙酸乙酯等，用于酸乳的发酵生产能产生乳酸和细菌素，不但有利风味形成而且抑制有害菌。乳酸菌发酵产生的乳酸能降低环境 pH，抑制其他杂菌的生成，也能与羰基化合物一同和酵母菌发酵产生的各种醇类相互作用形成酯类，形成新的香味物质，增加了香气。

此外，芽孢杆菌可以产生生物酶，对美拉德反应有较好的催化效果，用于酱香型白酒酒曲，产生良好香型。

二、产香微生物的应用

（一）在食品行业中的应用

产香微生物在食品上的应用由来已久，其应用的方向也很广，包括面包、酱油、酒类、醋、果汁、发酵肉制品、动物乳发酵品等的生产。

1. 面点制作

我们平常所吃的馒头、面包，都是面经过发酵而制成的，它们蓬松，有弹性，口感好，还带有特殊的香味。而用来发酵的添加物，无论是从前的酵头，还是现在的发酵粉，其实本质都是酵母菌。在适宜的条件下，酵母菌利用面团中的糖类等营养物质先后进行有氧呼吸和无氧呼吸，产生 CO_2、乙醇、醛酮和乳酸等物质，其中 CO_2 使面点中充满气孔，乙醇、醛酮和乳酸等香味成分构成了面点的独特风味，可以说正是酵母菌的添加赋予了面点特有的色、香、味、形。

2. 酱油酿造

2000 多年前我国已经开始出现酱油的天然发酵酿造，无论酱油酿造的工艺如何地演变与发展，产香菌始终占据着重要的地位。一系列的产香菌在特定的酿造条件中对原料进行分解并发生复杂的反应与转化，最终形成了酱油的独特香味。酱油酿造中的产香菌主要为霉菌、酵母菌和乳酸菌，目前一些较大型的酱油及酱类酿造工厂采用自培方式向酱醪中添加鲁氏酵母和球拟酵母，取得了一定的使用效果。

曲霉在酱油发酵过程中能分泌大量的以蛋白酶为主的胞外酶类，降解原料中的蛋白质，其降解产物或为呈味、芳香物质及其前体或对后续的产香菌发酵产生影响，综合促进酱油风味的形成，也有研究表明米曲霉与黑曲霉混合制曲能显著增加酱油中部分香气成分的含量。

耐盐性酵母在酱油酿造中对其香气与风味的形成起重要作用，能生成 4 - 乙基愈创木酚、4-羟基-2-乙基-5-甲基-3-呋喃酮等酱油中的主体香气物质，促进酱油酱香的形成。在传统酱油酿造中分离的 7 个属 23 种耐盐性酵母中，醇香型酵母鲁氏接合酵母菌和酯香型酵母球拟酵母菌与酱油有利香气的形成关系最紧密。前者主要作用于酱油主发酵期，能产生对酱油香气形成起重要作用的乙醇、芳香杂醇类物质和能提高酱油的焦糖型风味及鲜味的呋喃酮类物质；后者主要作用于酱油的后发酵期，能产生使酱油具有丁香味和烟熏味的 4-乙基愈疮木酚、4-乙基酚等酚类化合物。

酱油中的乳酸菌为耐盐乳酸菌，主要为嗜盐片球菌（*Pedicoccus halophilus*）、植物乳杆菌（*Lactobacillus plantanum*）和四联球菌（*Tetracoccus sojae*）。乳酸菌的繁殖会代谢产生多种有机酸，即可进一步生成酯类物质，提高酱油的香气，又可以降低整个发酵环境的 pH，促进生香酵母的繁殖。

3. 酒类生产

白酒依据香型的不同主要可分为清香型、浓香型、酱香型、芝麻香型等，其独特的风味香气与其酿造过程中丰富的微生物及其活动密不可分。不同香型的白酒中的主要香气成分存在差异，但主要的产香菌种类是类似的。以芽孢杆菌和乳酸菌为代表的细菌、以曲霉为代表的霉菌以及把糖转化为酒并生成香气成分的酵母菌，都在各种香型的白酒中广泛存在，并起到重要作用。这些产香菌能分泌生物酶促进美拉德反应的进行，又可分解原料中的蛋白质、淀粉，生成高级醇类的前体，同时也代谢反应生成大量的有机酸，这些有机酸可作为香气的前体存在。不同香型的白酒中产香菌种类与比例的差异导致了其物质组分的差异及香气组成、特点的不同，如清香型和酱香型白酒中都存在大量的乳酸菌，但仅 *Lactobacillus brevis* 和 *Lactobacillus buchneri* 为二者共有的乳酸菌，且在两种香型的白酒酿造过程中具有不同的动态分布规律。白酒的生产离不开上述的产香菌，白酒的品质提高与增香均需运用到这些产香菌。重组菌株 MY15 为高产乙酸酯的酿酒酵母，用其发酵制得的白酒中乙酸酯和高级醇的含量都明显增加，能显著提高清香型白酒品质。在制曲过程中依特定比例拌入不同的产香菌，能强化曲香、提高糖化力和酯化力等，最终达到增香的作用。

对葡萄酒的香气形成起重要作用的产香菌与白酒一样，也是酵母菌、乳酸菌与霉菌，主要影响葡萄酒的发酵香气与陈酿香气。酿酒酵母与非酿酒酵母都会对葡萄酒香气产生积极的影响，主要的影响方式为自溶及代谢产物的再反应。乳酸菌主要通过其代谢产物乳酸参与苹果酸-乳酸的发酵来提高葡萄酒的香气与风味，能使葡萄的品种香气发生变化，形成更浓郁的水果香。能产生大量 β-葡萄糖苷酶的霉菌，如米曲霉、黑曲霉等，能催化糖苷水解，产生多种香气成分并改善葡萄酒的风味。

（二）在香精与香料工业中的应用

在特定的条件下，某些产香菌能代谢或催化合成具有芳香气味的化合物，这些物质安全性高、污染少，用于香精、香料工业中前景远优于化学合成法制得的同类物质。

酵母菌能通过代谢产生具有玫瑰香味的 2-苯乙醇，可广泛用于日化及食用香精领域，通过菌株筛选与反应条件改良可大幅提高其产量至 2.21g/L。在适宜的条件下，保加利亚乳杆菌能发酵制备奶味浓郁、带麦香的奶味香精，作为食品添加剂使用。米曲霉在 37℃ 条件下发酵罗非鱼能生产具有腊鱼香味的咸味香精。毛霉通过发酵大豆蛋白使其水解，而后添加半胱氨酸、葡萄糖等物质共同进行美拉德反应，通过添加动物的氧化脂肪可制得纯正的猪肉香精、牛肉香精和鸡肉香精。酵母抽提物也可用于制备肉味香精。产香菌参与制备的香精、香料除了能运用在日化、食品领域，还可用于改善卷烟的香味。生香酵母与德式乳酸菌、根霉混合发酵酶解后的卷烟原料，可大幅提高香气成分的种类与含量，起到明显的增香效果。分离自香荚兰气生根的内生芽孢杆菌能以阿魏酸为底物，发酵生成淡黄色的、具有温甜熏香香韵的天然香料，将其加入卷烟中能明显提高香味。

（三）在饲料产业中的应用

产香微生物既可直接添加到饲料中，也可用于饲料发酵，还可发酵制备天然食用香精用于饲料调味。酵母菌、乳酸菌、霉菌和芽孢杆菌是发酵饲料的主要微生物，它们能分泌多种酶类，促进禽畜对饲料的营养吸收，同时其代谢产物多样，能达到抑菌脱毒、提高营养、提高香气及适口性、增强免疫力、增产等多种作用。山羊在食用添加有微生物发酵饲料的精饲料后，整体的抗性和产肉量都得到了提高，经济效益有所增加。乳酸菌的恰当应用维持了青贮饲料的绿色色泽，使其酸香味浓，具有良好的适口性，且几乎避免了二次发酵的出现。用于饲料调味调香的主要是产香微生物发酵制备的奶味香精，乳酸菌发酵牛奶可以生成具有牛奶独特香味的双乙酰，添加到饲料中能促进乳猪、仔猪的进食。

第二节　产香菌株的筛选

产香菌株的获取，可以直接检索相关菌种保藏中心的菌种保藏信息，然后直接进行购买。此外，可以直接从环境中进行筛选。因产香菌株种类多，在此以生香酵母筛选为例进行介绍。

一、菌种活化

对保存较久的生香酵母，需多次进行活化复壮。用 YPD 固液体培养基（1% 酵母膏，2% 蛋白胨，2% 葡萄糖）交替培养活化，最后保存于其固体培养基上，形成单菌落。市售酵母菌则可直接用无菌水溶解后，进行平板或试管划线培养。在接固体培养基时，则可以直接使用平板上的酵母单菌落。但需要酵母液体菌种时，则应提前以 YPD 液体培养基进行活化培养。对直接来源于环境中的菌样，可以直接进行筛选，也可以 YPD 液体培养基进行富集培养后再筛选。酒类酵母分为酒精酵母、生香酵母、威士忌酵母，酒精酵母又分为小曲酒酵母、大曲酒酵母、小麦酒精酵母、甘蔗酒精酵母等，常见的有啤酒酵母、葡萄酒酵母、果酒酵母、米酒酵母等。

二、初筛

酒香型酵母的初筛，主要是先筛选出能在含茶成分的培养基中较好生长的菌株，同时起到一个逐步驯化的作用。

（一）含茶固体培养基初筛

按茶水比为 1:30（质量/体积）、浸提温度为 100℃的条件下，浸提绿茶 20min，过滤获得茶水。以茶水体积占培养基的总体积比来折算为茶水浓度，设置不同茶水浓度梯度（20%～60%）。将茶水加入 YPD 培养基中，制成一系列茶水浓度的平板。将活化好的酵母菌株按形成三角形的三点式接种，于 28℃静置培养。而富集培养的菌液或以样品制成系列浓度的菌样，则以涂平板的方式进行培养。

在含茶的 YPD 培养基中，美国酿酒酵母逆茶水浓度生长，茶水浓度增大后反而生长良好。在低茶水浓度下，啤酒酵母可以正常生长；但是当茶水浓度升高到 40% 时，啤酒酵母生长受到严重抑制，甚至不能生长。天鹰酵母和黄包酵母在在 40% 的茶水浓度下生长最好，适宜的茶水浓度有利于天鹰酵母的生长，但生长速度总体比较缓慢。白包酵母学名是高糖面包酵母，在不同浓度中的生长速度比较一致，但总体生长均稍慢。SY 酵母的生长情况与白包酵母类似，也与茶水浓度的关系不大，但是总体生长情况要优于白包酵母。安琪 RW 酵母的生长情况受茶水浓度影响较明显，在浓度逐渐增高的情况下，生长情况逐渐受到抑制。

经过含茶固体培养基的初筛，可以初步筛选出适合在茶叶固体培养基上生长的酵母菌种，其中长势最好的种类为美国酿酒酵母和安琪 SY 酵母。另外，RW 酵母、黄包酵母、天鹰酵母、白包酵母的生长情况类似，均可以生长，但啤酒酵母在高浓度下不能生长。

（二）含茶液态培养基初筛

设置与含茶固体培养基相同的茶水浓度梯度，将各酵母液体菌种按 1% 的接种量接种在含茶的 YPD 液体培养基中，置于 28℃恒温摇床中培养 5～7d。发现美国酿酒酵母最为特殊，随培养基中的茶水浓度越大，其生长情况越好，总体生长最旺盛。啤酒酵母的生长情况则随茶水浓度越高而生长越受到抑制，但在 40% 和 60% 的含茶液体培养基中也能够生长，而在同样浓度的固体培养基中则受到明显抑制。而天鹰酵母、白包酵母、黄包酵母三者均在茶水浓度为 40% 时生长旺盛，优于其余两个浓度，与固态培养基筛选的结果基本一致。RW 酵母在低茶水浓度下生长旺盛，在高茶水浓度下生长趋势有所下降。而 SY 酵母不受茶水浓度影响，生长比较稳定。适宜在高茶水浓度中生长的酵母菌种为美国酿酒酵母、SY 酵母，而其他酵母只适宜在一定茶水浓度下生长。

三、复筛

以茶叶为基质，接入不同酵母菌进行发酵培养一定时间，对发酵茶的香气进行评定，进一步筛选适宜的生香酵母。

（一）酒香型酵母的筛选

以茶叶为材料，添加 2%（质量分数）白砂糖，灭菌后控制含水量为 65%～70%，然后接入 10mL/kg 的不同酵母菌液，于 28℃恒温静置发酵 5～7d，取出后置于 80℃的干燥箱中烘至足干，对各发酵茶的感官品质进行评定（表 11－1）。

表 11-1		酒香型酵母发酵茶的感官品质	
发酵菌种	香气	汤色	滋味
空白对照	有闷味、酸味	橙红明亮	浓厚、收敛性极强
美酿酒酵母	酒味、闷味	深橙红、乳状浑浊	浓醇、收敛性强
啤酒酵母	啤酒味、甜香	橙红乳状混浊	浓厚、啤酒味道
天鹰酵母	水闷气	橙红尚明	酸甜、浓厚、收敛性强
白酵母	闷味、酸味	橙红尚明	甜味，茶味淡
黄酵母	甜香明显	橙红明亮	茶味浓、收敛性强
SY 酵母	甜香、有酒味	橙红稍有乳状浑浊	甜味、酒味
RW 酵母	酒味、水闷味	橙红稍有乳状浑浊	甜味、稍有馊味

不同的酵母在茶叶基质上的生长速度不一，发酵后的香气也有所区别。其中以 SY 酵母和美国酿酒酵母发酵的茶叶感官品质最优，汤色橙红，均有一定的乳状浑浊，甜香浓郁，有酒香，滋味浓醇，甘甜，二者都可以作为酒香型茶的发酵菌种。啤酒酵母尽管也可以产生啤酒香气，但因菌体生长慢导致发酵速度也慢，但也可以考虑作为不同风味的生香酵母使用。

（二）酯香型酵母的筛选

以茶叶为材料，不添加其他任何外源物，灭菌后控制含水量为 65%~70%，然后接入 10mL/kg 的不同酵母菌液，于 28℃恒温静置发酵 5~7d，取出后置于 80℃的干燥箱中烘至足干，对各发酵茶的感官品质进行评定（表 11-2）。

表 11-2		酯香型发酵茶的感官品质	
发酵菌种	香气	汤色	滋味
空白对照	茶香，稍显闷味	杏色显褐、清澈	茶味带闷味、苦涩
RW 酵母	酯香浓强、协调	杏褐色、显浑	酯香味浓、甘醇
美酿酒酵母	酯香明显	杏黄色、尚明	发酵味浓、显苦涩
SY 酵母	酯香较浓	杏色、显浑	发酵味、显苦涩

不同酵母产生的香气不同，RW 酵母、美酿酒酵母、SY 酵母均可以产生酯香，尤以 RW 酵母产生的酯香最浓，最适合于作为酯香型茶的发酵菌种。

第三节 酒香型茶产品的加工

目前在酿酒中运用比较广泛的商品酵母，主要有安琪酵母股份有限公司生产的安琪牌产酒酵母。在这里，选用前面筛选的酒香型酵母——SY 酵母为菌株，分别发酵出酒香型红茶和酒香型黑茶。

一、酒香型红茶

（一）工艺流程

鲜叶→ 萎凋 → 揉捻 → 加糖 → 接种 → 发酵 → 干燥 →成品

（二）技术要点

1. 菌体制备

（1）市售的酒香型酵母活化　现在已有很多商品化的产酒酵母，包括 SY 酵母。市售酒香型酵母的活化可以直接用温开水活化或以含糖液活化。温开水活化是以用 10 ~ 15 倍、33 ~ 35℃的温水，加入酒香型干酵母溶解活化，活化时间控制在 30min 以内，即可投入使用。含糖液活化则要求先配制 2.5% 的糖液，用量为干酵母量的 10 倍；将糖液调温至 35℃，将酒香型干酵母溶解于活化液中，33 ~ 35℃活化 1h 左右使用。采用糖液活化方法，可适当减少酒香型干酵母的用量。

（2）保存的酒香型酵母活化　按取 20g 绿茶加入 800mL 蒸馏水的比例，于 100℃水浴锅中水浴浸提 30min，每隔 10min 搅拌一次，纱布过滤，滤液补足水至 1000mL，分装，以 121℃灭菌 30min。无菌茶水冷却后，接入保存的酵母菌，置于 28℃恒温摇床以 180r/min 振荡培养活化 24 ~ 48h；此活化酵母菌可以直接作为菌种接菌发酵酒香型茶，也可以作为菌种进一步扩大培养。按 0.2% 酵母膏 0.4% 蛋白胨 2% 葡萄糖 1L 茶水浸提液（茶水浸提液按 5g 绿毛茶与 100mL 沸水的比例，于 100℃沸水浴 10min 制备而成）的比例配制培养基，每个三角瓶分装 200mL/250mL，在无菌环境下接入活化的菌液 15mL，置于 28℃恒温摇床以 180r/min 振荡培养活化 24 ~ 48h。将扩大培养的菌液用离心机离心，清洗，获得酒香型酵母菌菌体，并确定其湿重，然后用少量蒸馏水调配成菌液，确定菌液体积。

2. 鲜叶预处理

采摘茶树鲜叶一芽二三叶，置于室内自然萎凋 3 ~ 10h，至鲜叶的茎梗变软、叶面暗绿无光泽，为萎凋适度。将萎凋叶放入揉捻机中充分揉捻 40min 左右，直至叶形卷紧成条，取出揉捻叶，解散。揉捻叶的含水量如不足以满足酵母菌生长的需要，则需人为加入适量的水。在揉捻叶中加入适量水后，红茶的香气和酒的香气可以很好地结合，并且茶汤的滋味也比较浓郁。当含水量偏低时，酒香型红茶的酒味会过浓，影响茶味的散发和口感。但随着含水量的增加，酒香型红茶香气中的酒味将会减少。

3. 加糖

因茶叶基质中的糖分可能只够酵母菌生长所需，而不足以酵母菌转化生成酒精，为此不添糖的酒香味很低。添加少量的蔗糖，不但有助于酵母菌的生长，还使得发酵茶样中酒香更浓，以添加约 2.5% 的白砂糖为宜。白砂糖溶成浓糖水后，洒入揉捻叶中，翻拌均匀。添加红糖会导致茶汤略浑，加入糯米粉、红薯粉、面粉和玉米粉等会导致干茶里有杂质、且茶汤浑。

4. 接种

接种酵母菌可以在红茶发酵过程中明显改变红茶的香气，产生酒香。接种量较小时，红茶酒香不明显；接种量较大时，红茶酒香明显但略带酸味，汤色浑浊发暗，均不利于酒香型红茶的品质形成。接种量以 1.2% 时，红茶的酒香最浓郁，汤色较红明亮，品质最佳。酒香型红茶的接种，在自然环境中直接进行即可。

5. 发酵

接菌后的揉捻叶成堆，覆盖湿纱布，置于 28℃ 左右进行发酵。需定时检查样品发酵情况，适时洒水以保持纱布湿润，并控制发酵湿度。当发酵约 15h 左右时，发酵好的在制品酒香最浓郁、滋味最醇厚。发酵时间的延长，对酒香型红茶品质的提高具有明显效果；但如发酵时间过长，会降低酒香型红茶茶汤的鲜爽度和内含成分的含量。室温（23~30℃）下酵母菌生长旺盛，米酒香过浓，28℃ 下米酒香较浓。37℃ 下酵母菌生长欠佳，发酵较差，米酒香中显酸气，酒味淡或无酒味。发酵叶温过低，酶活性弱，内含成分转化缓慢，耗时，导致香低、味淡、色暗；叶温过高，会加速酶蛋白与氧化了的多酚类结合生成不溶性复合物，不利于红茶品质。温度较低，酵母菌生长较慢，茶样酒香淡、滋味也淡；温度太高，酵母菌生长较快，消耗茶叶营养成分多，但是米酒香过浓、但滋味淡。为此，酒香型红茶发酵温度以控制在 28℃ 左右为宜。

6. 干燥

酒香型红茶发酵好后，以烘干的方式干燥为好。自然晾干和烘干的方式对茶样条索的紧细度和色泽润度影响较小，但高温烘干会减少表层菌的覆盖量。龙井锅炒干的茶样条索松弛，表层菌的覆盖量明显减少。低温下干燥的茶样汤色橙红，高温烘干的茶样汤色橙黄明亮，但 80℃ 和 60℃ 烘干的茶样汤色浑浊；60℃ 烘干的茶样米酒香最浓，80℃ 烘干的次之，100℃ 烘干的有煳味；60℃ 烘干的茶样米酒味最浓，80℃ 烘干的次之，100℃ 烘干的带有苦味。因此，酒香型红茶以低温烘干（60℃）效果最好。

（三）品质特征

酒香型红茶的茶汤汤色依然保持红亮，但会略显暗，略显浑汤，酒香浓郁，滋味甘醇、酒味明显。酒香型红茶的水浸出物含量较高，可溶性糖含量和游离氨基酸含量也较高。

二、酒香型黑茶

（一）工艺流程

原料预处理 → 装瓶 → 灭菌 → 接种 → 发酵 → 烘干 → 成品

（二）技术要点

1. 菌种制备

无论是购买商品化的产酒酵母还是以保存的酵母菌为发酵菌株，在菌株活化和大量制备时，均可参照酒香型红茶中的菌种制备方法进行。

2. 原料预处理

酒香型黑茶的生产原料可以采用茶树鲜叶和黑毛茶。采摘茶树鲜叶一芽三四叶，摊放约 2h（含水量约 70%）后，以 200~280℃ 进行杀青，使得杀青叶含水量约为

50%。杀青叶按 30g 加 10mL 水和 3g 白砂糖的比例处理后，装入玻璃瓶中，密封，备用。黑毛茶则需视茶坯含水量的多少来加水，控制灭菌后黑毛茶的含水量为 65% ~ 70%，同样需加入一定量的白砂糖。

3. 灭菌

装好的茶叶以 121℃ 下高压灭菌 20min，冷却后即可接种。然而，高压灭菌后的茶叶，易带有煮熟的茶味。而且高压灭菌成本高，不利于规模化生产。为此，在生产实践中，可采用打毛火的方式进行闷炒，利用湿热来灭菌。但在闷炒中，在达到灭菌效果的同时，必须严格注意控制茶坯的含水量，防止茶坯含水量过低而不利于酵母菌的生长代谢。此外，还可以采用微波灭菌。

4. 接种

除菌后的茶坯冷却后，接入 20 ~ 30mL/kg 的产酒酵母菌液。在接入菌液时，一是要使菌液撒均匀，二是要把茶坯翻拌均匀，以确保酵母菌分布均匀，利于酵母菌生长发酵均匀。酵母菌的接种量不宜过多，否则发酵快，易导致香气酸、滋味过酸；但接种量也不宜过低，否则酵母菌生长缓慢，发酵时间过长，导致生产成本过高，且不易保证发酵品质的形成。

5. 发酵

将接种后的茶叶，置于 28℃ 静置培养发酵 5 ~ 7d，结束发酵。28℃ 发酵的酒香型黑茶中米酒香浓郁，汤色浅黄尚清，有米酒味，酸甜；其次为 20℃，其发酵程度与 28℃ 发酵相比稍弱；37℃ 和 45℃ 发酵的酵母菌生长极其微弱，对产生酒香型特征没有作用。发酵 7d 的酒香型黑茶香气米酒香浓、酸甜香，汤色浅黄、乳浊，米酒味浓；发酵 5d 的香气米酒香尚浓，滋味米酒味、平和，与发酵 7d 相比发酵程度稍低；发酵时间超过 8d 后，茶叶米酒香转淡，滋味开始出现酸腐等异味。

6. 烘干

发酵好的酒香型黑茶，及时以 60 ~ 80℃ 烘干。

（三）品质特征

酒香型黑茶的米酒香浓郁、协调，汤色米黄色、略显乳浊状，滋味酒味明显、甜醇，有收敛性。

第 四 节　酯香型茶产品的加工

产酯酵母主要属于产膜酵母或假丝酵母，其中大多数为异型汉逊酵母，少数为小圆形酵母，能产生以酯香为主体的香味物质。目前在酿酒及制醋中运用比较广泛的商品产酯酵母主要有安琪酵母股份有限公司生产的安琪牌生香活性干酵母，其主要作用是增酯增香。另外在酱油的生产中，安琪酵母股份有限公司还开发了酱油酵母 JS（鲁氏酵母，产酯酵母的一种），酱油酵母 R（球拟酵母，产酯酵母的一种）。在这里，选用前面筛选的酒香型酵母——RW 酵母为菌株，分别发酵出酯香型红茶和酯香型黑茶。

一、酯香型红茶

（一）工艺流程

鲜叶采摘 → 预处理 → 装瓶 → 接种 → 发酵 → 干燥 → 成品

（二）技术要点

1. 菌种制备

酯香型酵母菌的制备，参照酒香型酵母的制备方法进行。

2. 鲜叶预处理

采摘一芽二三叶鲜叶，鲜叶摊放 3~8h（含水量约 60%）后，揉捻 30~40min，将揉捻叶的含水量控制在 50% 左右。中度揉捻的原料发酵的酯香型红茶酯香浓郁协调，汤色橙红稍显乳浊，滋味酯味浓醇。

3. 装瓶

将揉捻叶按一定比例装入发酵瓶中，密封。

4. 接种

3% 接种量发酵的酯香型红茶酯香明显，汤色橙红显乳浊，滋味酯香浓醇；1% 接种量的酯香型红茶发酵不足，香气主要是红茶本身的甜香且略微发酸，滋味上稍显酯香。为此，向揉捻叶中接种占揉捻叶质量 3% 的 RW 酵母菌液。菌液需均匀洒入揉捻叶，还需翻拌均匀。如果同时应用鲁氏酵母和球拟酵母产酯香，则需注意两者的添加顺序：同时添加鲁氏酵母和球拟酵母，因鲁氏酵母对球拟酵母有一定抑制，两者相互之间有一定的拮抗效应；无论先加鲁氏酵母还是球拟酵母，需相隔 10~15d 分开添加。红茶发酵不会持续如此长的时间，这两个菌种只能选择其中一个进行发酵。

5. 发酵

将接种后的茶叶 28℃ 发酵 12~16h。28℃ 发酵的酯香型红茶酯香浓郁、协调，汤色橙红、稍浑，滋味酯味浓醇。发酵 12h 的酯香型红茶酯香显著，发酵 16h 的酯香浓郁、协调，汤色橙红、显乳浊，滋味酯香浓醇。

6. 干燥

将发酵好的酯香型红茶于 60℃ 烘干。60℃ 烘干的酯香型红茶酯香浓郁协调，汤色橙红、稍显乳浊，滋味酯味浓醇。而 80℃ 烘干的酯香型红茶，开始有高火味。

（三）品质特征

酯香型红茶酯香浓郁、协调，汤色橙红、稍浑，滋味浓醇，回甘。

二、酯香型黑茶

（一）工艺流程

原料预处理 → 装瓶 → 灭菌 → 接种 → 发酵 → 烘干 → 成品

（二）技术要点

1. 菌种制备

酯香型酵母的菌种制备，参照酒香型酵母的菌种制备方法进行。

2. 原料预处理

酯香型黑茶的生产原料也可以采用茶树鲜叶和黑毛茶。采摘茶树鲜叶一芽三四叶，摊放约2h（含水量约70%）后，以滚筒杀青机于200～280℃进行杀青，使得杀青叶含水量约为50%。利用鲜叶直接发酵酯香型黑茶，从滋味来看具有鲜叶本身的青草气，同时产生了一种类似于陈味的特殊香气，其叶底和汤色相比均较暗。利用杀青叶发酵的酯香型黑茶酯香协调，滋味醇和，兼具酯香和茶香。杀青揉捻叶发酵的酯香型黑茶，香气和滋味都微酸；而干燥后的复水叶发酵的酯香型黑茶，酯香不明显，茶味重。由此可见，杀青叶更适合作为酯香型黑茶的发酵原料。杀青叶按30g加10mL水的比例处理后，装入玻璃瓶中，密封，备用。黑毛茶则需视茶坯含水量的多少来加水，控制灭菌后黑毛茶的含水量为65%～70%。

3. 灭菌

装好的茶叶以121℃下高压灭菌20min，冷却后即可接种。然而，高压灭菌后的茶叶，易带有煮熟的茶味，干茶叶会黏结成团、易碎；而且高压灭菌成本高，不利于规模化生产。为此，在生产实践中，可采用打毛火的方式进行闷炒，利用湿热来灭菌。但在闷炒中，在达到灭菌效果的同时，必须严格注意控制茶坯的含水量，防止茶坯含水量过低而不利于酵母菌的生长代谢。也可采用微波灭菌的方式代替高压灭菌，微波灭菌的干茶颜色较浅，为黄褐色，茶叶香气纯正，无高压灭菌过程产生的熟闷气等异味，口感醇香，无酸味，而且有利于保持茶叶叶底的完整性与本身的弹性。此外，还可以采用高压汽蒸的方式除菌，唯一需注意的是控制除菌后的茶叶含水量。

4. 接种

除菌后的茶坯冷却后，接入15～30mL/kg的酯香型酵母菌液。在接入菌液时，一是菌液要撒均匀，二是要把茶坯翻拌均匀，以确保酵母菌分布均匀，利于酵母菌生长发酵均匀。酵母菌的接种量不宜过多，否则发酵快，易导致香气酸、滋味过酸；但接种量也不宜过低，否则酵母菌生长缓慢，发酵时间过长，导致生产成本过高，且不易保证发酵品质的形成。

5. 发酵

将接种后的茶叶，置于28℃静置培养发酵4～7d，结束发酵。过高的发酵温度和过长的发酵时间都会影响菌落的生长情况，同时会促使多酚类物质的氧化，对成品品质产生不利影响。从提高发酵效率的角度来看，发酵7d即足以形成酯香型黑茶的感官品质。发酵9d时，酯香型黑茶的酯香浓郁协调，汤色橙红尚清，滋味酯香浓醇。发酵11d时，酯香型黑茶开始产生类似烟气和木头的气味，滋味开始显陈味。发酵温度为28℃的酯香型黑茶酯香浓郁协调，汤色橙黄、稍浑，滋味酯香浓、醇；发酵温度45℃时，由于温度偏高，酵母菌菌体未生长，香气为灭菌后茶香，稍有闷味，滋味平和有粗味。

6. 烘干

发酵好的酯香型黑茶，及时以60～80℃烘干。

（三）品质特征

　　经过发酵，酯香型黑茶在色泽、香气、滋味等方面与原料相比都有很大变化。由于菌体留在茶叶中，使酯香型黑茶茶汤略显乳浊状，香气从茶香变成了独特而复杂的酯香，滋味更加醇和。

第十二章　冷泡茶产品

第一节　冷泡茶产品的现状

一、冷泡茶产品的概念

"冷泡茶"的概念源于台湾，是通过对传统茶叶加工技术的改进，在加工过程中引入现代生物技术或现代食品加工技术制作而成，是一种利用冷水甚至冰水即可直接进行速泡饮用的茶叶。自古以来，泡茶只有一种模式，即热水冲泡。然而，随着社会经济的不断发展和城市现代化水平的不断提高，人民的生活方式发生了巨大变化；突出表现为生活节奏不断加快，更加追求生活的质量，讲究生活的档次和便利性；生活方式由原来的复杂化、程式化转变为简单化、便捷化，各种便捷商品、休闲食品等应运而生，并取得了巨大发展。为适应这些变化，茶业界也相应地开发出了多种花色、多种名优茶产品，却依然远远满足不了人们日益增长和丰富多彩的消费需求。其中，耗时费力的传统热水冲泡茶饮已明显无法适应现代生活的节奏，传统茶叶市场愈发不敌可乐、果汁等方便饮料的冲击。为此，开发出一种适应现代城市生活需求，符合国人消费习惯、物美价廉的新型茶类——冷泡茶，不论是满足消费者快捷简便的需求，还是满足新消费群发展与形成的需求，都显得十分必要。因此，开发出用冷水冲泡的茶叶，自然是迎合了人们的现代需求，具有巨大市场空间。

二、冷泡茶的特点

冷泡茶在泡饮时不需使用沸水，具有方便饮用的特性，还兼备传统茶饮的固有优势。

（一）方便快捷

随着现代人生活节奏的加快，工作忙碌，常常没有时间煮水泡茶，而便捷的液态茶饮料却因为与现泡茶的茶水口感差异大而一直很难使得消费者满意。冷泡茶不需热水冲泡，又具有热水冲泡的茶水风味。这种冷泡茶的出现，正好弥补了这个市场空白。喜欢饮茶的消费者也可以根据个人的喜好，选择不同的茶叶品类和投茶量，用冷水泡出自己喜欢的茶水。

（二）滋味更甘甜

茶叶中带鲜甜味的游离氨基酸成分，在冷水中就能大量溶出。而具有苦涩味的茶多酚、咖啡碱在冷水状态下则不易释出，浸出量少。为此，冷泡茶的茶水喝起来，口感更加甘甜，适合于更多的女性消费者和不常喝茶的人群。

（三）可久泡

常规茶叶中的茶多酚在水温80℃以上时，会大量溶出来，从而导致茶汤久泡更加苦涩。而冷泡茶在冲泡过程中，因温度低，茶多酚的浸出速度慢，浸出的量自然就更少，使茶汤滋味更加甘甜的同时，也使冷泡茶更加耐泡。

（四）饮用更健康

常规茶叶中的咖啡碱在热水泡茶时，会快速大量地溶出。饮用咖啡碱含量较高的茶水，会刺激胃液的分泌，使胃酸增加，导致加快血液循环。而人的体质各异，有些人对此比较敏感，会出现"醉茶"的现象，使人心跳加快，非常难受。冷泡茶的泡饮，可以明显降低咖啡碱释出的速度及含量，明显改善饮茶时的不适感，不会出现"醉茶"现象。

（五）保持原味

常规茶叶采用热水冲泡，极容易导致茶水品质发生改变，如汤色、内含物质氧化聚合等，尤其是绿茶。而冷泡茶采用冷水泡饮，内含物质成分相对稳定，放置较长时间而不变色，维生素等不易被破坏，可以获得更佳的饮用品质，更易让消费者品饮到原汁原味的茶水。

随着人们对健康需求日益增长，茶叶的消费需求也呈现日益增长的趋势，但同时人们也对茶叶产品提出了更多的要求。为消费者快捷地提供原汁原味的茶水，自然是可以满足现代消费人群的需求。冷泡茶的开发生产，是对茶叶加工技术的延伸和创新，也是茶叶科学新的拓展，必然拥有广阔的发展前景。尤其在炎炎夏日，消费者能即时喝到现泡的茶叶，市场潜力大。

三、国内外冷泡茶的发展现状

（一）日本市场

在日本，冷泡茶称作"水云茶"。日本人常用冷水冲泡绿茶、乌龙茶、红茶等，既可放入冰箱作冷饮，也可在常温下饮用。近年来日本开发出冷水可泡饮的绿茶销售量逐年增加，与传统热水冲泡的茶相比，该茶的加工工艺特点是延长鲜叶蒸青时间，减轻精揉程度，并通过高火干燥。

（二）欧美市场

在欧美等国，公共场所一般均无热水供应，几乎90%的茶叶都是制作成冰茶饮用的。英国联合利华公司开发出一种冷水冲泡型茶加工技术，于2001年9月获得欧洲专利和国际专利；该茶通过添加化学物，进行特殊加工，大大缩短制作时间，而所制成品在15℃水中5min内就可充分浸出来供饮用；该产品于2001年在美国投放，年销售额就达2000多万美元，但这种添加化学物的加工技术仅适合于发酵红茶。

（三）我国市场

目前国内对冷泡茶报道较少，而主要集中于提高速溶茶的溶解特性及其品质方面。但传统意义上的速溶茶是指经过超微粉碎或浸泡抽提所得的一种深加工固态茶类饮料，主要是采用物理方法增加茶在水中溶解的比表面积来提高茶内含物溶出率。目前，中国农业科学院茶业研究所在冷水冲泡型茶加工技术方面已初步取得成功，但设备与工艺有限，生产成本高，仍不能大批量连续生产。西南大学茶学专业利用生物技术进行了冷泡茶开发，除优化获得冷泡茶生产工艺外，还进行了冷泡茶产品安全性分析。

第二节　冷泡茶的发酵条件

冷泡茶加工的核心是使茶叶细胞进一步破碎或细胞膜的通透性进一步提高，从而使茶叶内含物能在冷水中很快溶出。当前用于达到这种目的的加工方法，主要有三种：第一种是利用物理方法，如压差；第二种是利用化学方法，如添加化学试剂；第三种是利用生物方法，如以特殊微生物分泌的酶类对茶叶的纤维素进行降解。采用酶处理等生物方法，具有高效性和安全性，在本章节中仅介绍这一种冷泡茶的加工方法。

一、冷泡茶发酵的菌株

按照传统工艺加工的茶叶，往往很难通过冷水冲泡来使其有效成分浸出，所泡得的茶汤滋味薄、香气低。其原因主要是茶叶中的多酚类、氨基酸等有效成分，通常被以纤维素、果胶质为主体的细胞壁所包围，而在低温下不易被泡出。为此，如对茶叶的细胞壁进行适当地破坏，如部分降解纤维素，则可以解除细胞壁对茶叶内含物质的束缚，则冷水泡浸即可快速泡出茶叶内含成分。对此，首先获得具有降解茶叶纤维素能力的菌株，则是生产冷泡茶的基础。

（一）纤维素酶高产菌研究现状

要使纤维素酶真正能够用于工业生产，首先要降低纤维素酶的生产成本，因此选育高酶活的纤维素分解菌株就成了关键之一。国外20世纪40—50年代就对产纤维素酶的微生物进行了大量的分离筛选工作，建立起较为完整的分离筛选方法。我国纤维素酶的研究开始于20世纪60年代初，几十年来各地的大学与科研院所进行了大量的纤维素酶研究工作，选育出一批纤维素酶生产菌种，我国成为继美国、日本、丹麦之后第4个能生产纤维素酶的国家。当前，已筛选获得的细菌中纤维单胞菌属、噬纤维菌属、生孢噬纤维菌属等，放线菌中诺卡菌、小单胞菌，以及链霉菌等许多丝状真菌，都能产纤维素酶，其中对纤维素作用最强的菌株是木霉属、曲霉属、青霉属的菌株，特别是绿色木霉及其近缘菌株最佳。放线菌和霉菌的纤维素酶是胞外酶，便于提取，是目前所用的纤维素酶的主要来源。国内外普遍认为绿色木霉的纤维素酶产率最高，酶系最全，但它却不能利用木质素，其纤维素酶比活力、β-葡萄糖苷酶比活力不太高，且生产缓慢。因此，各国学者仍在进一步选育产纤维素酶的优良性能菌株，规模化生产纤维素酶还需努力。

（二）产生纤维素酶的微生物

目前，自然界可产生纤维素酶的微生物有真菌、细菌、放线菌。微生物破坏纤维素有两种可能的方式：一种是外部被破坏，然后向内发展；另一种是由内向外侵蚀。霉菌在降解纤维素时，菌丝横穿次生壁进入胞腔，并不断生长，由内而外降解纤维素，使纤维逐步被破坏。细菌则是黏附在纤维素纤维上，从纤维表面向内生长，在接触点处纤维素被降解，使纤维表面呈锯齿蚀痕。这些微生物分解纤维素时有一个共同的特点，即合成胞外纤维素酶。但有少量的微生物，是合成纤维素酶簇来降解结晶纤维素。目前研究最多的纤维素降解菌是木霉属的真菌，如里氏木霉（*Trichodermareesei*）、绿色木霉（*Trichoderma viride*）和康氏木霉（*Trichoderma koningii*）等。

1. 里氏木霉

里氏木霉（*T. reesei*）为多细胞的丝状真菌，是红褐肉座菌（*Hypocrea jecorina*）的无性型，隶属于丛梗孢目（Moniliales）木霉属（*Penicillium*）。多年来里氏木霉作为工业菌株，用于生产分解不同植物材料的酶类，包括纤维素酶、半纤维素酶、蛋白酶、淀粉酶等。里氏木霉所产生的一种主要的纤维酶——纤维二糖水解酶Ⅰ，是由单拷贝基因编码的，其产量可达里氏木霉胞外分泌性蛋白总量的50%。里氏木霉在产酶条件下不产生真菌毒素和抗生素，对人没有毒性，经过基因工程改造的里氏木霉重组菌株也是安全无害的。当前，里氏木霉的工业化规模发酵条件，已比较成熟。

2. 绿色木霉

绿色木霉（*T. viride*）在自然界分布广泛，常腐生于木材、种子及植物残体上。绿色木霉能产生多种具有生物活性的酶系，如纤维素酶、几丁质酶、木聚糖酶等。绿色木霉是所产纤维素酶活力最高的菌株之一，所产生的纤维素酶对作物有降解作用，效果非常好。

3. 康氏木霉

康氏木霉（*T. koningii*）能分泌纤维素酶、梭甲基纤维素酶、纤维二糖酶、淀粉酶、麦芽糖酶、蔗糖酶、乳糖酶等，是一种分解纤维素能力强的真菌，还具有很强的糖化能力。康氏木霉虽能形成类似藜芦碱及支霉黏毒等毒素和抗生素，但这些毒素和抗生素经蒸煮后会失活，对动物无不良影响。

二、冷泡茶纤维素酶高产菌的筛选

纤维素酶高产菌株的筛选是开展冷泡茶加工的基础。

（一）菌种的分离与纯化

从特定环境中收集菌样，取一定量的菌样，分别置于加有无菌水的三角瓶中，充分振荡，再用无菌水以10倍递增稀释至10^{-8}，各取一定量的稀释溶液0.2mL，分别接种于马铃薯葡萄糖琼脂培养基（PDA）、羧甲基纤维素钠培养基（CMC）及高氏1号培养基平板上进行涂布。同时另将数个这样的培养基平板，敞口于实验室内2h，进行空气接种，作为对照。将涂布的平板置于28℃恒温箱中，培养3~5d。然后分别挑取典型单个菌落，一一进行纯种培养，各分离纯化后的菌种分别接种于试管斜面，进行保存。

（二）菌株初筛

1. 产酶特性检测

将分离筛选到的菌株分别接种于纤维素琼脂培养基中，在 28℃ 中进行培养。培养基为白色、不透明，如菌株能分泌纤维素酶，则可以降解纤维素，在菌落周围的培养基会形成透明圈，由此可判断菌株是否具有分解纤维素酶的能力，筛选出产纤维素酶的菌株。测定透明圈的直径，据此可以初步判断产纤维素酶菌株的产酶活力大小。

2. 测定菌株生长速率

将上面初筛中产纤维素酶的菌株，分别点接种于滤纸平板中央，于 28℃ 培养，每天测量各菌株的菌落直径大小。纤维素的结构对一些菌株的生长影响较大，但优良的纤维素酶高产菌株依然可以生长良好并且出现溶解圈。依据菌落大小和溶解圈大小，进一步筛选确定产纤维素酶菌株的生长能力大小和产酶活力大小。

3. 测定滤纸失重率

将生长速率和溶解圈直径大的菌种筛选出来，接种于赫奇逊培养液中（以滤纸碎片作唯一碳源），以不接种处理作对照，于 28℃ 培养 10d，分别测其滤纸失重率，将滤纸失重率较大的菌株筛选出来。

（三）菌株复筛

将初筛获得的纤维素酶高产菌株进行扩大培养，然后接种在茶叶中，在 28℃ 发酵 24h。同时将同一批次的茶叶不接菌种，也在空气中于 28℃ 发酵相同的时间。发酵后的所有茶叶统一进行干燥，然后统一以同一室温的桶装水中冲泡 20min，测定各茶样的水浸出物含量，分析比较各茶样中水浸出物含量的变化，将与对照相比能明显增加水浸出物的菌株筛选出来。

（四）菌株的初步鉴定

复筛获得的纤维素酶高产菌株，需进行鉴定，以确定菌株的安全性。

1. 细菌的鉴定方法

细菌的形态观察和生理生化特性的测定，按《一般细菌常用鉴定方法》及《常见细菌系统鉴定手册》中的方法进行，水解纤维素的方法采用滤纸条法，定名按《伯杰氏细菌学鉴定手册》进行。细菌的鉴定项目，包括革兰氏染色、菌体大小、芽孢有无、鞭毛着生、运动性、需氧性、接触酶、碳源利用、柠檬酸盐利用、酒石酸盐利用、耐盐性、淀粉水解、硝酸盐还原、产氨实验、明胶液化实验、纤维素分解、色氨酸脱氢酶、牛乳分解实验等，以确定其分类学地位。

2. 真菌的鉴定方法

将复筛后的菌株接种在查氏培养基上 28℃ 培养 6d，进行菌落、菌丝、孢子形态观察，根据《真菌形态与分类学》及《真菌鉴定手册》进行初步鉴定，以确定其分类学地位。杨坚等对筛选获得的高产纤维素酶菌种进行分离鉴定，根据菌株的菌落特征和形态特征，依据《真菌分类鉴定手册》和《真菌分类学》进行检索，初步确定筛选出的是青霉菌属（Penicillium）纤维素酶高产菌株 SW_3。

（五）菌株的诱变

为了把生物合成的代谢途径朝人们所希望的方向加以引导，或者促使细胞内发生基因的重新组合优化遗传性状，人为地使某些代谢产物过量积累，获得所需要的高产、优质和低耗的菌种。对纤维素酶高产菌株进行诱变育种，以进一步提高纤维素酶的活性。目前，国内主要采用的仍是常规的物理及化学因子等诱变方法。

1. 紫外线诱变处理

紫外线照射是微生物常用的物理诱变方法之一。取一定浓度的孢子悬液，稀释后涂布平板，距 30W 紫外灯 30cm 处照射一定时间，然后恒温 28℃ 暗光培养。同时，平行培养相同孢子浓度的未诱变对照样品。计算不同照射时间的致死率，即由紫外照射样品长出的菌落数与未照射对照样品长出的菌落数之比，确定合适的孢子浓度和照射时间。然后以较适合的孢子浓度照射合适的时间，筛选出生长较快的菌株，并用于茶叶发酵，筛选确定纤维素酶活力明显提高的突变菌株。紫外照射诱变操作简单，经济实惠，一般实验室条件都可以达到，且出现正突变的几率较高。

2. NaNO₂ 诱变处理

取一定量的孢子悬液，稀释后涂布于含 $NaNO_2$ 的平板，然后在恒温 28℃ 培养一定时间。同时，平行培养相同孢子浓度的未诱变对照样品。计算不同 $NaNO_2$ 含量的致死率，即在含 $NaNO_2$ 的平板长出的菌落数与不含 $NaNO_2$ 的对照平板长出的菌落数之比，确定合适的孢子浓度和 $NaNO_2$ 浓度。然后以较适合的孢子浓度和 $NaNO_2$ 浓度进行诱变，筛选出生长较快的菌株，并用于茶叶发酵，筛选确定纤维素酶活力明显提高的突变菌株。化学诱变可操作性强，简单易行，特异性较强，后代较易稳定遗传。

在微生物菌株实际诱变过程中，可以物理诱变和化学诱变相互交替的方式进行，以提高突变效率。对突变后的菌株，依然要经过初筛和复筛，并进行遗传稳定性分析。孙永康等对纤维素酶高产菌株 SW_3 进行诱变，选育出纤维素酶高产菌株 SW_{355}。

三、冷泡茶纤维素酶生产技术

同其它酶制剂的生产一样，要获得较高纤维素酶产量，发酵方法是非常重要的。当前，纤维素酶的发酵生产，也主要是固体发酵法和液体发酵法两种。

（一）固体发酵法

固体发酵法是以玉米等农作物秸秆为主要原料，通过接种微生物进行的发酵工艺，具有投资少、工艺简单、产品价格低廉的优点，但也存在劳动强度大、发酵条件不易控制、易污染等缺点。目前国内绝大部分纤维素酶生产厂家，均采取该发酵方式生产纤维素酶。由于以秸秆为原料的固体发酵法生产的纤维素酶，在分离提取技术上存在困难，很难提取、精制，为此目前我国纤维素酶生产厂家只能采取直接干燥粉碎得到固体酶制剂，或用水浸泡后压滤得到液体酶制剂。然而这样得到的纤维素酶产品，外观粗糙，且质量不稳定，杂质含量高。

（二）液体发酵法

液体发酵法是将玉米秸秆粉碎至 20 目以下，经灭菌处理后，送发酵罐内，同时接入纤维素酶菌种进行发酵，发酵时间约为 70h，发酵温度控制在低于 60℃。采用净化后的无菌空气从罐底通入，进行物料的气流搅拌，发酵完的物料经压滤机压滤，滤液进行超滤浓缩，喷雾干燥，制得纤维素酶粗产品。液体发酵法所需的发酵动力消耗大，设备要求高，但发酵原料利用率高，生产条件易控制，不易感染杂菌，产量高，工人劳动强度小，产品质量稳定，而且可大规模生产。在液体发酵法中，液体深层发酵又成为主流方法。美国一直都是使用液体深层发酵方法进行纤维素酶的生产，并在此基础上出现了分批发酵法、连续发酵法、二次发酵法以及细胞循环法等，大大提高了酶活力，降低了成本。

（三）纤维素酶生产提纯

目前普遍用于纤维素粗酶的生产工艺为：菌种→孢子斜面→孢子悬液→ 种子罐扩大培养 → 发酵罐发酵培养 → 发酵液盐析 → 离心 → 上清液盐析 → 沉淀离心 → 浓缩干燥 →粗酶粉。得到的纤维素酶粗酶粉用缓冲液溶解至发酵液体积，通过硫酸铵沉淀、有机溶剂沉淀、透析等程序，再通过分子筛 Sephadex 凝胶、DEAE - Sephadex 离子交换树脂、电泳等，可以制备获得较为纯的纤维素酶。然而，因存在的酶蛋白较复杂，还很少能得到无其他酶杂质的纯纤维素酶，常还易存在淀粉酶、聚木糖酶等杂质。

（四）固定化酶和细胞

要用于降解纤维素，除直接采用微生物发酵或添加纤维素酶外，还可以添加固定化纤维素酶或固定化产纤维素酶的细胞。纤维素酶的固定化，尽管目前大部分工作还停留在实验室和中间试验阶段，但实践证明纤维素酶固定化是提高纤维素酶使用效率、降低生产成本的一种十分有效的方法。尤其是在纤维素酶固定化基础上发展起来的固定菌体生长细胞的技术，会因其特有的实用优点，将成为今后纤维素酶领域的主要研究方向之一。

在固定化细胞产酶过程中，诸如产酶周期、pH 等因子的变化规律与游离细胞发酵基本相似，但酶活力明显提高，而且粗酶液中游离菌丝很少。固定化菌丝生产的酶液，对木质纤维原料的降解能力很强。当每克底物的酶用量为滤纸酶活力 15IU 时，酶解得率可达 86%；酶用量在 20IU 以上时，酶解得率可达 90% 以上。

四、影响冷泡茶纤维素酶高产菌株发酵的因素

菌株发酵产纤维素酶是一个复杂的生物合成和代谢的过程，其进程受到多方面条件的影响，最终也决定其生产质量和效率。以纤维素高产菌株 SW_{355} 为例，介绍不同因素对其产酶活力的影响。

（一）培养基

1. 碳源

碳源是含碳化合物，为微生物生长所需的一类营养物，常用的有糖类、油脂、有机酸及有机酸酯和小分子醇。根据微生物所能产生的酶系不同，不同的微生物可利用不同的碳源。产酶试验中，用 CMC - Na 作为碳源，发酵液中纤维素酶活力最低；用蔗糖和葡萄糖作为碳源，发酵液中纤维素酶活力相对较低；而用玉米粉和可溶性淀粉作为碳源，发酵液中纤维素酶活力较高；尤以玉米粉为碳源的纤维素酶活力最高，并且随着玉米粉含量的增加，发酵液滤纸酶活力也随之增加。因此，较高含量的玉米粉可

作为 SW_{355} 的最适碳源。

2. 氮源

把从外界吸收的氮素化合物或氮气，称为氮源，氮是构成生物体的蛋白质、核酸及其他氮素化合物的重要组成。在 SW_{355} 产酶试验中，以氯化铵为氮源的纤维素酶活力最低，以硝酸钠和草酸铵为氮源的纤维素酶活力与以氯化铵为氮源差不多，而以硫酸铵为氮源的纤维素酶活力最高。

3. 装液量

装液量影响供氧量，对菌株产酶有重要影响。在相同的氮源、碳源和接种量的条件下，在 24h 培养时间内，随着装液量的增加，纤维素酶活力越低。但在培养时间为 48h 条件下，装液量分别为 50mL 和 90mL 的纤维素酶活力有较大幅度的回升。综合考虑发酵条件和发酵成本，在生产实践中 SW_{355} 的装液量以占容器体积的 1/5 为宜。

4. 初始 pH

适宜的 pH 环境会促进 SW_{355} 菌株的生长，产纤维素酶能力也会增强。而 pH 环境不适宜，不仅会使菌株生长繁殖受到抑制，且会使产酶能力快速退化。当培养基初始 pH > 5.4 时，发酵液中纤维素酶活性较低；当 pH 为 4.8 时，发酵液中纤维素酶活力最高。此后，随着 pH 的降低，发酵液中纤维素酶活力也随之降低。SW_{355} 菌株培养基的最适初始 pH，以 4.8 为宜。

（二）菌种

1. 菌龄

培养时间的长短决定了菌种的活力，也就影响了其产纤维素酶的能力。当菌龄为 12h 和 24h 时，发酵液中纤维素酶活力随着培养时间的延长，先增大后再减小，以培养 48h 时的酶活力最高。而当菌龄为 36h 和 48h 时，发酵液中纤维素酶活力随着培养时间的延长一直减小，以培养 24h 时的酶活力最高。

2. 接种量

接种量是指移入种子液的体积和接种后培养液体积的比例，接种量的大小决定于生产菌种在发酵罐中生长繁殖的速度。采用较大的接种量可以缩短发酵罐中菌丝繁殖达到高峰的时间，使产物的形成提前到来，并可减少杂菌的生长机会。但接种量过大或者过小，均会影响发酵。接种量过大会引起溶氧不足，影响产物合成；而且会过多移入代谢废物，也不经济。接种量过小会延长培养时间，降低发酵罐的生产率。当接种量在 5%～20% 时，随着接种量的增大，发酵液滤纸酶活力也随之增大；当接种量大于 20% 时，发酵液滤纸酶活力则随之下降。

（三）发酵温度

在菌种发酵产纤维素酶的过程中，发酵温度对菌株的产酶效率也有着重要的影响。在 SW_{355} 的发酵过程中，随着培养温度的升高，发酵液中纤维素酶活力先增后减，在 28℃时发酵液滤纸酶活力达到最高。

第三节 冷泡茶的发酵技术

一、冷泡绿茶发酵

（一）工艺流程

鲜叶→摊放→杀青→初烘→初揉→再烘→复揉→接种菌液→静置发酵→干燥→成品

（二）技术要点

1. 原料预处理

冷泡绿茶的生产鲜叶需进行选择，在巴渝特早、福云 6 号、四川中小叶群体、福鼎大白茶等品种中，以巴渝特早和福鼎大白茶的鲜叶更适宜。在不同嫩度方面，以适当较嫩的一芽二叶鲜叶为原料，更有利于冷泡绿茶品质的形成。采摘的鲜叶经适度摊放后，可进行蒸汽杀青或微波杀青。蒸汽杀青原料发酵的冷泡绿茶外形、色泽、叶底、汤色等品质普遍较好，而且室温水浸泡溶出率最高。微波杀青的冷泡绿茶，色泽不如蒸汽杀青的，但香气较好，室温水浸泡溶出率低于蒸汽杀青的。而滚筒杀青的色泽较差，室温水浸泡溶出率较低。

杀青叶经摊凉后，初烘至五成干，然后进行初揉。初揉采取轻揉，至成条率达65% 左右时，再烘至七成干，摊凉后再复揉。复揉中可以适当施加重压，至成条率达85% 以上为佳，但须注意控制茶条完整度，揉好后备用。

2. 制备菌种

配制液态培养基，其中玉米粉 2.697g/50mL，（NH_4）$_2SO_4$ 0.9176g/50mL，KH_2PO_4 1g/50mL，KCl 0.5g/50mL，$MgSO_4 \cdot 7H_2O$ 0.5g/50mL，$FeSO_4 \cdot 7H_2O$ 0.01g/50mL，培养基初始 pH4.8。采用液态培养基活化扩大培养 SW_{355} 菌株，将菌龄为 36h 的 SW_{355} 接种后于 28℃培养 24h，制备获得种子液。除利用单一的 SW_{355} 菌株接种发酵外，可以与其他菌种进行混合发酵，混合发酵更有利于冷泡茶品质的形成。

3. 接种发酵

将接种量为 20~40mL/kg 的 SW_{355} 种子液均匀洒于茶叶表面，翻拌均匀，然后在28℃静置发酵 16h 左右。

SW_{355} 接种量的多少，对冷泡绿茶中游离氨基酸、茶多酚、叶绿素等含量无显著影响，但对可溶性糖和室温水浸出物有显著影响。发酵时间对冷泡绿茶中游离氨基酸含量无显著影响，对可溶性糖、茶多酚、叶绿素、室温水浸出物等含量有显著影响。随着发酵时间的延长，可溶性糖和室温水浸出物的含量逐渐增加，茶多酚、叶绿素的含量则逐渐降低。发酵温度对冷泡绿茶中游离氨基酸和茶多酚的含量均无显著影响，对可溶性糖、叶绿素和室温水浸出物的含量有显著影响。随着发酵温度的升高，可溶性糖含量逐渐增加，叶绿素含量逐渐降低，而室温水浸出物含量以 28℃时的最高。

4. 干燥

发酵好的冷泡绿茶需及时进行干燥，分毛火、摊凉、足火三道工序进行。用烘干机烘毛火，风温120℃左右，叶厚1cm，烘时8~10min。毛火烘至在制品含水量18%~25%，手捏茶叶不黏手，略有刺手感。毛火叶及时摊凉，叶厚10cm左右，摊凉时间0.5~1.0h，让叶条回软，水分重新分布均匀，以便干燥。足火时注意控制干燥温度和时间，使在制品含水量5%~6%，手捻成粉末即可。

（三）品质特征

冷泡绿茶的室温水浸出物含量，可以达到未经微生物处理的对照样以热水浸出物的86.99%。不过，冷泡绿茶尽管依然以绿色为主，但干茶和茶汤的绿色均略差于未经微生物处理的对照样，冷泡绿茶相对而言会更显黄。

二、冷泡黑茶发酵

（一）工艺流程

鲜叶→ 摊晾 → 杀青 → 初揉 → 初干 → 复揉 → 渥堆 → 接种 → 静置发酵 → 蒸压 → 干燥 →成品

（二）技术要点

1. 原料预处理

冷泡黑茶的生产鲜叶可以分级采摘，考虑到现在市场的发展需要，以适当较嫩的一芽二叶鲜叶为原料更佳。采摘的鲜叶可进行滚筒杀青、蒸汽杀青或微波杀青，杀青叶经摊凉后，初烘至五成干，然后进行初揉。初揉采取轻揉，至成条率达65%左右时，再烘至七成干，摊凉后再复揉。复揉中可以适当施加重压，至成条率达85%以上为佳，但须注意控制茶条完整度。复揉叶进行渥堆，按黑茶渥堆要求操作。渥堆达到要求的在制品采用晒干或烘干，制成黑毛茶。

2. 制备菌种

配制液态培养基，培养基组分配比为：葡萄糖1.68%，牛肉膏0.82%，NaCl 0.32%，$K_2HPO_4 \cdot 3H_2O$ 0.22%，该培养基利于菌株产羧甲基纤维素酶。经活化了的菌株接入液态培养基中，进行逐级扩大培养。

3. 接种发酵

黑毛茶如水分含量偏低时，应提前泼水，增加含水量，使接种量后的含水量达到一定范围。冷泡黑茶的接种量为40mL/kg左右，将种子液均匀洒于黑毛茶叶表面，翻拌均匀。然后在28℃静置发酵16h，每隔4h翻动一次。

4. 蒸茶筑压

发酵好的在制品薄摊晾干，或直接烘干。干燥后，根据产品压造需要，进行称茶、蒸茶和压制，可以压制成小坨状、饼状、砖形等形状。

5. 干燥

压好的在制品一般在烘房中进行干燥，采取逐步升温的方式，缓慢促使茶制品中水分的散发。一般烘至含水量在14%左右，即达到要求，可进行包装。

（三）品质特征

冷泡黑茶具有较高的室温水浸出物率，茶多酚含量较低，茶汤滋味的刺激性弱，而水溶性果糖和果胶更易溶出使滋味更加甘醇，并且陈香较浓。

三、冷泡红茶发酵

（一）工艺流程

鲜叶→萎凋→揉捻→发酵→初烘→接种→静置发酵→干燥→成品

（二）技术要点

1. 原料预处理

用于红茶加工的茶树品种，应选择叶色浅、叶质肥厚柔软、多酚类含量高的中叶型或大叶型品种。采摘不同嫩度的鲜叶，进行分级发酵生产。采摘的鲜叶及时进行萎凋，一般多采用萎凋槽萎凋。可采用人工加热风进行萎凋，加快萎凋进度。萎凋时间一般以 8~10h，至萎凋叶叶质柔软、散发清香时为好。萎凋叶及时进行揉捻，揉捻采用"轻、重、轻"的加压原则以及分次揉捻。嫩叶分二次揉，每次 30min；中级叶分两次揉，每次 45min；较老叶可延长揉捻时间，分三次揉，每次 45min。每次加压 7~10min，减压 3~5min，加压与减压交替进行。揉捻叶需进行解块筛分，使揉捻均匀、分清老嫩，有利于发酵均匀。待揉捻叶细胞损伤率在 80% 以上，成条率 90% 以上，为揉捻适度。

2. 红茶发酵

由于红茶发酵过程是其内含成分及香气形成的过程，与接种菌种发酵的目的不同，所以应将两个发酵过程分开，以免影响红茶品质。一般叶温较室温高 2~6℃，叶温保持在 30℃ 最适，室温以 24~25℃ 为宜，室内相对湿度为 85%~90% 较佳。红茶发酵中物质氧化需消耗大量氧气，也同时释放二氧化碳，因此应保持空气流动。红茶渥红发酵叶的叶层厚度以 8~10cm 为宜；嫩叶和叶型小的薄摊，老叶和叶型大的厚摊；气温低时要厚摊，气温高时要薄摊。发酵时间从揉捻算起，一般春季气温较低，需 3~5h；夏秋季温度较高，发酵程度应适度偏轻。

3. 初烘

红茶渥红适度时，采取高温快烘，迅速钝化发酵叶中酶活性。一般以链板式连续烘干机进行初烘，毛火进风温度为 110~120℃，时间 10~15min，使初烘叶含水量保持在 30%~35%。

4. 制备菌种

于新鲜菌种斜面上取 3 环菌种，接种至装有种子培养基的三角瓶中，于 28℃、150r/min 振荡培养 1d。将培养 1d 的种子液以 10% 的接种量，接入装有培养基的三角瓶中，连续活化培养，逐级进行扩大。

5. 接种发酵

初烘后冷却的红茶样中，将菌种种子液均匀洒于茶叶表面，翻拌均匀，接种量为 40mL/kg。然后在 28℃ 静置发酵 16h，每隔 4h 翻动一次。

6. 干燥

产纤维素菌株发酵适度后，及时进行干燥。采用烘干方式，进风温度 85~95℃，干燥时间 15~20min，至含水量为 4%~6%。

（三）品质特征

冷泡红茶中的游离氨基酸、可溶性糖、水溶性果胶的室温水溶出率大大增加，茶汤颜色较深，但滋味收敛性较强，滋味甜醇。

四、冷泡乌龙茶发酵

（一）工艺流程

鲜叶→ 晒青 → 晾青 → 做青 → 炒青 → 揉捻 → 初烘 → 接种 → 静置发酵 → 干燥 →成品

（二）技术要点

1. 原料预处理

按照乌龙茶的鲜叶要求进行采摘，但以中叶种尤其是清心乌龙和毛蟹为原料，更有利于冷泡乌龙茶品质的形成。采来的鲜叶摊晾后，按照乌龙茶鲜叶的处理方法，及时进行晒青和晾青，然后进行做青。做青适度后，及时进行炒青，采用"高温快炒，少透多闷"技术。炒青叶采取"热揉快揉重揉"原则，趁热揉捻，促使大部分成形。

2. 初烘

揉捻适度后，乌龙茶的揉捻叶采用连续烘干机进行初烘。初烘温度 50～120℃，摊叶厚度 2cm，干燥时间 5～8min，初烘至七成干左右，不可过干。

3. 制备菌种

按前面的方法，活化制备 SW_{355} 的种子液。

4. 接种发酵

冷泡乌龙茶的接种量为 4%。初烘叶摊凉后，接入种子液，撒均匀，然后搅拌均匀，于 28℃下静置发酵 16h。接种量对冷泡乌龙茶中游离氨基酸、茶多酚、叶绿素的含量无显著影响，但对可溶性糖和室温水浸出物含量有影响。发酵温度对冷泡乌龙茶中游离氨基酸和茶多酚的含量无显著影响，对可溶性糖、叶绿素和室温水浸出物的含量有影响；随发酵温度升高，可溶性糖含量逐渐增加，叶绿素含量逐渐降低，而室温水浸出物含量以 28℃时最高。发酵时间冷泡乌龙茶中游离氨基酸的含量无显著影响，对可溶性糖、茶多酚、叶绿素、室温水浸出物的含量有显著影响；随发酵时间的延长，可溶性糖和室温水浸出物的含量逐渐升高，茶多酚和叶绿素的含量逐渐降低。

5. 干燥

发酵适度后，及时进行干燥，采用低温慢焙。焙火温度 80～85℃，摊叶量 1.5kg/笼，约 15min 翻拌一次，火温逐渐下降，焙至足干。足干后，两笼并一笼，焙火温度降至 60℃左右，并在烘笼上加盖，焙火时间 2～4h，直到有火香为止。

（三）品质特征

接种微生物中的纤维素酶活性与冷泡乌龙茶中可溶性糖、游离氨基酸含量之间存在显著正相关，而与水浸出物和茶多酚含量之间存在极显著正相关。冷泡乌龙茶在香气方面未呈现高香，但茶汤呈现出金黄明亮、滋味醇厚甘鲜的特点。

五、冷泡白茶发酵

（一）工艺流程

鲜叶→ 开青 → 上架萎凋 → 接种 → 静置发酵 → 烘干 → 拣剔 →成品

（二）技术要点

1. 原料预处理

鲜叶原料采摘要求一芽一二叶，以大白茶和水仙的鲜叶更有利于冷泡白茶品质的形成。鲜叶采摘来后，及时进行萎凋，可采用日光萎凋与室内自然萎凋交替进行。一般先日光萎凋 10 ~ 30min 后，移至室内自然萎凋，使叶温下降，再次进行日光萎凋，交替进行 2 ~ 4 次，使萎凋叶至七成干为适度。

2. 制备菌种

于新鲜斜面上取产纤维素酶菌种，接种于液体培养基中，以 28℃、150r/min 振荡培养 1d。将培养 1d 的种子液以 10% 的接种量，再进行接种活化，逐级进行扩大培养。

3. 接种发酵

将种子液按 4% 接种量进行接种，菌液需均匀洒于茶叶表面，翻拌均匀。然后在28℃静置发酵 16h，每隔 4h 翻动一次。

4. 烘干

发酵适度后及时进行烘焙，干燥温度 90℃，干燥时间 20min 左右，烘至足干。干燥好后，及时进行拣剔，包装贮存。

（三）品质特征

冷泡白茶中游离氨基酸、可溶性糖、水溶性果胶可以达到未加菌发酵中热水浸提的含量水平，但纤维素酶对白茶的成分特别是水浸出物和可溶性糖的改善作用不明显，对滋味的改善效果不佳。

第 四 节　冷泡茶产品的品质

一、冷泡茶产品的一般品质

（一）感官品质

冷泡茶的感官品质包括外形、汤色、香气、滋味和叶底。与普通茶叶对比，冷泡茶产品外形一般均未受到发酵明显的影响。如冷泡绿茶依然呈现翠绿、条索紧细的特点，汤色稍黄，但黄绿明亮。冷泡绿茶的室温水浸出物含量高，滋味浓厚，仅香气受一定影响，但仍纯正；叶底并未因为纤维素酶的催化降解而破碎，呈明亮匀整的特点。不同类型的冷泡茶，在感官品质方面会有所差异。

（二）理化品质

不同类型的冷泡茶在发酵过程中，内含物质成分变化不一，发酵会产生不同的影响，在此介绍发酵对冷泡绿茶中内含成分的影响。发酵后，冷泡绿茶中水浸出物总量及茶汤中茶多酚、氨基酸、儿茶素、黄酮等含量会有显著性的变化。

1. 水浸出物总量的变化

由于纤维素酶的催化降解，使得冷泡绿茶的内含物在冷水冲泡中得以大量释放。有研究指出，接种发酵茶样中冷泡水浸出物含量比未接种茶样中冷泡水浸出物含量提高了35%左右，而这两个样品的热泡水浸出物含量则相差甚微。

2. 茶多酚含量的变化

作为茶叶中重要的呈味物质，冷泡茶茶汤中的茶多酚含量也有了较大幅度的提高。已有大量研究表明，接种发酵茶样中冷泡茶多酚含量比未接种发酵茶样中冷泡茶多酚含量提高了73%，而二者热泡茶多酚含量则相差不大。

3. 儿茶素含量的变化

儿茶素物质作为茶叶中最重要的功能性物质，它在茶汤中的含量意味着饮茶所能带来的健康功效。研究表明，接种发酵茶样中冷泡儿茶素总量比未接种发酵茶样中冷泡儿茶素总量提高了32%，而二者热泡儿茶素总量则相差不大。

4. 黄酮类化合物总量的变化

黄酮类物质也是茶叶中重要的呈味呈色物质。研究表明，接种发酵茶样中冷泡黄酮类物质含量比未接种发酵茶样中冷泡黄酮类含量提高了25%，而二者热泡黄酮类含量则相差甚微。

5. 游离氨基酸总量的变化

茶汤中的鲜爽味来自于游离氨基酸。结果表明，接种发酵茶样中冷泡游离氨基酸总量比未接种发酵茶样中冷泡游离氨基酸总量提高了10%，而二者热泡游离氨基酸总量则相差甚微。

二、冷泡茶产品的安全性

由于冷泡茶发酵生产中添加了外源微生物添加剂，因此需进行安全性评价。

（一）急性毒理学

急性毒理学是指人或动物一日内单次或多次接触外源物后，在短期内发生的毒性效应，包括致死效应。急性毒性试验是在动物给药后7d或14d中，连续观察动物所产生的毒性反应及死亡情况，从定性和定量两方面进行观察毒性反应的方法。定性观察是观察服药后动物有哪些中毒表现，其毒性反应出现和消失的速度如何，涉及哪些组织和器官，最主要的可能毒性靶器官是哪个，损伤的性质及可逆程度如何，中毒死亡过程有哪些特征，可能的死亡原因是什么等。定量观察是观察药物毒性反应与剂量的关系，主要指标有近似致死剂量（Approximate lethal dose，ALD），半致死剂量（Lethal dose 50，LD_{50}）和致死剂量（Lethal dose，LD）。在小动物的急性毒理学实验中常用测定经口 LD_{50}，如剂量达10g/kg仍不引起动物死亡，则不必继续测定。

冷泡茶产品采用最大耐受剂量法，对昆明种小白鼠采用茶汤经口灌胃法，连续观察14d，急性毒性测试结果为最大剂量（20.0g/kg 体重）组动物无明显中毒症状，LD_{50}及95%可信限为 >20.0g /kg 体重，表明冷泡茶属无毒级。

（二）遗传毒性

遗传毒性试验主要是指对致突变作用进行测试的试验，用化学或物理的方法人为地促使突变率增加，使之超过自发突变率的过程称为诱变，引起诱变的物质称为诱变剂。诱变试验的目的是确定化学物质改变细胞内遗传物质的能力，确定其致突变与对哺乳动物的影响，对可遗传性损伤、致癌性以及其他有关损伤进行评价。以致突变试验来定性表明受试物是否有突变作用或潜在的致癌作用进行筛选。

冷泡茶在 $1 \sim 5000 \mu g/mL$ 浓度范围内，诱发产生的回变菌落数与阴性对照相比均无明显增加，表明在 $1 \sim 5000 \mu g/mL$ 范围内冷泡茶对试验菌株不存在明显的抑菌现象，也没有引起该菌基因碱基置换或移码突变的致突变剂存在，没有诱导试验菌株发生回复突变，可判定冷泡茶对试验菌株均无致基因突变作用。染色体畸变率都在正常范围，冷泡茶在一定剂量条件下对仓鼠肺细胞（CHL）没有致突变性。

（三）微核试验

微核试验是以诱发小鼠骨髓红细胞微核为指标来推断化合物染色体损害的试验，主要通过检测哺乳动物骨髓细胞中嗜多染红细胞的微核出现率，间接反映骨髓细胞染色体畸变发生率的高低，从而判断受试动物是否具有致突变作用，还可以用于测试干扰细胞有丝分裂的物质。不同剂量的冷泡茶对昆明种小白鼠间隔 24h 两次灌胃后，小鼠骨髓微核率与阴性对照均小于 2.5%，冷泡茶与非冷泡茶的不同剂量处理的小白鼠骨髓微核发生率没有差别，说明添加菌种对冷泡茶并没有引起毒性值的增加。而且添加冷泡茶与未冷泡茶的小鼠骨髓微核发生率与空白溶剂对照无显著差别，远远低于环磷酚胺阳性对照组（$p < 0.01$）。冷泡茶的昆明种小白鼠骨髓微核试验结果均为阴性，说明冷泡茶属于无毒级水平。

（四）精子致畸

精子畸形试验是检测受试化学毒物能否破坏哺乳动物精子正常形态的实验方法。精子畸形是指精子的形状异常和异常精子数量的增多。冷泡茶样不同剂量处理小白鼠后，其精子畸形率与空白对照相近，即冷泡茶样对小白鼠精子畸形检测试验结果为阴性，说明冷泡茶对昆明种小白鼠没有精子致畸作用。

经以上冷泡茶安全性检测，表明冷泡茶属于安全食品，这为开发生产冷泡茶提供了依据与保障。

第十三章　功能性普洱茶

第一节　功能性普洱茶的发展现状

一、功能性普洱茶的定义

功能性普洱茶是指通过技术创新，应用产生功能活性成分的有益菌进行发酵，或应用其他新发酵技术，发酵生产出品质特征鲜明、某种功能活性成分含量较高、具有一定养生功效的新型普洱茶。功能性普洱茶产品应满足以下三方面的要求：①营养功能——提供人体所需要的基础营养素，满足人体生存的需要；②感官功能——侧重人们对食品中色、香、味、形等主观偏好，满足人们饮食中的美感和愉悦的享受；③特殊功能——具有对人体产生调节生理机能的作用。由此可见，功能性普洱茶应在保持普洱茶原有品质特征的同时，应清楚含有的功能活性成分种类、功能活性成分的来源途径和所具有的保健养生效果。

二、功能性普洱茶的作用与意义

进入 21 世纪以来，人们常说的"富贵病"如动脉硬化、冠心病、高血压、肥胖症等心血管疾病开始威胁人类的健康。据原卫生部统计，我国 35 岁以上人群冠心病的发病率为 3% ~5%。2016 年中国健康大数据资料显示：我国高血压人口为 1.7 亿，高血脂人口为 1 亿，糖尿病患者达 9240 万人，超重或肥胖人口达到 2 亿，血脂异常者有 1.6 亿人，脂肪肝患者 1.2 亿人。我国心脑血管病患者已超过 1.8 亿人，患者人群已由 50 岁以上向 30 岁转移，每年死于心脑血管病人数已达 300 万以上，占所有疾病死亡人数的 50%。心脑血管病具有发病率高、致残率高、死亡率及复发率高的特点，已成为危害人类健康的"头号杀手"。

保健养身的思想在我国有着悠久的历史，《黄帝内经》中就全面地总结了先秦时期的养生经验，明确地指出"圣人不治已病治未病，不治已乱治未乱……夫病已成而后药之，乱已成而后治之，譬犹渴而穿井，斗而铸锥，不亦晚乎"的养生观点，为我国传统预防医学和养生学的发展奠定了基础。现代医学对茶的功效研究已有近 20 项，即暖胃、减肥、降脂、防止动脉硬化、防止冠心病、降血压、抗衰老、抗癌、降血糖、抑菌消炎、减轻烟毒、减轻重金属毒、抗辐射、防龋齿、明目、助消化、抗毒、预防便秘、解酒等，其中，普洱茶的暖胃、减肥、降脂、防止动脉硬化、防止冠心病、降血压、抗衰老、抗癌、降血糖尤为突出。

功能性普洱茶对人体的养生作用包括四个方面：①增强机体免疫能力，提高免疫功能；②调节人体节律，调节神经系统，调节消化功能，促进机体生态平衡；③预防高血压、高血脂、抗癌等；④延缓衰老，保健美容，增强体质。开发功能性普洱茶，不但丰富了普洱茶的品种，更增强了普洱茶的保健功效，必将有利于促进人们的养生与健康。

三、功能性普洱茶开发现状

普洱茶发展持续迅速，一直受到人们的关注，对普洱茶的相关研究也非常多，其中即有较多的功能性普洱茶产品的研究与开发。开展功能性普洱茶研究的机构，主要是云南农业大学普洱茶学院。在开发生产功能性普洱茶产品方面，主要集中在具有降血压功能的 γ - 氨基丁酸（GABA）普洱茶和具有降血脂功能的洛伐他汀（LVTP）普洱茶产品，尤其是洛伐他汀普洱茶产品已经批量化上市，受到了人们的广泛欢迎。此外，为生产功能性普洱茶，研制生产出功能性普洱茶发酵菌剂，还有试用散囊菌发酵生产出金花普洱茶。

四、功能性普洱茶的展望

普洱茶的快速发展，促使产品竞争也逐渐加剧，而人们对产品的追求也开始更加倾向于功能性产品。要获取更大的市场，必须开发生产新颖的功能性普洱茶。开发生产功能性普洱茶，是今后普洱茶研究开发的主流。

（一）利用欧文菌可生产含紫杉醇普洱茶

王辉在研究普洱茶发酵中不同渥堆层间的微生物群落结构过程中，发现欧文菌属在一定时期的不同渥堆层间占比相对较大，对普洱茶品质产生影响。夏雨（2011）在研究欧文菌乳糖酶的分离纯化及其酶学性质研究中提到，欧文菌能产生 β - 半乳糖苷酶；该酶在40℃左右活力最好，能将乳糖水解为葡萄糖和半乳糖，对普洱茶糖类代谢形成有重要作用。张昕欣（2012）研究利用欧文菌发酵生产紫杉醇的工艺，而紫杉醇具有广泛的抗肿瘤活性，其产量一直受到植物生长条件制约。如能应用产紫杉醇的欧文氏菌制备普洱茶发酵剂，在普洱茶发酵过程中外源添加欧文氏菌发酵剂，增加欧文菌的数量，使其在普洱茶发酵过程中产紫杉醇，从而获得含紫杉醇的普洱茶。开发生产出含紫杉醇的普洱茶，对于人们通过日常饮用普洱茶来提高身体保健具有重要的意义。

（二）利用金花菌可生产 "菌香" 风味普洱茶

雪黄散囊菌是六堡茶中的金花菌，是形成六堡茶特色品质与保健功效的基础。毛彦（2013）分离鉴定了六堡茶中的金花菌，邓庆森（2014）对金花菌的生物学特性进行了阐述，表明金花菌对六堡茶品质形成具有重要作用。金花菌在六堡茶发酵过程中发挥作用，使六堡茶形成甘甜醇和、苦涩味偏淡、香气浓郁、带有特殊菌花香的品质特征。王辉在运用宏基因组技术对普洱茶发酵原料测定中，首次发现了雪黄散囊菌存在于普洱茶晒青毛茶中，且占比例较大。如能在普洱茶生产过程中通过控制发酵条件，以有利于雪黄散囊菌的生长，提高雪黄散囊菌的数量，使雪黄散囊菌在普洱茶发酵过程中处于优势地位，以生产出对人体有益的新风味"菌香"普洱茶。

（三）开发普洱茶发酵剂

黑茶受到了人们的欢迎，发展迅速。然而，随着人们对黑茶消费要求的增强，对黑茶发酵生产也逐渐提出更高的要求。黑茶的发酵生产需要实现全程清洁化，发酵品质应均一且稳定。要达到这一点，开发利用普洱茶发酵剂则显得尤为关键。推广使用普洱茶发酵剂，将有利于创新普洱茶发酵工艺，提高普洱茶发酵效率，保障普洱茶的产品质量，为风味和特色普洱茶产品的开发提供强有力的支撑，代表了普洱茶生产发展的未来方向。而且针对人们日益关切的预防高血压、高血脂、抗癌、延缓衰老、保健美容、增强体质等社会重大健康问题，开发出可满足这些社会需求的功能性普洱茶发酵剂，变得更加有意义。普洱茶发酵剂的推广与应用，不仅能促进企业的技术创新、增强企业的核心竞争力，而且也将促进普洱茶产业由传统生产向现代科技生产转变。

第 二 节　普洱茶发酵剂及其应用

一、普洱茶发酵剂的概念与作用

（一）发酵剂的概念与作用

发酵剂是指为生产干酪、奶油、酸乳制品及其他发酵产品所用的特定微生物制备而成的菌剂，如乳杆菌、乳球菌、双歧杆菌、酵母菌、曲霉菌、乳霉菌等。菌剂可以是单一的微生物组成，也可以是组合的多种微生物组成，作为菌种来接种发酵。发酵剂的功能作用在于：一是对于产品风味与品质的形成至关重要，往往是影响产品最终风味的重要因素。二是能提高产品营养价值，许多菌种在代谢过程中产生多种氨基酸、维生素和酶；这些物质不仅能降低抗营养因子的破坏作用，还可以转换有毒化合物为无毒物质。三是能简化产品加工工艺、缩短生产周期。四是体现了生产的创新性，可以降低成本、增加经济效益。五是能够产生抗菌物质，从而提高产品的保存性，延长货架期。发酵剂添加到产品中，即接种到经一定处理过的原料中，在控制一定的条件下微生物繁殖、发酵。经发酵后，微生物产生一些能赋予产品特性如酸味、滋味、香味、黏稠度的一些物质。在发酵食品生产中，由于微生物的参与，使发酵食品具有丰富的营养价值，且赋予产品特有的香气、色泽和口感。传统食品发酵工艺中微生物种来源于自然界，而现代科技则采用微生物纯培养，这不仅能提高原料利用率，缩短生产周期，而且便于机械化、标准化生产。

（二）普洱茶发酵剂的概念与作用

普洱茶发酵剂则是指利用在普洱茶发酵生产过程中起有效作用的微生物制备而成的菌剂，如黑曲霉发酵剂、酵母发酵剂、木霉发酵剂等。在普洱茶发酵过程中使用普洱茶发酵剂，可以明显地增加普洱茶内含物，进而改善口感，提高产品的保健功效，有利于普洱茶品质的形成。

二、普洱茶发酵剂研究现状

（一）制作普洱茶发酵剂的微生物来源

目前，发酵剂在许多食品加工过程中变得越来越重要，已得到相关领域的普遍重视，它展现出了强大的生命力和广阔的前景。普洱茶微生物发酵剂的制备是建立在对普洱茶微生物深入研究的基础上，发酵剂的微生物来源主要是在自然状态下参与普洱茶固态发酵的一些优势微生物菌种；另外，也可以是非传统普洱茶发酵过程中出现的菌种，即不存在普洱茶自然发酵微生物群落中的其他微生物菌种。

（二）制作普洱茶发酵剂的微生物选择

生产微生物发酵剂，应该将制剂微生物的安全性作为首要的选择标准。制作微生物发酵剂的菌种不管是否来源于普洱茶发酵体系，都应该是国家相关法律法规所规定的、允许在食品生产领域使用的微生物菌类。在确定了用于研制普洱茶发酵剂的菌种是安全的，接下来要考虑该微生物对于普洱茶风味和品质的影响机理是怎样的，该微生物对普洱茶色、香、味、形等感官品质和生理生化指标有何影响。在了解清楚微生物对普洱茶品质的具体影响后，还要考虑该微生物的繁殖力如何，在普洱茶发酵环境里面是否能够正常地生长和繁殖。

（三）已有的普洱茶发酵剂种类

在普洱茶固态发酵过程中，通过人工手段富集有益微生物，有利于普洱茶优良品质的形成，且可增加普洱茶中的有效营养物质以及保健功效的物质。目前，依据接种于普洱茶发酵过程的有益微生物的作用，可将普洱茶发酵剂分为两大类：第一种是能够加速普洱茶的品质转化，从而缩短发酵时间，提高效率并降低成本，可以称为传统普洱茶发酵剂。例如，周红杰于2005年、2006年分别接种黑曲霉、米曲霉和酿酒酵母等菌剂发酵普洱茶。第二种是通过添加可产生具有特殊功效的发酵菌种，从而提升普洱茶的品质特征或保健效果，可以称为新型普洱茶发酵剂。第二种普洱茶发酵剂依据微生物产生的功效不同，又可以分为两种：一种是可以使普洱茶具有更浓的陈香或其他香气，可以称为产香普洱茶发酵剂；另一种则是普洱茶中含有比常规产品中更高浓度的功能活性成分或常规产品中不存在的功能活性成分，使普洱茶具有更强的保健功效，可以称为产活性成分普洱茶发酵剂，如周红杰、卓静于2010年首次接种紫色红曲霉发酵普洱茶，后期经薛志强、傅静、邓秀娟、骆爱国等应用紫色红曲霉于普洱茶大生产中，生产出具有突出降脂功效的新型洛伐他汀功能普洱茶。

云南农业大学周红杰普洱茶研究团队利用现代生物技术和生物工程等技术手段，研发了黑曲霉发酵剂PAsp0501及其应用技术、酿酒酵母真菌发酵剂PSac0501及其在普洱茶生产中的应用技术、绿色木霉真菌发酵剂PTri050102及其在普洱茶生产中的应用技术、少根根霉发酵剂Prhi501及其在普洱茶生产中的应用技术。近年来添加普洱茶发酵剂的研究应用情况，参见表13-1。

表 13 - 1　　　　　　　　　　　　　普洱茶发酵剂的种类与功效

制作发酵剂的微生物种类	发明人	时间	效果
黑曲霉、米曲霉、酿酒酵母	周红杰	2005、2006	提高品质，缩短发酵时间
黑曲霉、青霉、酿酒酵母	梁名志	2007	提高品质，缩短发酵时间
杆状链霉菌、灰质链霉菌	Jeng Kee - Ching	2007	提高功效物质含量
绿色木霉、少根根霉	周红杰	2007	提高品质，缩短发酵时间
杆状链霉菌、灰质链霉菌	冯源凤	2008	提高功效物质含量
优势曲霉属	陈可可	2008	提高品质，缩短发酵时间
黑曲霉、黑根霉、酵母菌	蒙肖虹	2009	提高品质，缩短发酵时间
紫色红曲霉	周红杰	2010	提高功效物质含量
近平滑假丝酵母	周红杰	2010	提高功效物质含量
冠突散囊菌	牛乃秀	2011	提高功效物质含量
臭曲霉、杂色曲霉、米曲霉、泡盛曲霉	药淑娟	2011	提高品质，缩短发酵时间
黑曲霉、青霉、根霉	曹冠华	2011	提高品质，缩短发酵时间
酵母菌	赵腾飞	2012	提高品质，缩短发酵时间
紫色红曲霉	傅静	2012	提高普洱茶洛伐他汀含量
近平滑假丝酵母	李亚莉	2013	提高普洱的香气和滋味

（四）普洱茶发酵剂应用现状

　　有益微生物在普洱茶品质形成过程中发挥了关键性的作用。一方面有益微生物能分泌胞外酶，通过酶促作用和呼吸代谢产生的热量有利于晒青毛茶发生复杂的物质转化；另一方面，有益微生物能通过自身的代谢产生一些代谢产物（如氨基酸、维生素），等有利于人体健康。一些有益菌可以产生挥发性或非挥发性的抗生物质抑制发酵杂菌生长，抑制发酵茶杂菌孢子萌发与菌丝生长。一些竞争能力强的有益微生物，可大量消耗铁、氮、碳、氧或其他适合杂菌生长的元素，可以抑制发酵茶中杂菌的生长、代谢或孢子萌发。因此，有益微生物主要是通过夺取杂菌所需的养分而竞争性地抑制杂菌生长。一些有益微生物在发酵过程中可分泌胞内和胞外两类酶系，胞外酶系可以对茶叶内含成分进行转化。通过使用普洱茶发酵剂，促使发酵过程中有益微生物快速形成发酵优势菌，快速抑制杂菌和有害菌的生长繁殖，将在促进普洱茶发酵品质形成的同时，有效地提高了普洱茶的产品安全性。

　　普洱茶的固态发酵过程是其品质形成的关键，微生物的参与起到极为重要的作用。目前，采用专用普洱茶发酵剂接种发酵生产普洱茶已成为一种趋势。有研究表明，人为添加优势菌种可以有效控制普洱茶的发酵品质，如黑曲霉固态发酵能生产樟香味的普洱茶；酵母菌固态发酵生产的普洱茶多酚类变化明显，陈香显著；根霉固态发酵生产的普洱茶糖类物质变化明显，有独特甜香；利用红曲菌进行普洱茶的发酵，得到富含洛伐他汀的普洱茶产品，产品具有独特的米曲香。酵母菌是普洱茶发酵过程中的优势菌种之一，普洱茶所表现出的陈香、醇、甘、厚、滑等品质特点与发酵过程中的酵母菌是分不开的；赵腾飞（2012）利用普洱茶渥堆发酵样品中分离出的 5 株优势酵母菌进行纯菌接种发酵试验，并对发酵后的茶样进行化学成分检测和感官评价，结果发现纯种酵母菌株发酵对普洱茶化学成分含量有影响，发酵的茶样有香甜味，其滋味略苦、生津、有回甘。

普洱茶发酵剂的推广使用，创新了普洱茶发酵传统工艺，提高了普洱茶的发酵效率，优化了普洱茶的产品质量，代表了普洱茶生产发展的未来方向，为风味和特色普洱茶产品的开发提供了强有力的科技支撑。普洱茶发酵剂的推广和应用不仅能促进企业的技术创新、增强企业的核心竞争力，而且也象征了普洱茶产业由传统生产到现代科技生产这一历史性的转变，为做大做强普洱茶产业起到了示范作用，促进了茶区经济、社会、生态的持续健康发展。

三、普洱茶发酵剂的生产应用

（一）添加发酵剂的普洱茶固态发酵技术

1. 准备

普洱茶发酵之前的 3d，首先对进行普洱茶发酵的发酵室进行清洗，并用紫外线消毒 24h，控制发酵室温度 20~30℃，空气相对湿度 80% 以上。

2. 加菌

向含水量为 30%~40% 的晒青毛茶原料中接入质量分数为 0.05%~0.10% 的普洱茶发酵剂，以后每次翻堆之前都添加发酵剂。

3. 翻堆

根据温度的变化进行翻堆，并对水分进行控制，翻堆的依据是底层温度达到 50~55℃，共翻 4~6 次。每次翻堆时取样测定水分，当水分含量低于 30% 时，补充水分含量到 33%~35%。最后一次翻堆后不补水，开沟堆垛 6~7d；自然干燥 3~5d。

4. 精制

对干燥完成后的普洱茶原茶通过圆筛、抖筛、飘筛，分清大小、长短、粗细、轻重，去头脚茶，剔除杂质，分级归堆，包装，得发酵完成的普洱茶成品。

（二）普洱茶黑曲霉发酵剂

曲霉属较多地发现于发酵食品中，是一类产复合酶的菌株，如能产生用于工业生产的淀粉酶、蛋白酶、果胶酶、糖化酶、纤维素酶、植酸酶等酶类，而且还可以产生用于消除动脉及静脉血栓的溶血酶类。有些曲霉属菌还能产生多种有机酸，如柠檬酸、苹果酸、延胡索酸等。在普洱茶渥堆生产过程中，黑曲霉能分泌酶类作用于茶叶基质。在黑曲霉淀粉酶的作用下，将茶叶原料中的直链与支链淀粉降解为糊精及各种低分子糖类，如麦芽糖、葡萄糖等。在黑曲霉蛋白酶的作用下，将不易消化的大分子蛋白质降解为蛋白胨、多肽及各种氨基酸。在黑曲霉果胶酶、糖化酶、纤维素酶的作用下，使茶叶发酵基质中大分子不溶物质转化为可溶解于水的小分子物质，这对普洱茶品质的形成带来积极的作用。

1. 工艺流程

黑曲霉菌株初筛 → 菌株复筛 → 菌株鉴定 → 菌株验证 → 菌剂制备 → 菌剂应用

2. 技术要点

从普洱茶渥堆茶样中采集菌样，配制系列浓度的菌样，于黑曲霉分离培养基上涂平板。黑曲霉分离培养基为 30g 葡萄糖、30g NaNO$_3$、1g K$_3$PO$_4$、0.25g MgSO$_4$、0.25g KCl、15g 琼脂，调整 pH 为 6.8，加蒸馏水至 1000mL，以 121℃ 高压蒸汽灭菌 30min。分离平板于 28～30℃ 培养 2～3d，挑取单菌落菌株，然后进行初筛。

初筛培养基为 20g 琼脂、20g 葡萄糖、25g CaCO$_3$，调 pH 为 6.5～7.0，加水至 1000mL，以 121℃ 高压蒸汽灭菌 30min。将分离到的黑曲霉菌株，接种到初筛培养基上，于 30℃ 培养 3d。在黑曲霉菌体生长中，黑曲霉葡萄糖淀粉酶会将培养基中的葡萄糖转化为有机酸，有机酸与培养基中的 CaCO$_3$ 作用，使 CaCO$_3$ 水解而产生透明圈。选出初筛培养基中透明圈大的菌株，供复筛用。

复筛培养基为 50g 葡萄糖、3g 蛋白胨、0.4g（NH$_4$）$_2$HPO$_4$、0.2g KH$_2$PO$_4$、0.1g MgSO$_4$·7H$_2$O，加水至 1000mL，以 121℃ 高压蒸汽灭菌 30min。用 250mL 三角瓶装 50mL 复筛培养基，分别接入初筛到的黑曲霉菌株，于 30℃ 振荡培养 3d，然后用 PHS－2 型酸度计测定培养液的酸度。每株菌接种三瓶，最后选出产酸最高的菌株作为黑曲霉产酶菌株。

对复筛获得的黑曲霉菌株，需进行菌株鉴定。除采用传统菌种鉴定方法外，还需采用分子生物学手段进行鉴定，确定分离获得的菌株。依据鉴定的菌株，还需确定菌株的安全性。将确定安全的黑曲霉菌株进行培养后，接入普洱茶渥堆发酵中，分析比较接种后普洱茶的品质风味，进一步筛选确定适合的黑曲霉菌株，同时也是验证黑曲霉在茶叶基质中的发酵性能。

要将筛选获得的黑曲霉优势菌株进行接种利用，需要进行大量制备菌种，制成菌剂。大量制备菌种采用天然培养基，天然培养基为 30g 葡萄糖、10g 麸皮、50g 玉米粉、10g 蛋白胨、1.0g 酵母膏，调整 pH 为 6.5～7.0，加蒸馏水至 1000mL，以 121℃ 高压蒸汽灭菌 30min。将筛选获得的黑曲霉优势菌株接种到天然培养基中，放到 28℃ 恒温箱中振荡培养；培养 5～7d，在无菌操作台上用无菌滤纸过滤，收获滤纸上的菌丝和黑曲霉的孢子，放到 28℃ 恒温箱中干燥，干燥到一定程度的菌体物即可作为黑曲霉发酵剂。为保持菌体的活性和孢子的活力，也可以在干燥的菌体物中添加抗氧化剂、保湿剂和少量营养物质等成分，还可以进行菌剂造粒。

将大叶种晒青毛茶按传统的方法进行潮水，随后在毛茶中接种质量比为 0.1%～0.8% 的黑曲霉 PAsp0501 菌剂，其他操作按照接种发酵剂的普洱茶固态发酵技术进行。当渥堆堆温升高到（30±3）℃ 时，PAsp0501 开始进行代谢，并且随着堆温进一步的升高而分泌出大量的葡萄糖淀粉酶、纤维素酶和果胶酶等。这些酶对发酵茶叶中的内含成分进行氧化、水解，使茶叶基质中的还原糖、可溶性碳水化合物和水溶性果胶呈现不断增加的趋势；但由于此时茶叶中除 PAsp0501 生长外，还有大量的其他微生物开始滋生，多糖水解产物易被这些微生物用于生长繁殖而消耗，因此可溶性碳水化合物的含量到出堆时比普洱茶大生产和模拟大生产的都少。同时，在出堆茶样中粗纤维的含量也较传统处理的少，这说明接种 PAsp0501 到毛茶原料中让其发酵的过程比起大生产和模拟大生产的发酵程度都深。

黑曲霉 PAsp0501 菌剂能加速形成普洱茶品质特征和缩短发酵时间，所发酵的普洱茶具有汤色红浓明亮、滋味醇厚甘滑、香气陈香独特、显木香、叶底红褐的感官特征。

（三）普洱茶酿酒酵母发酵剂

在普洱茶大生产过程中，酵母菌能分泌酶类作用于茶叶基质，如淀粉酶、蛋白酶等，对普洱茶品质的形成有积极作用。

1. 工艺流程

$$\boxed{\text{酿酒酵母菌株初筛}} \rightarrow \boxed{\text{菌株复筛}} \rightarrow \boxed{\text{菌株鉴定}} \rightarrow \boxed{\text{菌株验证}} \rightarrow \boxed{\text{菌剂制备}} \rightarrow \boxed{\text{菌剂应用}}$$

2. 技术要点

从普洱茶渥堆茶样中采集菌样，取要分离的茶样 2g，加到装有 98mL 无菌水的研钵中研碎，此时得到的是 10^{-2} 的菌悬液。按十倍稀释法把菌悬液稀释至 10^{-8}，十倍法是指下一管的菌悬液要比上一管的稀 10 倍。以 10^{-6}、10^{-7}、10^{-8} 三个浓度的菌样，于酿酒酵母分离培养基上涂平板。酿酒酵母分离培养基为：20g 葡萄糖、10g 蛋白胨、5g 酵母汁、20g 琼脂，pH 自然，加蒸馏水至 1000mL，以适宜压力灭菌 20min。分离平板于 25～28℃培养 24h 观察，培养 2～5d 后，挑取单个菌落并移植于斜面上培养，待形成明显菌苔后检查是否为纯培养物，且是否符合酿酒酵母的特征。对分离获得的酿酒酵母也需进行菌株鉴定，确定酿酒酵母的安全性。然后将酿酒酵母接种到茶叶基质中进行发酵，确定发酵茶的品质风味和酿酒酵母的发酵性能，进一步筛选获得适宜于茶叶基质中发酵的酿酒酵母。

配制天然酿酒酵母培养基，成分组成同黑曲霉培养基，不调 pH，加蒸馏水至 1000mL。把选出的酿酒酵母菌种接种到天然酿酒酵母培养基上，放到（28±2）℃恒温箱中振荡培养 5～7d 后，在无菌操作台上用无菌滤纸过滤，收获滤纸上的菌丝和酿酒酵母的孢子，于（28±2）℃恒温箱中干燥，干燥到一定程度的菌体物即可作为酿酒酵母发酵剂。为保持菌体的活性和孢子的活力，也可以在干燥的菌体物中添加抗氧化剂、保湿剂和少量营养物质等成分，还可以进行菌剂造粒。

将大叶种晒青毛茶按传统的方法进行潮水，随后在毛茶中接种质量比为 0.1%～0.8% 的酿酒酵母 PSac0501 菌剂进行发酵，其他操作按照接种发酵剂的普洱茶固态发酵技术进行。当渥堆堆温升高到 25℃左右时，PSac0501 菌种开始进行代谢，并且随着堆温进一步的升高而分泌出大量的酶类。这些酶对发酵茶叶中的内含成分进行氧化、水解，其中茶多酚的降解速度加快，儿茶素、寡糖、水浸出物的变化显著，氨基酸变化极显著，多酚类物质的氧化、缩合、转化、儿茶素部分转化为茶黄素（TF），TF 又可进一步转化为茶红素（TR）、茶褐素（TB）。茶多酚及茶褐素可控制在适当的比例，而这些变化对普洱茶的品质形成都发挥了重要的作用。

酿酒酵母 PSac0501 菌剂能提高普洱茶品质，并缩短了发酵加工时间。经接种酿酒酵母 PSac0501 发酵剂发酵生产的普洱茶，汤色红浓明亮，香气陈香独特、透花果香，滋味醇和回甘，叶底棕褐油润。

（四）普洱茶绿色木霉发酵剂

在普洱茶大生产过程中，绿色木霉能分泌酶类作用于茶叶基质，可抑制其他杂菌的生成，并能与其他菌种配合发挥良好的作用，能促进普洱茶"醇和"品质的形成。

1. 工艺流程

绿色木霉菌株初筛 → 菌株复筛 → 菌株鉴定 → 菌株验证 → 菌剂制备 → 菌剂应用

2. 技术要点

从普洱茶渥堆茶样中采集菌样，取要分离的茶样2g，按十倍稀释法配制系列浓度的菌样液，于绿色木霉分离培养基上涂平板。绿色木霉分离培养基为200g马铃薯、20g葡萄糖、20g琼脂，pH自然；马铃薯去皮，切成块，煮熟半小时，然后用纱布过滤，再加琼脂和糖，溶化后加蒸馏水至1000mL，以121℃灭菌20min。分离平板置于25～28℃培养24h观察，培养2～5d后挑取单个菌落，并移植于马铃薯葡萄糖琼脂培养基的斜面上培养，待形成孢子后，检查是否只有一种菌而且这种菌是否符合绿色木霉的特征。对分离获得的绿色木霉进行菌株鉴定，确定绿色木霉的安全性。然后将绿色木霉接种到茶叶基质中进行发酵，确定发酵茶的品质风味和绿色木霉的发酵性能，进一步筛选获得适宜于茶叶基质中发酵的绿色木霉。

配制天然绿色木霉培养基，成分组成同黑曲霉培养基，不调pH，加蒸馏水至1000mL。把选出的绿色木霉菌种接种到天然绿色木霉培养基上，放到（28±2）℃恒温箱中振荡培养5～7d后，在无菌操作台上用无菌滤纸过滤，收获滤纸上的菌丝和绿色木霉的孢子，于（28±2）℃恒温箱中干燥，干燥到一定程度时的菌体物即可作为绿色木霉发酵剂。为保持菌体的活性和孢子的活力，也可以在干燥的菌体物中添加抗氧化剂、保湿剂和少量营养物质等成分，还可以进行菌剂造粒。

在普洱茶的大生产过程中，将大叶种晒青毛茶按传统的方法进行潮水，随后在毛茶中接种比例为0.1%～0.8%的绿色木霉PTri050102菌剂进行发酵，其他操作按照接种发酵剂的普洱茶固态发酵技术进行。当渥堆堆温升高到25～30℃时，绿色木霉PTri050102开始大量生长和繁殖，并且随着堆温进一步的升高而分泌出大量的胞外酶和胞内酶（有多酶氧化酶、抗坏血酸氧化酶和过氧化物酶）。这些酶的共同作用，一方面使茶多酚发生转化，因此苦涩、浓烈型滋味成分由于被氧化降解而大量减少，醇和型呈味物质却大量增加；另一方面使茶叶中大分子不溶性物质，例如纤维素和半纤维素等，部分分解成可溶性小分子多糖类物质，从而提高了茶汤中的可溶性糖类化合物的含量，使普洱茶的口感变得醇和回甘。总之，既保留了一部分茶多酚和多糖物质的保健功效又使得普洱茶形成了独特的醇和、回甘的品质。

绿色木霉PTri050102菌剂能加速形成普洱茶品质特征，缩短发酵加工时间。经过接种绿色木霉PTri050102生产的普洱茶，汤色红浓明亮，风味独特，香气馥郁，带花果香，滋味甘滑醇厚、清爽怡人，叶底红褐。

（五）普洱茶少根根霉发酵剂

根霉是一类重要的工业用菌，具有许多优良特性，其中糖化力强的根霉可用于葡萄糖制造和酿酒工业。我国小曲酒的配制就大多使用根霉，黄酒的酿制也部分使用根霉，即所谓的小曲酿酒法。使用纯种根霉、中草药和甜酒曲母混合制造甜酒曲，既能保持甜酒的传统风味，又有利于控制甜酒生产中的酸度和温度，防止酸败和产生异味，提高产品的品质。普洱茶在渥堆中，茶叶基质的软化也与少根根霉滋生有关。

1. 工艺流程

少根根霉菌株初筛 → 菌株复筛 → 菌株鉴定 → 菌株验证 → 菌剂制备 → 菌剂应用

2. 技术要点

从普洱茶渥堆茶样中采集菌样，取要分离的茶样 2g，按十倍稀释法配制系列浓度的菌样液，于少根根霉分离培养基上涂平板。少根根霉分离培养基为马铃薯葡萄糖琼脂培养基，以 121℃灭菌 20min，分离平板置于 25～28℃培养 24h 观察。培养 2～5d 后，挑取单个菌落，并移植于马铃薯葡萄糖琼脂培养基的斜面上培养，根据菌体形态和菌落特征鉴别是否是少根根霉。对分离获得的少根根霉进行菌株鉴定，确定少根根霉的安全性。然后将少根根霉接种到茶叶基质中进行发酵，确定发酵茶的品质风味和少根根霉的发酵性能，进一步筛选获得适宜于茶叶基质中发酵的少根根霉。

配制天然少根根霉培养基，成分组成同黑曲霉培养基，不调 pH，加蒸馏水至 1000mL。把选出的少根根霉菌种接种到天然少根根霉培养基上，放到 25℃恒温箱中振荡培养 5～7d 后，在无菌操作台上用无菌滤纸过滤，收获滤纸上的菌丝和少根根霉的孢子，于 25℃恒温箱中干燥，干燥到一定程度时的菌体物即可作为少根根霉发酵剂。为保持菌体的活性和孢子的活力，也可以在干燥的菌体物中添加抗氧化剂、保湿剂和少量营养物质等成分，还可以进行菌剂造粒。

在普洱茶的大生产过程中，将大叶种晒青毛茶按传统的方法进行潮水，随后在毛茶中接种 0.1%～0.8%（质量比）的少根根霉 Prhi501 菌剂进行发酵，其他操作按照接种发酵剂的普洱茶固态发酵技术进行。当渥堆堆温升高到（25±3）℃时，少根根霉 Prhi501 开始进行代谢，并且随着堆温进一步的升高而分泌出大量的糖化酶。这些酶对发酵茶叶中的内含成分进行氧化、水解，其中还原糖、可溶性碳水化合物和水溶性果胶呈现不断增加的趋势；但由于此时茶叶中除少根根霉 Prhi501 生长外，还有大量的其他微生物开始滋生，多糖水解产物易被这些微生物用于生长繁殖所消耗。因此，可溶性碳水化合物的含量到渥堆出堆时比普洱茶大生产和模拟大生产的都少，同时在出堆茶样中粗纤维的含量也较传统处理的少，这说明接种少根根霉 Prhi501 菌剂接种到毛茶原料中进行发酵的过程比起大生产和模拟大生产的发酵程度都深。

少根根霉 Prhi501 菌剂能加速形成普洱茶品质特征，缩短发酵加工时间。经过接种少根根霉 Prhi501 生产的普洱茶，汤色红褐透亮，香气陈香，滋味味醇和滑爽，叶底红褐。

第 三 节 γ–氨基丁酸普洱茶

γ–氨基丁酸（γ– amino butyric acid，GABA）普洱茶是云南农业大学周红杰普洱茶研究团队应用自主知识产权——产 γ–氨基丁酸的近平滑假丝酵母菌株发酵而成的创新功能性普洱茶产品。

一、茶叶中 γ–氨基丁酸研究现状

（一）γ–氨基丁酸

早在 1950 年 Roberts 和 Frankel 在哺乳动物的大脑中首先发现了 γ–氨基丁酸。γ–氨基丁酸也称氨酪酸，是一种天然存在的非蛋白组成氨基酸，其结构是在丁酸的 γ 位上有一个氨基，以非结合态的形式存在，分子式为 $C_4H_9NO_2$，相对分子质量为 103.12。γ–氨基丁酸是在人脑能量代谢过程中起重要作用的活性氨基酸，具有激活脑内葡萄糖代谢、促进乙酰胆碱合成、降血氨、抗焦虑、抗惊厥、降血压、抗心律失常等多种保健功能。2009 年 10 月，我国原卫生部将 γ–氨基丁酸规定为新食品原料［中华人民共和国卫生部公告（第 12 号）］，可以将 γ–氨基丁酸应用于普通食品中。

γ–氨基丁酸在许多高等植物组织中的含量通常为 0.13 ~ 32.15μmoL/g，超过许多蛋白质类氨基酸的含量，可供食用的植物如经过处理的茶叶、桑叶、发芽糙米、鲜蕨、果仁等也含有丰富的 γ–氨基丁酸。富含 γ–氨基丁酸食品的研究与开发，成为国外、尤其是日本研究的热点，如植物（米胚芽、米糠、绿茶、南瓜等）、微生物（乳酸菌、酵母）等富含 γ–氨基丁酸的健康食品。

（二）γ–氨基丁酸茶生产技术

自然生长状态下的茶树，鲜叶中的天然 γ–氨基丁酸含量为 0.021 ~ 0.206mg/g，通过厌氧等技术处理可提高其含量。γ–氨基丁酸含量在 1.5mg/g 以上的茶被称为 γ–氨基丁酸茶，兼具茶叶和 γ–氨基丁酸的保健功效，具有显著的降血压功效，研究开发 γ–氨基丁酸茶已成为茶业界的热点。γ–氨基丁酸茶加工的关键技术是对采后的茶树鲜叶进行特殊处理，如通过厌氧技术（充 CO_2 或 N_2、嫌气/好气轮换、真空处理）、红外线照射、液体浸泡、叶面喷施等技术处理，来提高茶叶中的 γ–氨基丁酸含量。目前国内外已经对 γ–氨基丁酸绿茶、红茶、乌龙茶等进行研究，并有相应的产品上市，但对 γ–氨基丁酸普洱茶的研究却鲜有报道。

目前，已有许多研究报道乳酸菌和酵母菌产 γ–氨基丁酸的例子，Ueno（1997）从 kimuchi 中分离出产 γ–氨基丁酸的短乳杆菌（*Lactobacillus brevis*），Yokoyarna（2002）从酒精发酵液中也分离出了产 γ–氨基丁酸的短乳杆菌，Nomura（1998）等从发酵乳中发现产 γ–氨基丁酸的乳酸乳球菌（*Lactococcus lactis*）。Takahashi 等筛选到了酿酒酵母（*Saccharomyces cerevisiae* K701）的 GABA 转氨酶和琥珀酸半醛脱氢酶缺陷突变型菌株 GABA–1 和 GABA–2，其发酵液中 γ–氨基丁酸浓度分别达到了 0.041g/L 和 0.043g/L，较野生株分别提高了 2.0 和 2.1 倍。这些研究说明，利用乳酸菌和酵母菌可以发酵合成 γ–氨基丁酸，已有的研究也证实了这一点。茶叶中 γ–氨基丁酸含量为 0.2 ~ 2.0μmoL/g，通过添加筛选获得的近平滑假丝酵母发酵剂 GPT–5–11 进行发酵，能明显提高茶叶中的 γ–氨基丁酸含量。

（三）γ–氨基丁酸茶功效

γ–氨基丁酸茶具有降血压、降低胆固醇和促进血液中酒精分解等保健功能，其中有关 γ–氨基丁酸茶降血压功能及其机理方面的研究最多。日本研究者大森正司和 Tojiro（1987）及 Masashi（1991）进行的动物试验和人体临床试验结果表明，γ–氨基丁酸茶对原发性高血压有降血压作用。用研制出来的高 γ - 氨基丁酸茶进行临床降压效果观察，结果表明与对照组（普通绿茶）相比，高 γ - 氨基丁酸茶降压显效率为 28%，有效率为 44%，经 Ridit 分析差异有统计学意义，降压效果十分明显。毛志方（2007）用 γ - 氨基丁酸含量为 250mg/100g 的绿茶，对自发性高血压（SHR）大鼠进行了初步的降血压试验，试验结果表明 γ - 氨基丁酸茶对自发性高血压大鼠有降血压作用；之后通过深入试验研究表明，高剂量（8.0g/kg 体重）可以明显降低自发性高血压（SHR）大鼠的血压，与试验前和模型对照相比差异均有显著性（$p < 0.05$），试验期间所有实验动物的体重增长和心率均无显著性变化（$p > 0.05$）。以上结果表明，γ - 氨基丁酸茶动物实验具有降血压作用，且对机体健康无影响。通过对富含 γ - 氨基丁酸绿茶对实验动物的辅助降血压作用进行研究，结果表明富含 γ - 氨基丁酸茶对自发高血压大鼠有辅助降压作用。

二、γ - 氨基丁酸普洱茶发酵剂的制备

已有报道环境中筛选的乳酸菌、酵母菌具有 γ - 氨基丁酸生产能力，为此可以筛选具有 γ - 氨基丁酸生产能力的菌株，以应用于茶叶发酵。

（一）工艺流程

菌样收集 → 初筛 → 复筛 → 菌株鉴定 → 菌株验证 → 菌剂制备

（二）技术要点

1. 菌株收集

因当前筛选获得产 γ - 氨基丁酸的菌株主要是乳酸菌和酵母菌，为此主要以乳酸菌和酵母菌已存在的环境中进行收集，如酸菜、酸奶等。收集厌氧腌制 2d 的酸菜，取上清液分别稀释不同的倍数，4℃保存备用。收集酸奶菌样时，将酸奶放于带玻璃塞的瓶中 30℃发酵 2d，取样品分别稀释不同的倍数，4℃保存备用。将牛奶进行过滤灭菌后，放入灭菌的三角瓶中，接入混合乳酸菌株，放入恒温培养箱中，30℃进行发酵活化备用。

2. 菌株初筛

取不同菌样的各个稀释度菌悬液 0.1mL，分别无菌涂布到马铃薯葡萄糖琼脂（PDA）培养基、查氏合成培养基、乳酸菌分离培养基上，37℃恒温培养箱中培养 3d，分别挑取单菌落于乳酸细菌（MRS）改良培养基上，37℃培养 24h。通过样品处理，经分离培养，纯化出可能产 γ - 氨基丁酸的菌株 43 株。

将乳酸细菌改良培养基上的单菌落接种到含有 50mL/250mL 三角瓶的种子培养液中，37℃静置培养 24h，取发酵液进行硅胶薄层层析检测。薄层层析定性测定发酵液中是否含有 γ - 氨基丁酸，初筛出产 γ - 氨基丁酸的菌株 5 株。

3. 菌株复筛

将初筛出的菌株分别接种到含有 50mL/250mL 三角瓶的种子培养液中，30℃静置培养 16h 后，以 4% 的接种量转接入含有 50mL/250mL 三角瓶的发酵培养液中，30℃静置培养 24h。采用高效液相色谱（HPLC）和氨基酸自动分析仪定量测定发酵液中 γ - 氨基丁酸的含量，复筛获得 γ - 氨基丁酸产量较高的近平滑假丝酵母菌株 GPT - 5 - 11。

4. 菌株鉴定与验证

对分离获得的近平滑假丝酵母进行菌株鉴定，确定近平滑假丝酵母安全。然后将近平滑假丝酵母接种到茶叶基质中进行发酵，确定了发酵茶的品质风味和近平滑假丝酵母的发酵性能，进一步筛选获得适宜于茶叶基质中发酵的、能产 γ - 氨基丁酸的近平滑假丝酵母 GPT - 5 - 11。

5. 制作发酵剂

配制天然培养基，培养基组成为 24.5g 葡萄糖、6.2g 酵母膏、6.2g 大豆蛋白胨、2mL 吐温 - 80、4mL 乙醇、0.2g $MgSO_4 \cdot 7H_2O$、0.045g $MnSO_4 \cdot H_2O$、12g/L L - 谷氨酸钠（L - MSG）、0.5% 谷氨酸，pH 为 6.5。将近平滑假丝酵母 GPT - 5 - 11 接种到天然培养基上，置于 37℃ 恒温振荡培养 48h 后，收集近平滑假丝酵母，放到 28℃ 恒温箱中干燥，干燥到一定程度的菌体物即可作为近平滑假丝酵母发酵剂。为保持菌体的活性和孢子的活力，也可以在干燥的菌体物中添加抗氧化剂、保湿剂和少量营养物质等成分，还可以进行菌剂造粒。

三、γ - 氨基丁酸普洱茶发酵剂的应用

将大叶种晒青毛茶按传统的方法进行潮水，随后在毛茶中接种质量比为 0.1% ~ 0.8% 的近平滑假丝酵母菌剂进行发酵，其他操作按照接种发酵剂的普洱茶固态发酵技术进行。当渥堆堆温升高到 （37 ± 3）℃ 时，近平滑假丝酵母开始进行代谢，并且随着堆温进一步的升高而分泌出谷氨酸脱羧酶，将发酵茶叶中的谷氨酸转化为 γ - 氨基丁酸，提高普洱茶中 γ - 氨基丁酸含量。由于不同菌种在发酵过程中微生物本身存在差异，生长周期不同等，酵母菌三翻时达到最高点，三翻后菌株生命力逐渐减弱，所以必须通过每次翻堆时均接入菌剂来补充菌株数量，促使谷氨酸在谷氨酸脱羧酶作用下不断转化为 γ - 氨基丁酸。

四、γ - 氨基丁酸普洱茶品质

在渥堆叶发酵过程中，除近平滑假丝酵母外，还有大量的其他微生物开始滋生，同时也产生多种酶类。在多种酶系的作用下，可提高普洱茶水浸出物含量，使茶汤的收敛性和苦涩味明显降低，增进茶汤在感官上"厚滑、醇和"的口感。添加近平滑假丝酵母发酵剂可明显提高普洱茶的品质，增加普洱茶茶汤的黏稠度和口感。每翻均接种近平滑假丝酵母发酵剂时，普洱茶中 γ - 氨基丁酸含量最高，可达到 153.32mg/100g。

第 四 节　洛伐他汀普洱茶

洛伐他汀（lovastatin）普洱茶（LVTP）是云南农业大学周红杰普洱茶研究团队应用自主知识产权——产洛伐他汀专利菌株（一种产洛伐他汀紫色红曲菌霉 MPT13）发酵加工的创新功能性普洱茶产品。

一、洛伐他汀

红曲，古来有之，目前在各领域内已被广泛推广应用。主要是以大米为原料，经对红曲菌种的培养发酵，代谢而产生药用物质洛伐他汀的一种紫红色米曲，是一种食疗兼备的传统中药。明代《本草纲目》中记载："红曲，性温、味甘，消食活血，健脾燥胃。酿酒，破血行药势"。随着红曲的应用领域逐渐拓宽以及红曲深层发酵的实现，许多红曲产品相继问世。红曲的有效生理活性物质也得到深入研究，其药用功能被进一步开发利用，更多的红曲发酵食品被研制开发。

美国食品与药物管理局（FDA）于1987年正式批准美降脂（洛伐他汀）用于临床，目前洛伐他汀是临床上应用的降血脂药物，对3-羟基-3-甲基戊二酰辅A（HMG-CoA）还原酶有抑制作用。远腾章（1979）报道从红曲霉中分离得到一种能显著抑制体内胆固醇合成的活性物质，称为Monacolin K，该物质属于真菌的次生代谢物。Alberts（1980）从土曲霉发酵液中分离得到一个降血浆胆固醇物质，即洛伐他汀。随后人们又发现与其结构相似的Monacolin J、Monacolin L、Monacolin X、Monacolin M、Dihydromevinolin及Dihyfromonacolin L等成分，存在内酯式和酸式两种洛伐他汀结构。红曲霉产生的降脂活性物质包括Monacolin K以及一系列与其结构相似的活性成分，其化学结构与HMG-CoA结构相似，能竞争性地与HMG-CoA还原酶结合从而降低该酶活性，发挥抑制内源性胆固醇的合成作用，从而达到降低血浆中胆固醇浓度的目的，并具有独特的风味。

二、洛伐他汀普洱茶发酵剂的制备

（一）工艺流程

菌样收集→初筛→复筛→菌株鉴定→菌株验证→菌剂制备

（二）技术要点

1. 菌样收集

通过红曲米、红曲粉等多个来源的菌株分离和纯化，共收集得到红曲霉57株，依次编号为MPT1~57。

2. 薄层色谱法初筛菌株

配制麦芽汁培养基，培养基的组成为750~800mL麦芽汁、15~18g琼脂，加水至1000mL，以121℃灭菌30min后，倒平板。麦芽汁的制备是以250g麦芽加1L水，于60℃恒温糖化4h后过滤而成。液体种子培养基含15g大米粉、10g葡萄糖、7.5g蛋白胨、10.25g $MgSO_4 \cdot 7H_2O$、0.75g $NaNO_3$，1gKH_2PO_4，加水至1000mL，以121℃灭菌30min。液体发酵培养基含90mL甘油、7.5g大豆粉、0.5g $MgSO_4$、2g$NaNO_3$、1.5g KH_2PO_4，调pH为5.0，加水至1000mL，以121℃灭菌30min。

将分离纯化得到的菌株，接种到麦芽汁斜面培养基，于28℃培养6d后，以10mL无菌水洗入带玻璃珠的小三角瓶中制成孢子悬液。取3mL孢子悬液接种于50mL液体种子培养基中，以30℃、150r/min振荡培养2~3d，至液体颜色微红。按5%的接种量将液体种子接入液体发酵培养基中，以28℃、150r/min培养12～14d，得到发酵液。

取发酵液1mL，加入乙酸乙酯5mL，于30℃以150r/min振摇3h，然后离心，收集上清液。离心的沉淀再以5mL乙酸乙酯抽提两次，合并离心上清液。将上清液蒸干，以少许苯溶解干燥物。待苯溶液挥发后，加0.2mL甲醇溶解，备用。

采用硅胶为层析剂，展层剂为环己烷：氯仿：异丙醇为6：3：1（体积比），分别吸取各样品待测液及洛伐他汀对照品样10μL，以10%磷钼酸显色，计算其比移值。层析结果表明，红曲霉菌株MPT 5、MPT 13、MPT 26、MPT32、MPT 45在薄层层析显色后，均有较为清晰的斑点，初步判定可能具有产生洛伐他汀能力。

3. 高效液相色谱法复筛菌株

对初筛获得的红曲霉菌发酵液用100%的甲醇萃取，超声波处理1h，以高效液相色谱法分析萃取液中洛伐他汀含量。高效液相色谱分析条件为紫外检测波长238nm，色谱柱为EclipseXDB－C18（5μm，4.4mm×150mm），以60%甲醇－甲醇为流动相，柱温30℃，精确检测红曲菌所产洛伐他汀的含量。

高效液相色谱检测结果显示，MPT 13和MPT 26发酵液分别在9.973、9.966min有吸收峰，与标准品的9.975min相似，其他三株菌株则未发现有与标准品相似吸收峰，进一步判定MPT13和MPT26产洛伐他汀。其中，菌株MPT13的产洛伐他汀量最高，达0.263mg/mL。

4. 菌株的鉴定与特征

对复筛出洛伐他汀高产的红曲霉菌株进行鉴定，鉴定为紫色红曲菌MPT13（*Monascus purpure*）。红曲霉菌株MPT13的形态学特征如下。

（1）马铃薯葡萄糖琼脂培养基上的形态特征　红曲霉菌株培养7d，菌落直径达2.9cm，菌落稍隆起，有放射状沟纹，边缘整齐，气生菌丝稀少，基内菌丝发达，菌落颜色以橘红色为主，边缘为浅肉色。菌落背面有放射状沟纹，边缘整齐，颜色以深橘红色为主，边缘橘黄色。

（2）麦芽汁培养基上的形态特征　红曲霉菌株培养7d，菌落直径达2.5cm，菌落稍隆起，有放射状深沟纹，边缘整齐，气生菌丝非常稀少，基内菌丝发达，菌落边缘凹陷，菌落表面有皮膜状，菌落颜色由里到外从土色变成橘红色。菌落背面有放射状沟纹，有呈开裂状，边缘整齐，颜色呈土色。

（3）察氏培养基上的形态特征　红曲霉菌株培养7d，菌株生长弱，菌落平，直径为1.2cm，边缘不整齐，界限不清，气生菌丝稀疏，基内菌丝生长弱，菌落颜色呈淡橘红色。菌落背面颜色呈淡橘红色，边缘界限不清。

紫色红曲菌MPT13菌丝（Hypha）具横隔系多细胞构造，具不规则的分枝，直径3～6μm，多核和多油滴，菌丝之间常有网结联合现象。细胞多核，幼时含有颗粒，老后含空泡及油滴（Guttulate）。其细胞壁光滑，但往往附有结晶的疣状物（Crystalline encrustation）。菌丝体不产生与营养菌丝有区别的分生孢子梗，分生孢子着生在菌丝及其分枝顶端，单生或以基式生出，2～6个成链，属于内生型分生孢子（Endothallic conidium），且由上而下逐渐成熟。闭囊壳呈球形，有柄，柄长短不一。壳内多散生10多个子囊，子囊呈球形，含有8个子囊孢子，成熟后子囊壁解体，孢子留在薄壁的闭囊壳内。紫色红曲菌 MPT13 是为腐生真菌,嗜酸,特别喜乳酸,耐高温,耐乙醇。紫色红曲菌 MPT13 的生长温度范围很广,一般温度为 15~42℃,最适温度为 25~30℃,最适 pH 为 3.5~5.0,能耐 pH2.5,耐 10% 乙醇,能产生色素、乙醇、琥珀酸及少量乳酸、醋酸、杂醇油、丙酮、葡萄糖酸、3-羟基丙酮、柠檬酸、麦角甾醇等。

5. 制作紫色红曲菌 MPT13 发酵剂

将紫色红曲菌 MPT13 接种于液体发酵培养基中,放到 28℃ 恒温箱中振荡培养 12d 后,在无菌操作台上用无菌滤纸过滤,收获滤纸上的紫色红曲菌 MPT13 菌丝与孢子。将紫色红曲菌 MPT13 菌丝与孢子接种到已浸泡 10h 的大米上,调大米初始水含量为 50%,于 30℃ 培养 15d,培养箱中空气相对湿度为 60%~70%。发酵成品于 105℃ 烘干,磨成粉,即制成紫色红曲菌 MPT13 发酵剂。

三、洛伐他汀普洱茶发酵剂的应用

将大叶种晒青毛茶按传统的方法进行潮水,随后在毛茶中接种质量比为 0.1%~0.8% 的紫色红曲菌 MPT13 菌剂进行发酵,其他操作按照接种发酵剂的普洱茶固态发酵技术进行。当渥堆堆温升高到 28℃ 时,紫色红曲菌菌种开始进行代谢,并且随着堆温进一步的升高而分泌出大量的淀粉酶、葡萄糖淀粉酶、糖化酶、麦芽糖酶、蛋白酶、果胶酶等多种酶类。这些酶对发酵茶叶中的内含成分进行氧化、水解,在蛋白酶的作用下将不易消化的大分子蛋白质降解为蛋白胨、多肽及各种氨基酸,在糖化酶、纤维素酶的作用下使发酵茶叶基质中大分子不溶物质转化为可溶解于水的小分子物质。

四、洛伐他汀普洱茶品质

应用紫色红曲菌 MPT13 发酵剂发酵生产洛伐他汀普洱茶,可以富集洛伐他汀,洛伐他汀含量最高可达 0.36mg/g,同时还能提高普洱茶中其他内含成分的含量,如水浸出物、黄酮、氨基酸、总糖、茶褐素等分别比对照提高 1.83%、14.43%、8.67%、4.89%、4.18%。洛伐他汀普洱茶滋味醇厚甘滑,香气醇正,有酯香,汤色红艳明亮,叶底红褐柔软。应用紫色红曲菌发酵剂 MPT13 发酵普洱茶,既保持了传统普洱茶的风味,又在香气和风味方面具有新的特点,具有较明显的酯香,口感爽滑,品质有明显的提高。

第十四章 茶源活性成分发酵生产

茶叶微生物产品在生产过程中，微生物可以对茶叶内含成分进行修饰改变，形成一些具有新功能的活性成分。同时微生物在生长代谢过程中，可以合成分泌出一些活性成分。这些新产生的活性成分可以与茶叶基质中其他成分，合在一起被利用，也可以分离纯化出来后再利用。当前对茶叶微生物产品中活性成分研究较多的，有茶褐素、茶黄素、茶多糖、γ-氨基丁酸、细菌纤维素、茶氨酸等。

第一节 茶褐素发酵生产

一、茶褐素的概念

茶褐素主要存在于发酵型的茶产品中，如红茶、黑茶、红茶菌等。茶褐素的概念最早是由阮宇成和程启坤于1983年提出，是在研究红茶的茶黄素、茶红素和高聚合物时，将暗褐色的高聚物命名为茶褐素（Theabrownin，TB）。王泽农（1990）在《茶叶生物化学》中提出，茶褐素系指一类能溶于水而不溶于乙酸乙酯和正丁醇的褐色色素。茶褐素是一类十分复杂的化合物，除含有多酚类的氧化聚合、缩合产物外，还含有氨基酸、糖类等结合物，化学结构及其组成有待不断深入探明。

龚加顺提出普洱茶茶褐素的概念，认为其是一类性质类似于红茶茶褐素的高聚合物，能溶于水而不溶于乙酸乙酯、乙醇、正丁醇等有机溶剂。普洱茶茶褐素形成的主要途径，可认为是由多酚氧化形成的茶红素、茶黄素与蛋白质、多糖，甚至脂类物质，在微生物分泌酶的酶促作用、微生物"呼吸热"以及湿热作用下，通过氧化聚合、偶联聚合等方式形成，一部分可溶入茶汤，一部分则残留于叶底。分子质量在3500~25000u的普洱茶茶褐素的化学组成，主要由含多苯环的褐色色素、多糖残基、蛋白残基组成，主要的功能性基团为羧基、羟基、氨基以及甲基等基团，具有酚类物质特性。普洱茶茶褐素中未水解的黑色沉淀，也为多苯环高聚物。茶褐素具有减肥、调节血脂异常、抗动脉粥样硬化、抗氧化等作用，是普洱茶的主要活性物质。在普洱熟茶中，茶褐素含量平均为12%，对普洱茶的感官品质和功能品质有重要的影响。

二、普洱茶发酵优势菌株的分离

对普洱茶发酵优势菌株进行分离筛选，是利用微生物发酵生产茶褐素高含量普洱茶的基础。

（一）菌样制备

按一定比例于大叶种晒青绿茶中洒水，使茶坯含水量达到 35%。然后置于 45℃、相对湿度 70% 的全自动恒温恒湿发酵箱中发酵 14d。在第 8 天时，发酵叶翻堆，并适当喷洒水分。

（二）真菌的分离与纯化

在普洱茶渥堆发酵期间，真菌的生长呈现典型的微生物生长曲线，即发酵第一天呈现迟滞期，第 1~3 天为对数生长期，随后进入稳定期。在固态发酵期间，每天取渥堆样，采用稀释平板法进行微生物的分离。称取 1g 渥堆样品，放入含 9mL 无菌水的锥形瓶中，于 150r/min 摇床振荡 15min。将制备的菌悬液稀释成系列梯度后，分别均匀涂布到马铃薯葡萄糖琼脂培养基平板上，以 37℃ 恒温培养 2d 后，进行菌落观察。挑取平板上的单菌落进行三点接种纯化，培养 2~3 次后，得到纯菌株。

（三）真菌的鉴定

将纯菌株划线培养于马铃薯葡萄糖琼脂培养基斜面上，以 37℃ 恒温培养 2d 后，放至 4℃ 冰箱中保存。采用分子生物学技术，经基因测序、比对与分类，有从普洱茶渥堆发酵样中分离鉴定出 6 个不同种类的菌株，分别为塔宾曲霉（*Aspergillus tubingensis*）、*Aspergillus marvanovae*、微小根毛霉（*Rhizomucor pusillus*）、牛根毛霉（*Rhizomucor tauricus*）、烟曲霉（*Aspergillus fumigatus*）和 *Candida mogii*。塔宾曲霉、微小根毛霉、牛根毛霉和烟曲霉经常被报道存在于普洱茶固态发酵或其产品中。在整个普洱茶固态发酵过程中，除了第 3 天和第 4 天外，塔宾曲霉均为优势真菌；在第 3 天和第 4 天，优势真菌分别为 *C. mogii* 和微小根毛霉；嗜热真菌烟曲霉则在发酵后期第 11~14 天时，开始占据优势。

（四）高产茶褐素的真菌筛选

1. 菌种培养

大叶种晒青绿茶按 1:30（质量/体积）的比例加入沸蒸馏水，沸水浴 15min 后减压过滤，得到水提物，冷却后定容至 30mL。晒青绿茶水提物经巴氏灭菌（80℃、30min）后，冷却至室温，用于后续种子培养和纯菌株液态发酵生产茶褐素。

将 1~2 环马铃薯葡萄糖琼脂斜面上的各纯菌株孢子，在无菌操作下接种于上述灭菌的绿茶水提物（在 125mL 三角瓶中装 25mL 茶水）中，于 250r/min、40℃ 摇瓶培养 24h，得到种子液。

2. 液态发酵

将各菌种的种子液，按 10% 的接种量分别接种于大体积的绿茶水提液中，以 250r/min、40℃ 摇瓶培养 4d。

3. 菌株产茶褐素能力评价

对大体积发酵培养的发酵液中茶褐素含量进行测定，分析比较不同菌株之间产茶褐素的能力。在分离获得的普洱茶优势菌株中，除 *C. mogii* TISTR 5938 外，其他菌株均能转化绿茶茶汤中的茶多酚生成茶褐素。其中塔宾曲霉 TISTR 3646、塔宾曲霉 TISTR 3647、*A. marvanovae* TISTR 3648 和烟曲霉 TISTR 3654 液态发酵绿茶茶汤生产茶褐素的能力，显著高于其他菌株（$p < 0.05$），发酵 4d 后的茶褐素浓度分别为 6.5、12.4、11.1g/L 和 8.4g/L。

液态发酵生产茶褐素的效率明显高于固态发酵。以塔宾曲霉 TISTR 3647 为例，在发酵 96h 后的茶褐素质量浓度为 9.95g/L；而固态发酵 336h 后，茶褐素质量浓度才仅为 3.29g/L。若以生产茶褐素为目的，以绿茶茶汤为基质，选用合适的菌株，通过液态发酵的方法，可实现快速、低成本、高度可控化生产茶褐素。

三、液态发酵生产茶褐素

由于茶褐素具有多种生物活性，如何快速高效获得茶褐素提取物，是当前茶叶科学研究的热点之一。采用微生物液态发酵法快速合成茶褐素，较固态发酵更有优势。此法通常是将普洱茶固态发酵中的优势微生物，如黑曲霉（Aspergillus niger）、塔宾曲霉（Aspergillus tubingensis）、米曲霉（Aspergillus oryzae）和酿酒酵母（Saccharomyces cerevisiae）等，用于发酵绿茶水或含茶渣的绿茶水来制备茶色素。优势菌株可直接在绿茶水提物中生长繁殖，无需额外添加任何碳源、氮源，并能快速地将绿茶水提物中的多酚类物质转化为大分子水溶性茶褐素。此法效率高、成本低，其生产条件及环境容易控制，易实现自动化。

（一）工艺流程

制备茶水 → 接种 → 发酵 → 过滤 → 浓缩 → 灭菌 → 冷冻干燥 → 茶褐素粗品

（二）技术要点

1. 制备茶水

以云南大叶种晒青绿茶为原料，经粉碎后，以 1:30（质量/体积）加蒸馏水进行沸水浴浸提 20min。过滤取出茶渣，茶水分装后，以巴氏灭菌法进行灭菌，冷却后备用。

2. 接种

以马铃薯葡萄糖琼脂培养基培养活化产茶褐素高产菌塔宾曲霉 TISTR 3647，200mL 绿茶水接种两环塔宾曲霉 TISTR 3647 孢子，于 37℃、250r/min 振荡培养 24h，获得种子液。

按 10% 的接种量，大体积绿茶水中接入塔宾曲霉种子液，以 37℃、250r/min 振荡培养 72～96h，得茶褐素发酵液。

3. 过滤浓缩

先初滤去除菌丝体，然后以 5000r/min 离心 20min，取上清液。上清液于 55℃ 进行减压浓缩，浓缩至原体积的 30%，得浓缩液。

4. 灭菌

以 80℃ 巴氏灭菌法对茶褐素浓缩液进行灭菌 30min，灭菌冷却后备用。

5. 冷冻干燥

茶褐素浓缩液冷冻干燥后即得茶褐素粗品。

四、固态发酵生产茶褐素

微生物在普洱茶发酵过程中，对茶褐素的形成起主导作用。尽管液态发酵比固态发酵更容易获得高含量的茶褐素，但通过优化发酵菌株和发酵条件，可以固态发酵出茶褐素含量较高的普洱茶，依然是可以作为提取生产茶褐素的途径之一。

（一）工艺流程

晒青绿茶原料→ 潮水 → 接种 → 固态发酵 → 翻堆 → 出堆样 （发酵 40～60d）→ 干燥 →

普洱散茶→ 提取茶褐素 →茶褐素制品

（二）技术要点

1. 潮水

收购来的晒青绿茶原料，视茶坯含水量的高低进行泼水，控制最终茶坯含水量在35%～45%。

2. 接种

传统渥堆发酵普洱茶可以形成茶褐素，但为提高茶褐素的含量，需要人工接入优势菌株。根据茶坯数量和接种量，提前制备足够的菌种数量。接种可以与潮水结合起来，将制备好的菌种拌入水中，潮水中注意喷洒均匀，同时还需将茶坯翻拌均匀，确保接种均匀。

与原料相比，普洱茶中茶多酚、总儿茶素的含量大幅度下降，而茶褐素则大幅度升高。不同菌株接种发酵普洱茶，对普洱茶中茶褐素含量影响不一。整体而言，接种不同外源优势菌（黑曲霉、酿酒酵母菌、木霉、根霉等）进行固态发酵，茶色素含量均发生了显著变化，特别是茶褐素有较大幅度的增加。接种不同优势菌发酵的普洱茶中，茶褐素的含量从 9.60% 到 12.46%，平均达 （11.27±1.56）% （表 14 −1）。

表 14 −1　　　　不同优势菌种发酵的普洱茶中茶褐素含量（龚加顺等，2011）　　　单位:%

优势菌种	样品	茶多酚	儿茶素	茶黄素	茶红素	茶褐素
木霉	原料	35.07	8.12	0.19	6.81	2.60
	成品普洱茶	11.18	1.36	0.14	6.53	12.31
黑曲霉	原料	20.23	2.36	0.20	6.14	3.62
	成品普洱茶	7.17	0.49	0.17	4.53	8.60
酵母	原料	35.02	8.32	0.27	6.55	1.84
	成品普洱茶	10.38	1.31	0.11	5.27	11.62
米曲霉	原料	32.05	11.20	0.20	6.13	2.94
	成品普洱茶	11.05	2.53	0.12	4.26	11.38
根霉	原料	34.27	9.28	0.19	6.28	2.35
	成品普洱茶	13.10	1.05	0.12	6.27	12.46

注：发酵 5000kg 普洱茶，发酵温度 40～60℃，相对湿度 60%～75%，发酵时间 40d。

3. 发酵

普洱茶渥堆发酵，一般堆高不宜过高，保持 1～1.5m 较好。若堆高过高，会导致茶叶中间温度过高而"烧心"，影响发酵。初始环境温度 25℃，初始空气相对湿度

55%，发酵茶堆内的温度维持在 40~60℃ 的范围。通常每间隔 7~10d 翻一次堆，一般翻 4~6 次。刚开始时可 7d 左右翻一次堆，以后可逐渐延长翻堆时间；随着翻堆次数的增加，普洱茶中的茶褐素含量明显增加（图 14-1）。发酵时间控制在 40~60d，直至茶叶晾干为止。

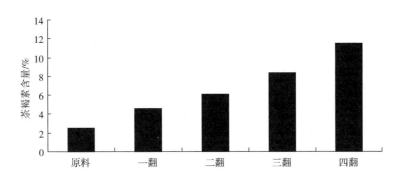

图 14-1 不同翻堆次数的普洱茶茶褐素含量（发酵 40d）（龚加顺等，2011）

4. 提取茶褐素

普洱茶中茶褐素提取的流程为：

普洱散茶→ 加入热水浸泡 → 过滤，除去杂质 → 合并滤液 → 加无水乙醇使其浓度达到80% →

产生沉淀 → 静置，离心分离 →沉淀→ 烘箱烘干(60~70℃)备用

不同条件对普洱茶茶褐素提取效果影响不一，各因素条件影响的大小为：浸提温度 > 浸提时间 > 浸提料液比 > 浸提次数。经优化获得普洱茶茶褐素最佳浸提条件为：浸提温度 70℃、浸提液料比 40:1、浸提时间 50min 和浸提次数 3 次。以最终浓度为 80% 的乙醇沉淀茶褐素，静置 30~40min 后，以 5000r/min 速度离心 30min。收集沉淀物，以 60~70℃ 烘至足干。

为进一步纯化茶褐素，采用膜分离技术。膜分离茶褐素的步骤为：

粗茶褐素→ 蒸馏水溶解 → 膜分离器 （利用不同孔径的膜）→ 取分子质量 >25000u 部分茶褐素

（占 60% 以上）→高分子茶褐素

利用不同分子截留量的透析袋，可有效将茶褐素类物质分离。随分子量的增大，茶黄素（TF）、茶红素（TR）、茶褐素（TB）、茶多糖（TPs）的含量依次增加，相对分子质量 >25000 的样品中茶褐素含量最高，相对分子质量 <3500 的样品中蛋白质含量最低，羧基和羟基含量随分子质量增大而增加，特别是总羧基含量在相对分子质量 >25000 的样品中增幅最大。采用加压膜分离器，先用 3500u 截留分子质量的膜，再换 10000u 截留分子质量的膜，再换 25000u 截留分子质量的膜分离小分子物质，收集剩余截留液（即分子质量 >25000u 截留液），冷冻干燥得到高分子茶褐素。原子力显微镜结果显示，不同分子大小的茶褐素粒子形貌并不均一。

五、普洱茶茶褐素的品质特征

下面以液态发酵生产的茶褐素粗品为例来介绍茶褐素的品质特征。

（一）茶褐素粗品的理化成分

普洱茶茶褐素混合物的红外光谱特征显示，茶褐素为多羟基酚类物质，并含有羧基，可能还含有蛋白质和与其结合的多糖。茶褐素粗品中总多酚和总黄酮显著高于市售普洱熟茶茶粉（$p < 0.05$），并且茶褐素粗品中的总黄酮高达总多酚的 98.4%。茶褐素粗品中没食子酸的含量，总体上低于市售普洱熟茶茶粉（$p > 0.05$）。茶褐素粗品中的咖啡因和可可碱显著高于市售普洱熟茶茶粉（$p < 0.05$），仅一个市售普洱熟茶茶粉样品中检测到了茶碱，且含量极低，仅有 1.4 g/kg。茶褐素粗品中的茶褐素含量是市售普洱茶茶粉的 4 倍（$p < 0.05$），茶红素含量低于检测限；同时茶黄素含量极低，仅为 0.21 g/kg，显著低于市售普洱茶茶粉（$p < 0.05$）。茶褐素粗品中蛋白质含量显著高于市售速溶普洱熟茶茶粉（$p < 0.05$），总碳水化合物和多糖含量显著低于市售速溶普洱熟茶茶粉（$p < 0.05$），氨基酸含量与之相当（$p > 0.05$）。茶褐素粗品的 pH 为 6.63，显著高于市售普洱茶茶粉（$p < 0.05$）；明度指数 L^* 和色品指数 b^* 显著低于市售普洱茶茶粉（$p < 0.05$），表明与市售普洱茶茶粉汤色相比，茶褐素粗品汤色更暗，颜色更红褐，这是由于茶褐素粗品中茶褐素含量显著高于市售普洱茶茶粉，而茶褐素是汤色红褐的主要成分。

（二）茶褐素粗品的抗氧化活性

茶褐素粗品清除 1，1 - 二苯基 - 2 - 三硝基苯肼（DPPH）和 2，2′ - 连氮 - 二（3 - 乙基苯并噻唑啉 - 6 - 磺酸）（ABTS）自由基的能力显著低于市售普洱熟茶茶粉（$p < 0.05$），这可能与茶褐素粗品的总儿茶素及单体儿茶素显著低于市售普洱熟茶茶粉有关。与固态发酵相比，在液态发酵中，绿茶茶汤中的儿茶素类物质更彻底地被氧化，因此茶褐素粗品中仅检测到表儿茶素没食子酸酯，而市售普洱熟茶茶粉能检测到 2 ~ 4 种儿茶素单体。

（三）茶褐素提取物质量标准

茶褐素提取物的有效成分（茶褐素）含量 ≥ 90%（UV），外观为深褐色粉末或结晶，大小为 80 ~ 200 目，有甜香，带焦糖味。水分含量 8%，重金属含量 < 10mg/L，无农药残留。总细菌量 < 1000CFU/g，无大肠杆菌，不得检出沙门氏菌，霉菌和酵母菌 < 100CFU/g。茶褐素提取物应置于阴凉干燥、避光处，避免高温，可作为食品色素、食品功能因子、食品添加剂，或作为药用。

六、普洱茶茶褐素的功能与安全

（一）普洱茶茶褐素的功能

普洱茶具有明显的降压、降脂、降糖等功效。普洱茶茶褐素对 DPPH 自由基、超氧阴离子自由基、亚硝酸根离子具有一定的清除作用，其清除的 IC_{50} 值分别为 102.83、60、399.11μg/mL。普洱茶茶褐素有显著降低高脂血症大鼠血清中总胆固醇（TC）、甘油三酯（TG）、低密度脂蛋白（LDL）- C 的水平，升高高密度脂蛋白（HDL）- C 水平的作用，同时能有效地预防高脂饮食大鼠血清中 TC、TG、LDL - C 水平的升高和 HDL - C 水平的降低，但对正常大鼠血脂 TC、TG、LDL - C、HDL - C 代谢水平影响不显著。普洱茶茶褐素具有抑制大鼠体内外源性胆固醇的吸收，加速其排泄，同时加速胆固醇转变成胆汁酸或抑制胆汁酸重吸收的作用,从而降低胆固醇的含量水平。普洱茶茶褐素能有效减缓和降低肝脏脂肪变性的速度和程度,在预防高脂血症中起到重要作用。

（二）普洱茶茶褐素的安全

1. 不含真菌毒素

由塔宾曲霉 TISTR3647 液态发酵绿茶茶汤所得的茶褐素粗品,经检测黄曲霉毒素 B_1、黄曲霉毒素 G_1、黄曲霉毒素 B_2、黄曲霉毒素 G_2,环盐酸吗甲吡嗪酸,烟曲霉毒素 B_1、烟曲霉毒素 B_2、烟曲霉毒素 B_3 和赭曲霉毒素 A,均低于检测限,说明茶褐素粗品不含真菌毒素,发酵过程中未被真菌毒素污染。

2. 茶褐素的毒理学效应

普洱茶茶褐素经口服 $LD_{50} > 10g/kg$,属实际无毒级物质。Ames 试验中添加和不添加普洱茶茶褐素混合液的各剂量组回变菌落数,与阴性对照相比无统计学意义的区别,且无剂量反应关系。小鼠骨髓嗜多染红细胞微核试验与阴性对照组相比,无统计学意义的区别。普洱茶特征成分提取物在 500 ~ 5000 µg/mL 浓度范围内,未见诱发仓鼠肺细胞染色体畸变率增高。这说明,普洱茶茶褐素属实际无毒级,也未见有致突变作用。

第二节　茶多糖发酵生产

一、茶多糖研究现状

茶多糖（Tea polysaccharides,TPs）是从茶叶中提取的、与蛋白质结合在一起的水溶性的酸性多糖或酸性糖蛋白,分子质量从几千 u 到几十万 u 不等。茶多糖的突出功效是降血糖、降血脂,具有防治糖尿病作用,同时在抗凝血、防血栓形成、保护血象和增强人体非特异性免疫功能等方面均有明显效果,是茶叶中继茶多酚后极具开发利用价值的又一种生物活性物质。茶叶的产地、品种、树龄、海拔、鲜叶等级、制茶工艺等都影响茶多糖的含量,因此原料的选择对茶多糖的提取率影响很大。同一茶叶原料,采用不同的提取方法,茶多糖的得率、性状、纯度会不同,生物活性也不相同。

由于茶多糖的复杂性,其高级结构分析和生理活性作用机制研究依然处于初级阶段。清水康夫（1987）等从茶叶冷水提取物中分离的茶多糖,相对分子质量为 40000,由阿拉伯糖、核糖和葡萄糖组成。Mori M（1989）等从茶叶中制备出了茶多糖,以 L – 阿拉伯糖、D – 核糖和 D – 葡萄糖为基本结构,组成比为 5.1:4.7:1.7,该多糖的平均相对分子质量为 4×10^4。而 Takeo C（1992）报道从茶叶中提取的多糖为半乳葡聚糖。汪东风（1994、1996）等分离的茶多糖相对分子质量 107000,由阿拉伯糖、木糖、岩藻糖、葡萄糖、半乳糖（5.52:2.21:6.08:44.2:41.99）组成。许新德（2000）等将粗老绿茶多糖过 DEAF – 纤维素柱,得到一种中性多糖及 TPS – 1、TPS – 2、TPS – 3 三种酸性多糖,气相色谱分析知中性糖由阿拉伯糖、木糖、甘露糖、葡萄糖、半乳糖组成,其比例为 0.04:2.98:5.99:2.00:1.00；TPS – 1 由阿拉伯糖、木糖、葡萄糖、半乳糖组成,其比例为 2.57:0.94:1.77:1.00；TPS – 2 由阿拉伯糖、木糖、葡萄糖、半乳糖组成，其比例为 2.57∶0.94∶1.77∶1.0；TPS-3 由鼠李糖、阿拉伯糖、木糖、半乳糖组成，其比例为 5∶2∶1∶7。陈海霞（2002）分离出的茶多糖 TPS-4 是含有蛋白质和核酸的一种酸性三元糖缀合物，其单糖组成摩尔比为阿拉伯糖∶核糖∶木糖∶葡萄糖∶半乳糖 = 4.88∶2.19∶3.07∶1.82∶1.00，每分子糖缀合物中的单糖残基数、糖醛酸残基数和氨基酸残基数分别为 229、334 和 36，其相对分子质量为 12.0×10^4。以上报道均以中小叶种茶为原料，关于大叶种茶多糖的研究较少。下面以普洱茶茶多糖为例，介绍茶多糖的发酵制备、提取、品质特性及功能。

二、发酵对普洱茶茶多糖的影响

普洱茶发酵工艺与制备茶褐素的普洱茶发酵工艺相似，但在发酵过程中茶多糖的变化与茶褐素存在差异。罗龙新（1998）等研究表明在普洱茶固态发酵过程中，可溶性糖含量的变化是处于波动的，总体趋势是先增后减。龚淑英（2002）等研究表明在普洱茶贮藏过程中，可溶性糖随着时间的延长而下降，其中贮藏温度和贮藏时间对可溶性糖含量影响显著。日本名古屋女子大学将积祝子教授等分析了普洱茶及几种黑茶的游离还原糖等成分，结果表明云南绿茶由于固态发酵及仓储促使茶叶中糖类显著氧化降解而使总量下降。

龚加顺（2005）等研究表明随着普洱茶发酵时间的延长，茶叶中的水溶性寡糖下降了 65%；同时，水溶性多糖的变化也非常显著，第四次翻堆样的多糖含量约为一翻的 5.7 倍，这些变化与普洱茶在固态发酵过程中大量微生物滋生繁殖密切相关。从普洱茶发酵过程多糖变化来看，微生物的发酵作用占据主导地位。试验表明云南晒青绿茶在固态发酵过程中，随发酵时间的延长，水溶性茶多糖含量递增（表 14-2），原料中多糖为 0.45%，发酵 20d 后增至 0.78%，而发酵 40d 样中达到了 1.68%，增幅极显著，这对普洱茶优良品质和保健功能的形成是有益的。普洱茶发酵 20d 后，茶多糖重均分子质量、数均分子质量以及 Z 均分子质量均较原料多糖显著减小，发酵 20d 与 40d 的粗多糖分子质量相比原料而言两者变化不显著，但粗多糖中的中性糖含量随发酵时间延长而递增；从重均分子质量变化来看，随发酵时间的延长，分子质量逐渐降低，这是否就能说明发酵过程存在多糖被降解的现象，需要进一步讨论。

表 14-2　　不同普洱茶渥堆翻堆样中茶多糖含量（龚加顺等，2011）

茶样		茶多糖含量/%	平均值/%
一翻堆	上层	0.23	0.45 ± 0.23
	中层	0.68	
	下层	0.45	
二翻堆	上层	0.45	0.78 ± 0.29
	中层	1.01	
	下层	0.88	

茶样		茶多糖含量/%	平均值/%
	上层	0.85	
三翻堆	中层	0.88	0.99 ± 0.23
	下层	1.26	
	上层	1.81	
四翻堆	中层	1.82	1.68 ± 0.23
	下层	1.41	

经比较云南晒青绿茶和普洱茶多糖化学组成及抗氧化活性，表明脱色除蛋白的晒青绿茶多糖和八级普洱茶多糖先后经 DEAE－52 纤维素柱层析和 Sephadex G－150 柱层析后分别得到两种糖的主要组分晒青绿茶多糖（TPSs）和发酵的普洱茶多糖（TPSp），气相色谱－质谱（GC－MS）分析表明二者单糖组成一致，分别为半乳糖、葡萄糖、阿拉伯糖、甘露糖、木糖和鼠李糖，其分子摩尔比分别为 23.6∶5.9∶24.2∶1.1∶1.8∶3.2 和 26.9∶3.2∶19.3∶5.5∶1.3∶2.7，凝胶色谱法（Gel Permeation Chromatography，GPC）分析显示两种多糖的重均相对分子质量分别为 16831 和 12190，其中 TPSs 含量为 73.77%，蛋白质含量为 1.69%，糖醛酸含量为 20.08%；TPSp 含量为 65.88%，蛋白质含量为 0.9%，糖醛酸含量为 27.41%。

从实际测定的茶多糖主要组分分子质量大小来看，发酵对普洱茶茶多糖分子质量大小确实有影响。八级普洱茶多糖分子质量与晒青绿茶相比，缩小了 27.57%。从宏观变化来看，可能存在微生物发酵降解多糖的现象。固态发酵是普洱茶制作过程中的一道特殊工序，是形成普洱茶品质特征最关键的一步。在普洱茶加工和储藏的过程中，由于特殊的固态发酵工艺和长时间的存放，纤维素类物质不可避免地会发生不同程度的降解，生成可溶性的碳水化合物，并且微生物大量繁殖并分泌果胶酶，进而使果胶物质大量降解成可溶性碳水化合物，从而增强茶汤的滋味。

三、普洱茶茶多糖的提取

（一）提取流程

普洱茶样→热水浸提两次→过滤→合并滤液→旋转蒸发仪减压浓缩（60～70℃）→加 3 倍体积乙醇沉淀→过滤→收集沉淀→少量蒸馏水溶解→加 1/10 体积过氧化氢（氨水调 pH8.0）于 45℃恒温水浴锅中脱色 3h→加 3 倍体积乙醇沉淀→过滤→收集沉淀→少量蒸馏水溶解→过滤→滤液加 3 倍体积乙醇沉淀→过滤→收集沉淀→55℃恒温干燥箱干燥→茶多糖样品

（二）技术要点

王伟华等（2006）优化了普洱茶茶多糖的提取工艺条件，以浸提温度 80℃、浸提时间 1h、浸提 1 次为最佳，陈朝银等（2008）则认为浸提温度 70℃、浸提时间 40min、浸提 3 次为普洱茶茶多糖提取适宜条件。周增志等（2009）经正交优化后，得出以浸提温度60℃、浸提时间1h、固液比1:20、醇沉时间1h、醇沉1次的条件下普洱茶多糖提取率最高。周杨等（2007）得出普洱茶多糖提取最佳工艺为无水乙醇浸提4h，过滤，茶渣加沸水提取40min，重复3次，2倍乙醇沉淀。溶剂、pH、温度和料液比是影响茶多糖提取率的重要因素，这四个因素中以pH对茶多糖的活性影响最大；料液比越大，提取越彻底，但过高的料液比会增加浓缩工作量和成本，茶叶企业生产中采用的料液比一般为1:(12~20)（质量/体积）。

影响普洱茶茶多糖提取率的因素主要有浸提温度、浸提时间、提取次数、料液比。不同浸提温度60、70、80℃提取普洱茶茶多糖的效果差异较大，料液比1:15（质量/体积）处理对普洱茶茶多糖的提取率影响较大，而浸提时间2h与3h处理对普洱茶茶多糖的提取率差异明显，而浸提次数2次与3次处理对普洱茶粗茶多糖的浸提率差异也不明显。先将普洱茶粉碎至60~80目，以热水浸提，浸提料液比为1:15（质量/体积）、浸提温度为70℃、浸提时间2h，浸提次数为2~3次，过滤后，合并滤液，进行减压浓缩。当浓缩至一定体积时，加入2~3倍体积的无水乙醇（至乙醇终浓度约为75%）进行醇沉。沉淀物与乙醇通过离心式固液分离（3000 r/min），收集到的沉淀物为褐色粗多糖。若需进一步分离纯化、脱色，则按如下过程进行：褐色茶多糖按1g/100mL的比例溶解于蒸馏水中，用氨水调节pH至8.0，再加入一定量（视脱色效果而定）H_2O_2（30%浓度），置于85℃热水浴中保温2h；若颜色依然很深，则再次重复此过程。脱色多糖液加入2~3倍体积的无水乙醇（至乙醇终浓度约为75%）进行再次醇沉，然后离心式固液分离（3000r/min），得到白色醇沉淀物，经过55℃低温（可选择热风真空干燥或冷冻干燥）干燥即可得多糖提取物。

四、普洱茶茶多糖的品质特征

（一）普洱茶茶多糖的光谱学性质

普洱茶茶多糖的红外光谱特征谱带分别在3600~3300、3010~2850、1619、1156、1073、955~961cm^{-1}和840~890cm^{-1}，均具有明显的多糖特征谱带。普洱茶茶多糖水溶液在293nm处有吸收，在260nm和280nm处均无吸收，即基本不含蛋白质和核酸，或仅含有极少量的蛋白质。纤维素柱纯化的普洱茶茶多糖中A，B，…，G的核磁共振信号出现在90~110mg/kg之间，属于异头碳，信号较强的糖残基有7个。

Sephadex柱层析的普洱茶茶多糖中A，B……E的核磁共振信号也出现在90~110mg/kg之间，属于异头碳，信号较强的糖残基有5个。纤维素柱纯化的普洱茶茶多糖和Sephadex柱层析的普洱茶茶多糖的加入均使刚果红的最大吸收波长向长波方向移动，但并未表现出具有三股螺旋结构的多糖与刚果红形成的络合物在不同浓度的NaOH溶液中所表现出的特殊变化趋势，说明普洱茶茶多糖不具有三股螺旋结构。总之，紫外线（UV）、红外线（IR）、异核多量子关系（HMQC）分析的茶多糖光谱学特性表明，纯化了的普洱茶茶多糖为含有甲基、亚甲基、羟基、甘露糖、吡喃环的酸性多糖，不具有三股螺旋结构。

（二）普洱茶茶多糖的提取物质量标准

普洱茶茶多糖提取物有效成分茶多糖含量≥60%（苯酚-硫酸法），生产原料为普洱熟茶。提取物外观为灰白色粉末或结晶，颗粒大小为 80～200 目，带甜香。水分含量≤10%，重金属含量 <10mg/L，无农药残留。提取物中总细菌量 <1000CFU/g，不含有大肠杆菌，不得检出沙门菌，霉菌和酵母菌 <100CFU/g。普洱茶茶多糖提取物需置于阴凉干燥、避光，避高温处保藏，可作为食品功能因子或药用。

第三节 细菌纤维素发酵生产

一、细菌纤维素

红茶菌（Kombucha）静置培养时，其培养液表面漂浮着一层白色的膜状物；这层膜具有类似纤维素结构和化学性质，是由葡糖酸醋杆菌以葡萄糖为原料合成的链状高分子化合物，葡萄糖之间以 $\beta-1,4$ 糖苷键连接，分子组成通式为 $(C_6H_{10}O_5)_n$。由于此类物质是细菌合成的，故被称为细菌纤维素（Bacteria cellulose，BC）。

细菌纤维素作为一种新型的生物材料，具有高结晶度、高聚合度、高抗张强度、强持水性、生物可降解性等优良特性。与植物纤维素相比，细菌纤维素具有更为优越的特性。植物纤维素的主要成分是纤维素，除含有纤维素外还含有半纤维素和木质素，三者以三级立体结构的形式存在。而细菌纤维素本身就是纯纤维素，因此细菌纤维素具有高纯度和高结晶度的特性。细菌纤维素的弹性大约是一般植物纤维素的 10 倍，故细菌纤维素的抗张强度较高。除此之外，细菌纤维素还具有良好的吸水性，较高的重合度及生物适应性强等特点。

细菌纤维素作为一种新型生物材料，在造纸、食品、医药及医学生物工程等工业领域具有广阔的应用前景。在食品行业中，细菌纤维素可以被用作增稠剂、胶体填充剂，也可以直接当作食品原料，应用于饮料、功能食品的生产制造，也可用于人造肉，人造鱼等食品的生产，东南亚的许多国家曾有一种含有细菌纤维素的 Nata de Coco 传统食品。在造纸工业中，细菌纤维素可用于生产高质量超薄的纸张。在医药行业中，细菌纤维素被用于治疗伤口的产品研发，如可用作人造皮肤的替代品。在工业生产上可用于制造音响设备上高性能的声音振动膜。另外，还可用于生物传感器的表面膜，用作粉末的结合剂及墨水、油漆、胶黏剂等的增稠剂。

二、细菌纤维素发酵工艺流程

茶叶→ 浸提 → 去除茶渣 → 加糖 → 接种 → 发酵 → 收集、清洗 →细菌纤维素

三、细菌纤维素发酵技术要点

（一）茶水制备

用于细菌纤维素发酵生产的茶水，与发酵红茶菌饮料的茶水相似。以 1:75 或 1:100（质量/体积）的比例进行沸水浴，浸提 25min。各种茶叶均可以选用，但以红茶、绿茶为好。茶叶可以浸提两次，过滤去除茶渣后，合并浸提液。趁热加入白砂糖于茶水中，加入量以 3%～5% 为好。

（二）接种

茶水不需灭菌，直接进行接种。提前活化菌种，按1%～10%的接种量进行接种。如采用红茶菌菌苔作为菌种，则结合发酵液体积，考虑接入一定质量的红茶菌菌苔。但在当前细菌纤维素的生产实践中，为提高发酵效率，有采用选育的单一菌株发酵生产细菌纤维素，也有采用组合优良菌株发酵生产。因此在制备菌种时，需采用不同的方法进行。

（三）发酵

1. 单菌株发酵

当前研究细菌纤维素的合成，多是以葡糖酸醋杆菌单菌株发酵合成，单菌株发酵选用较多的是汉逊氏葡糖酸醋杆菌（之前被称为木醋杆菌）（*Gluconacetobacter hansenii*）。采用葡糖酸醋杆菌单菌株合成细菌纤维素方法的优点是培养周期短，产量较高，能满足工业的大量需求；缺点是发酵培养后的培养液恶臭难闻，排放大量的废水。

马霞等（2005）研究了葡糖酸醋杆菌在静态的条件下发酵合成细菌纤维素的最佳培养条件，主要分析了接种量、种龄、温度、初始pH等因素对葡糖酸醋杆菌合成细菌纤维素的影响，发现葡糖酸醋杆菌合成细菌纤维素的最佳发酵条件为：接种量6%、种龄为36h、发酵温度30℃、初始pH为4.0～6.0。周艳（2011）在葡糖酸醋杆菌单菌株发酵合成细菌纤维素的试验中，研究了温度、装液量、种龄、接种量，培养液的初始pH、培养方式等因素对合成细菌纤维素的影响，发现葡糖酸醋杆菌合成细菌纤维素的最佳条件为发酵温度30℃、装液量100mL（250mL三角瓶）、种龄为36h、培养液的初始pH为5.0～6.0、培养方式为静态培养。

Nguyen VT等（2008）选择绿茶、红茶及HS（Hestrin – Schramm）培养基来研究汉逊氏葡糖酸醋杆菌合成细菌纤维素，发现绿茶培养基合成细菌纤维素产量要比红茶的高，但HS培养基的细菌纤维素产量最高；在茶水培养基中，茶叶用量为3g/L时细菌纤维素的产量最大；在HS培养基中加入3g/L的茶叶可以把细菌纤维素的产量从0.28g/L提高到3.34g/L。不仅培养基的成分和发酵条件会影响细菌纤维素的合成，研究发现有些物质的加入也能促进细菌纤维素的合成，这些物质多被称为增效因子，如乙醇、柠檬酸、醋酸、表面活性剂等物质对葡糖酸醋杆菌合成细菌纤维素有一定的增效作用。当培养基中含有20g/L的甘露醇和40g/L的玉米浆时，细菌纤维素产量可高达2.64g/L。不同的培养方式也会对葡糖酸醋杆菌合成细菌纤维素产生影响，周伶俐等（2007）发现静态培养的细菌纤维素产率要比机械搅拌条件下高。

2. 混合菌发酵

蒋立文等（2006）研究了葡糖酸醋杆菌和酵母菌的混合菌即红茶菌在不同的条件下发酵合成细菌纤维素的情况，表明浅盘培养有助于细菌纤维素的合成，初始pH对红茶菌合成细菌纤维素的影响不大，茶汁浓度和发酵温度均对BC的合成有影响。在茶汁浓度为0.3%～0.7%时，细菌纤维素产量相对较高。在发酵温度为25～30℃时，细菌纤维素产量相对较高。红茶菌在静态培养时，要比在振荡培养的方式下合成的细菌纤维素要多。

周艳（2011）用纯种的汉逊氏葡糖酸醋杆菌和啤酒酵母发酵培养红茶菌，研究了温度、碳源、茶叶种类、茶叶用量、接种量、种龄、装液量等因素对红茶菌合成细菌纤维素的影响，发现红茶菌合成细菌纤维素的最佳条件为发酵温度30℃、碳源为葡萄糖、茶叶种类为绿茶、茶叶用量为4g/L、接种量为10%、种龄为60h、装液量75mL（250mL三角瓶）。谭丽丽（2012）分别用两种不同的葡糖酸醋杆菌与酵母菌发酵合成细菌纤维素，获得红茶菌合成细菌纤维素的最优条件为：接种量10.37%、培养液初始pH4.96、装液量77.13mL（250mL三角瓶）。在葡糖酸醋杆菌（RST）与酵母菌发酵合成细菌纤维素的试验中，获得红茶菌合成细菌纤维素的最优条件为：培养温度26.54℃、初始pH9.99、种龄60.18h。

（四）发酵后处理

发酵结束后，取出细菌纤维素膜，蒸馏水多次冲洗后，浸入1%的NaOH溶液中，以80℃水浴120min。除去残存的菌体和培养基，用去离子水反复冲洗至中性后，在105℃烘至质量恒定，即得到细菌纤维素。

（五）单菌株与混合菌发酵所产细菌纤维素的比较

以红茶菌制备的细菌纤维素与木葡糖酸醋杆菌的无本质区别。红茶菌生产细菌纤维素的效率显著高于木葡糖酸醋杆菌，产量可提高3倍以上，红茶菌的膜比木葡糖酸醋杆菌的厚实、致密。

第四节 茶氨酸发酵生产

一、茶氨酸研究现状

茶氨酸（Theanine）学名为 N – 乙基 – γ – L – 谷氨酰胺（N – ethyl – γ – L – glutamine）或 N – （γ – 谷氨酰基）乙胺 [N – （γ – glutamyl carbonyl）ethylamine]，是一种非蛋白质氨基酸，分子式为 $C_7H_{14}N_2O_3$，相对分子质量为174.20。茶氨酸在茶树中含量最高，在新梢中的含量一般为干物质的1%~2%，占茶叶中游离氨基酸总量的40%~70%。茶氨酸是茶叶中的特征氨基酸，也是茶叶的呈味物质之一。现代医学研究表明，茶氨酸具有镇静、增强记忆、保护神经、化疗调节及降血压、降血脂、抗肿瘤等诸多生理活性，由此成为茶叶功能性成分开发利用的研究热点之一。

制备茶氨酸的主要途径有：①茶叶或其富集液提取法；②茶树愈伤组织或细胞培养法；③化学合成法；④微生物发酵法。茶氨酸在茶叶中的含量低，从茶产品提取物中获取茶氨酸极为有限，无法满足日益增长的市场需求。通过组织培养技术可大幅提高愈伤组织或悬浮细胞的茶氨酸含量（为有机体干质量的20%~23%），但该法存在操作步骤烦琐、培养周期长、占用空间大、设施成本高等缺点，在生产上尚无法推广应用。而化学合成茶氨酸具有方法简单、成本低、产率高等优点，现已成为日本、美国、加拿大等国茶氨酸医药和食品应用原料或辅料的主要来源。尽管如此，化学合成茶氨酸的D、L型异构体比例、安全性评价等基础数据亟待补充。然而，微生物发酵合成茶氨酸，克服了化学合成法的缺点。

二、微生物发酵生产茶氨酸

20 世纪 80 年代初人们开始进行微生物发酵合成茶氨酸的研究，利用微生物产生的酶类，通过酶促反应将底物转化成产物茶氨酸。

（一）微生物发酵合成茶氨酸的机理

现发现源自微生物并可应用于茶氨酸生物合成的酶类有 6 种：谷氨酰胺合成酶、γ-谷氨酰甲胺合成酶、谷氨酸合成酶、γ-谷氨酰半胱氨酸合成酶、谷氨酰胺酶和 γ-谷氨酰转肽酶。除谷氨酸合成酶和 γ-谷氨酰半胱氨酸合成酶外，其他酶类的研究应用较为广泛。

茶氨酸生物合成反应有两种代表类型：①谷氨酸和乙胺为底物的连接合成反应（需腺苷三磷酸供能）；②谷氨酰胺和乙胺为底物的酰基转移反应。谷氨酸（钠）或谷氨酰胺及（盐酸）乙胺为茶氨酸酶促合成的主要前体来源。在腺苷三磷酸（或腺苷三磷酸再生体系）供能条件下，谷氨酰胺合成酶、γ-谷氨酰甲胺合成酶、谷氨酸合成酶和 γ-谷氨酰半胱氨酸合成酶可催化谷氨酸和乙胺合成茶氨酸；谷氨酰胺酶、γ-谷氨酰转肽酶则可利用谷氨酰基转移活性，直接以谷氨酰胺和乙胺为底物合成茶氨酸。然而，无论通过连接合成反应或谷氨酰基转移反应，乙胺作为茶氨酸生物合成底物不可或缺。

（二）谷氨酰胺合成酶

Tachiki T 等（1986）开展了细菌中谷氨酰胺和谷氨酸生物合成系统研究，并对应用谷氨酰胺合成酶（EC6.3.1.2）制备 L-谷氨酸、γ-谷氨酰甲胺和茶氨酸进行了报道。随后研究发现部分纯化并源自谷氨酸微球菌（*Micrococcus glutamicus*）的谷氨酰胺合成酶能与贝克氏酵母细胞提取液一起合成茶氨酸。

Yamamoto S 等（2004）对腐臭假单胞菌 Y-30（*Pseudomonas taetrolens* Y-30）中能伴随贝克氏酵母乙醇发酵合成茶氨酸的谷氨酰胺合成酶，进行了纯化及酶学性质研究。随后 Yamamoto S 等（2005）对源自 *Pseudomonas taetrolens* Y-30 的谷氨酰胺合成酶和贝克氏酵母伴随发酵能转移的茶氨酸合成体系进行了优化，在含有 200mmol/L 谷氨酸钠、1200mmol/L 乙胺、300mmol/L 葡萄糖、50mmol/L 磷酸钾缓冲液（pH7.0）、5mmol/L $MnCl_2$、5mmol/L ATP、100U/mL 谷氨酰胺合成酶和 60mg/mL 酵母细胞的反应混合体系中，48h 后可生成 170mmol/L 茶氨酸。在此基础上，Yamamoto S 等（2006）还对 *Pseudomonas taetrolens* Y-30 的谷氨酰胺合成酶基因进行了克隆和表达，结果表明大肠杆菌 *E. coli* AD494（DE3）/pET21a-GS 细胞中的谷氨酰胺合成酶也能伴随发酵转移合成茶氨酸。

国内应用含谷氨酰胺合成酶的微生物酶促合成茶氨酸的研究亦有报道。李健（2007）研究了褐绒盖牛肝菌 [*Xerocomus badius* (Fr.) O. Kiihner ex Gilb.] 和乳牛肝菌 [*Suillus bovinus* (L.：Fr.) O. Kuntze] 的液态发酵，用于生成茶氨酸，并通过响应曲面法优化了液态发酵条件，并初步推断牛肝菌液态发酵合成茶氨酸关键酶可能为谷氨酰胺合成酶。朱文娴等（2008、2009）将荧光假单胞菌（*Pseudomonas fluorescens*）谷氨酰胺合成酶基因转接入 pET32a 质粒中，再将重组质粒转化到 *E. coli* BL21 中，构建了一种能生物合成茶氨酸的基因工程菌。此外，Zhou X 等（2008）研究表明枯草杆菌（*Bacillus subtilis*）的谷氨酰胺合成酶经 0.4mmol/L 异丙基硫代半乳糖苷（IPTG）诱导，能在 *E. coli* BL21（DE3）/pET28a – glnA 细胞中作为可溶性蛋白高效表达（约占总蛋白的 86%），在 pH7.5、Mn^{2+} 浓度为 10mmol/L 条件下，重组谷氨酰胺合成酶具有最大的茶氨酸合成活力（6.4U/mg）。

（三）γ–谷氨酰甲胺合成酶

γ–谷氨酰甲胺合成酶（EC6.3.4.12）广泛存在于细菌体内，能催化 L–谷氨酸及多种胺类合成 γ–谷氨酰烷基胺类化合物。Kimura T 等（1992）从噬甲基菌 AA–30（*Methylophaga sp.*）中纯化出 γ–谷氨酰甲胺合成酶，该酶在 pH7.5 和 40℃ 条件下有最大活性，并能以乙胺和 L–谷氨酸为底物催化合成茶氨酸。Leisinger T 等（2001）研究发现，从假单胞菌 ipu 操纵子（*Pseudomonas* ipu operon）中克隆出 *ipuC* 基因，并在大肠杆菌中表达产生 γ–谷氨酰甲胺合成酶，其纯化后也能催化 L–谷氨酸和乙胺合成茶氨酸。Yamamoto S 等（2007、2008、2009）从 200 种甲胺或甲醇同化细菌中筛选出食甲基菌 *Methylovorus mays* No. 9 可作为茶氨酸生产菌，并研究了生产条件。Tachiki T 等（2009）应用产 γ–谷氨酰甲胺合成酶的食甲基菌 *Methylovorus mays* TGMS No. 9，实现了以 L–谷氨酸和乙胺为底物的茶氨酸商业化生产，并申请了相关专利。

张玥（2012）从茶树根际土壤中筛选得到一株高产 L–茶氨酸的优势菌株近玫色锁掷孢酵母（*Sporidiobolus pararoseus*），并利用该菌株制备 γ–谷氨酰甲胺合成酶粗酶液，得到粗酶液合成茶氨酸的最佳反应体系为 35℃、pH 为 9.0、反应 12h、粗酶液量为 70mL、谷氨酸浓度为 30mmol/L、乙胺盐酸盐浓度为 150mmol/L、ATP 浓度为 15mmol/L，经过优化的合成体系中 L–茶氨酸的产量为 2.95g/L。

（四）谷氨酸合成酶

谷氨酸合成酶（EC1.4.1.13）又称为谷氨酰胺–α–酮戊二酸转氨酶。Tochikura T 等（1983）研究表明利用微生物糖酵解产生的 ATP，谷氨酸合成酶能以 L–谷氨酸和单胺或二胺为底物合成 γ–谷氨酰烷基胺，如在啤酒酵母 IFO 0635（*Saccharomyces cerevisiae*）干细胞提供 ATP 的条件下，源自谷氨酸微球菌（*Micrococcus glutamicus*）的谷氨酸合成酶能以 L–谷氨酸和单胺合成 γ–谷氨酰甲胺。

（五）γ–谷氨酰半胱氨酸合成酶

Miyake K 等（2009）研究发现 γ–谷氨酰半胱氨酸合成酶（EC 6.3.2.2）不仅可以多种氨基酸为底物，其催化底物 L–半胱氨酸还可为非氨基酸化合物所取代，如源自 *E. coli* W3110 的 γ–谷氨酰半胱氨酸合成酶能催化谷氨酸和胺合成 γ–谷氨酰脂肪胺类，且反应速度与亚甲基长度有关（正丙胺 > 丁胺 > 乙胺 > 甲胺）。携重组质粒 *E. coli* DH5α/pGSK1 表达的 γ–谷氨酰半胱氨酸合成酶利用糖酵解产生的 ATP，在 18h 后能以 429mmol/L 乙胺合成 12.1mol/L 茶氨酸。

（六）谷氨酰胺酶

谷氨酰胺酶（EC 3.5.1.2）是一种能催化 L–谷氨酰胺水解成 L–谷氨酸和氨的酰胺酶。Soda K 等（1972）从铜绿假单胞菌（*Pseudomonas aeruginosa*）中纯化出两种谷氨酰胺酶同工酶（谷氨酰胺酶 A 和谷氨酰胺酶 B），谷氨酰胺酶具备一定的茶氨酸合成能力。如 Abelian VH 等（1993）发现经卡拉胶细胞固定化的硝基还原假单胞菌（*Pseudomonas nitroreducens*）具有很强的谷氨酰胺酶活性，并能在持续培养中催化谷氨酰胺和乙胺合成大量茶氨酸，其产率为投入谷氨酰胺的 95%。

Tachiki T 等（1996）对硝基还原假单胞菌 IFO 12694 中的谷氨酰胺酶进行了分离纯化和性质研究，该酶同时具备谷氨酰胺水解及合成的能力，其催化茶氨酸水解及合成的活力分别为谷氨酰胺的 82% 和 8%。Tachiki T 等（1998）研究表明源自硝基还原假单胞菌 IFO 12694 的谷氨酰胺酶可催化 γ - 谷氨酰基转移反应，并将其应用于茶氨酸和 γ - 谷氨酰甲胺的合成。

高秀清（2002）探讨了利用假单胞硝还菌 1.1796 生产茶氨酸的可能性，王春晖（2005）从 6 种含有谷氨酰胺酶的微生物中筛选得到一株可以合成茶氨酸的微生物菌株——硝基还原假单胞菌。此外，假单胞属微生物分泌的谷氨酰胺酶还可以谷氨酰胺和乙胺衍生物为底物酶促合成茶氨酸；具水解活性的谷氨酰胺酶也可以 α - 氨基酸 - ω - 酯和盐酸乙胺为底物合成茶氨酸。源自香茅醇假单胞菌（*Pseudomonas citronellolis*）、枯草芽孢杆菌（*Bacillus subtilis*）、真菌和酵母的谷氨酰胺酶，均可用于茶氨酸的工业化生产。

（七）γ - 谷氨酰转肽酶

γ - 谷氨酰转肽酶（EC 2.3.2.2，GGT）不仅能催化 γ - 谷氨酰基化合物的水解，还可催化 γ - 谷氨酰基转移到其他氨基酸或多肽上。Suzuki H 等（2002）首次报道了重组构建的 E. coli K - 12 SH 642/pUC18 - GGT 胞质中的 γ - 谷氨酰转肽酶能以 L - 谷氨酰胺和乙胺合成 L - 茶氨酸。按其所建立方法，茶氨酸对底物谷氨酰胺的转化率为 60%。

郭亮等（2005）、王贤波等（2007）、王丽鸳等（2007）、朱文娴等（2008）、贾晓鹤等（2008）、Yao YF 等（2006）、李勤（2011）、陈星奕（2014）以及傅嘉懿等（2015）等，在构建 γ - 谷氨酰转肽酶工程菌生物合成茶氨酸方面开展了大量类似研究。催化茶氨酸合成的 γ - 谷氨酰转肽酶产酶菌除可通过构建含 γ - 谷氨酰转肽酶基因表达载体的生物工程菌外，也可从自然界 γ - 谷氨酰转肽酶产生菌中直接筛选。江波等（2009）从我国传统发酵食品中分离筛选出枯草芽孢杆菌 SK11.004（*Bacillus subtilis*），该菌株 γ - 谷氨酰转肽酶可以谷氨酰胺和乙胺为底物，在 pH 10.0 的条件下高效合成茶氨酸。刘冬英（2009）通过比较发酵液的酶活力和转化液的茶氨酸产量，从 7 种 γ - 谷氨酰转肽酶产生菌中筛选出一株茶氨酸高产菌株——地衣芽孢杆菌（*Bacillus licheniformis*）；通过辐照诱变获得 *Bacillus licheniformis* C12，其茶氨酸产量为 18.57g/L，较出发菌株提高 66.19%。傅锦坚（2009）将 *Bacillus licheniformis* 产酶系统与嗜热脂肪芽孢杆菌（*Bacillus stearothermophilus*）腺苷三磷酸供能系统相耦联，应用该技术进行茶氨酸转化生产，茶氨酸产量达 35g/L，谷氨酰胺转化率为 59%；用 3% 卡拉胶包埋经产酶发酵的 *Bacillus licheniformis*，制备成 γ - 谷氨酰转肽酶固定化细胞，其与腺苷三磷酸供能系统耦联后，茶氨酸产量为 30g/L，谷氨酰胺的转化率为 50.3%。

三、L - 茶氨酸的分离纯化

微生物发酵法生产 L - 茶氨酸得到的转化液中，通常含有较多杂质，包括大量的乙胺盐酸盐、较多L-谷酰胺、少量蛋白及金属离子，外观呈浅黄色，略有浑浊。傅嘉懿（2015）从酶法生产得到的L-茶氨酸转化液开始，经过活性炭预处理工艺、离子交换工艺和重结晶工艺，将L-茶氨酸从转化液中分离提取出来，制备成高纯度的L-茶氨酸产品，回收率达到68%。

四、L-茶氨酸质量标准

L-茶氨酸（L-theanine）精制品有效成分含量为98.5%~101.5%，外观为白色或微黄色颗粒状结晶或粉末状结晶，含水量≤1.5%，pH为4.5~6.0，氯化物（以Cl计）≤0.02%，硫酸盐（以SO_4^{2+}计）≤0.02%，重金属（以Pb计）≤10mg/kg，砷≤1mg/kg。菌落总数≤3000CFU/g，大肠杆菌≤10CFU/g，致病菌（沙门菌、金黄色葡萄球菌）不得检出。

第五节 其他活性成分发酵生产

一、没食子酸

没食子酸（Gallic acid，GA）化学名称为3，4，5-三羟基苯甲酸，分子式为$C_7H_6O_5$，相对分子质量为170.12，广泛存在于五倍子、茶叶、葡萄、漆树等植物中。

（一）没食子酸的功能与应用

没食子酸是传统中药的常见成分，是五倍子中主要的药理成分之一，具有很高的药用价值。大量的现代药理试验结果，证实没食子酸具有抗突变、抗肿瘤抑癌、抗氧化、抗自由基、抗菌、抗炎、抗病毒、美白等功能活性。没食子酸也是一种重要的有机原料，广泛用于化工、医药、食品、有机合成、农业、矿产、染料、轻工及电子等行业。

（二）没食子酸发酵生产

我国生产没食子酸已有几十年的历史，因五倍子富含2%~4%的没食子酸，工业上常通过五倍子来制备没食子酸。利用五倍子生产没食子酸的途径有化学法和生物法，化学法包括酸水解法和碱水解法，生物法包括酶法和发酵法。发酵法是利用微生物在含单宁的溶液中发酵，而微生物经诱导产生单宁酶，进一步对单宁进行水解生成没食子酸。能发酵生产没食子酸的微生物菌株，有黑曲霉菌株、链格孢属菌（*Alternaria ginnala*）、*Aspergillus fischeri* MTCC 150、*Rhizopus oryzae*（RO IIT RB-13，NRRL 21498）、*Aspergillus foetidus*（GMRB013 MTCC 3557）、*Phomopsis sp.* 等。

茶叶中茶多酚含量达干重的20%~40%，其中儿茶素类化合物占到茶多酚含量的70%~80%，而EGCG（表没食子儿茶素没食子酸酯）又占到儿茶素类化合物的50%~60%，可见茶叶中富含可水解酚类物质。在茶叶渥堆发酵过程中，有些微生物能够有效地降解水解单宁，促进没食子酸的生成。现有的研究证明好氧发酵（普洱茶渥堆发酵）能显著提高没食子酸含量，然而已有研究发现，经厌氧发酵后酸茶中没食子酸含量由初始的1.16g/kg稳定地增加到25.71g/kg，增加了22倍多，是普洱茶中没食子酸平均含量的近 3 倍。酸茶中没食子酸含量占干重的 2.57%，达到富含没食子酸的五倍子中 2% ~4% 含量的水平，这说明厌氧发酵可能比好氧发酵更有利于茶叶没食子酸的形成与保留。经优化发酵条件，可以稳定地发酵获得高含量没食子酸的酸茶，没食子酸的含量可达干重的 5.44%，超过五倍子中的含量。

当前人们已意识到了没食子酸对茶产品的品质与功能的重要性，已有从茶叶中提取没食子酸、在速溶茶提取过程中添加没食子酸改变儿茶素类组分含量和制取富含没食子酸速溶的尝试。然而，利用微生物发酵技术也可以实现制得高没食子酸含量的发酵茶，这种发酵茶可以直接作为功能活性的茶产品，也可以作为原料提取没食子酸。

二、γ - 氨基丁酸

（一）γ - 氨基丁酸的性质与功能

γ - 氨基丁酸（γ - amino butyric acid，GABA）又称 γ - 氨酪酸，分布非常广泛，在动物、植物和微生物中均发现存在，是一种白色或近白色结晶性粉末，极易溶于水，微溶于热乙醇，不溶于冷乙醇、苯、乙醚，无旋光性。γ - 氨基丁酸对动物具有多种调节功能。正逐渐被广泛用于医药、食品保健、化工及农业等行业。

（二）γ - 氨基丁酸发酵生产

微生物发酵法制备 γ - 氨基丁酸，主要是利用酵母菌、乳酸菌以及曲霉菌等发酵富含谷氨酸的原料而制得。周红杰等（2012）报道了利用近平滑假丝酵母发酵剂（GPT - 5 - 11）发酵普洱茶，通过控制有益菌近平滑假丝酵母在普洱茶生产中的比例，促进普洱茶中 γ - 氨基丁酸含量稳定增加，制成富含 γ - 氨基丁酸的普洱茶产品。γ - 氨基丁酸含量最高可达 153.32mg/100g。富含 γ - 氨基丁酸的普洱茶可以直接饮用，也可以作为原料用于提取 γ - 氨基丁酸。

第十五章　其他茶叶微生物产品

第一节　茶园微生物肥料

我国微生物肥料产业起步于 20 世纪 30 年代，到 90 年代中期迅速发展。目前国内现有微生物肥料生产企业 1000 家以上，年产量约为 1000 万吨，应用面积累计过 133 亿平方米。目前微生物肥料登记产品 3826 个，其中现行有效的登记产品 2343 个（含临时登记产品 990 个），产品种类包括微生物菌剂、复合微生物肥料、生物有机肥三大类，产品形态有粉剂、液体、颗粒等类型，产值近 200 亿元。

一、微生物肥料的概念与分类

（一）微生物肥料的概念

微生物肥料（Microbial fertilizer）又称细菌肥料（Bacterial fertilizer）或者生物肥料（Bio-fertilizer），是指一类含有活微生物的特定制品，应用于农业生产中能够获得特定的肥料效应，这种效应的产生是由其特定的活微生物起关键作用。微生物肥料是农业生产中使用的肥料制品中的一种，与化学肥料、有机肥料、绿肥性质不同，其能够产生肥料效应，是利用微生物的生命活动及其代谢产物的作用，改善作物养分供应，向作物提供营养元素、生长物质而调控其生长，达到提高土壤肥力而使其生长苗壮和产量增加的效果。

（二）微生物肥料的分类

目前，微生物肥料产品有农用微生物菌剂、生物有机肥和复合微生物肥料三大类，分别执行 GB 20287—2006《农用微生物菌剂》、NY 884—2012《生物有机肥》和 NY/T 798—2015《复合微生物肥料》。

1. 微生物菌剂类

微生物菌剂的种类主要有根瘤菌菌剂、固氮菌菌剂、解磷类微生物菌剂、硅酸盐微生物菌剂、光合细菌菌剂、有机物料腐熟剂、促生菌剂、菌根菌剂、生物修复菌剂等产品。

2. 复合微生物菌肥

复合微生物菌肥采用现代微生物发酵技术，将高效微生物菌种单独发酵复配，并选择经活化处理后富含有机质的腐殖酸为载体，再添加多种营养元素。与纯种微生物菌肥相比，复合微生物菌肥功能更加齐全，效果更加显著，是一种能为大田及经济作物提供植物营养的环境友好型肥料，具有营养全面、肥效持久、可改善作物品质、提高化肥利用率、改良土壤结构等特点。

3. 生物有机肥

生物有机肥是指特定功能微生物与主要以动植物残体（如畜禽粪便、农作物秸秆等）为来源并经无害化处理、腐熟的有机物料复合而成的一类兼具微生物肥料和有机肥效应的肥料，主要有农家肥、商品生物有机肥、有机肥加微生物菌剂三类。农家肥包括堆肥、沼渣等，商品生物有机肥是农家肥商品化生产后的产品，有机肥加微生物菌剂需每克含菌多于2000万个功能菌。

此外，按照微生物肥料中微生物的种类可分为细菌肥料（包括固氮菌肥、解磷菌肥、解钾菌肥、芽孢杆菌制剂、光合细菌肥料、纤维素分解菌）、真菌肥料（包括菌根真菌肥料、霉菌肥料、酵母菌肥料）及放线菌肥，按微生物的作用机理可分为固氮菌肥料、解磷菌类肥料、解钾菌类肥料等，按微生物的功能可分为单一菌种肥料（仅含有单一的微生物菌种，如根瘤菌肥、固氮菌肥、解磷解钾菌肥）和复合菌种肥料（可分为微生物 – 微量元素复合生物肥料、联合固氮菌复合生物肥料，如固氮菌 + 根瘤菌、多菌株复合生物肥料、多营养生物复合肥等），可以同时提供多种养分，如 EM 肥料（Effective microoganism fertilizer）含有光合细菌、乳酸菌、酵母菌、放射线菌，垦易肥料含有细菌、放线菌、霉菌、酵母菌、芽孢杆菌。

二、微生物肥料的功能与不足

（一）微生物肥料的功能

狭义的微生物肥料功能是指通过肥料的施用，增加了土壤中植物营养元素的供应量，从而提高作物的产量和品质。广义的微生物肥料功能是指不仅能够改善土壤营养状况，提高植物营养水平，还能产生生长激素对植物起刺激作用，促进植物对营养元素的吸收或者对某些病原微生物产生拮抗作用，减轻作物病虫的危害。通过施用微生物肥料，经特定菌株代谢活动作用于作物和土壤，活化土壤微生物生态环境，使土壤肥力增加，活化土壤中难溶的磷、钾，提供无机营养，其代谢产物有益于植物生长，提供有机物质，利于植物抗病抗虫等。另外，微生物菌肥在抑制农作物对硝态氮、重金属、农药的吸收，净化和修复土壤，降低农作物病害发生，促进农作物秸秆和城市垃圾的腐熟利用，保护环境以及提高农作物产品品质和食品安全等方面，已表现出重要的作用。

（二）微生物肥料的不足

微生物肥料存在一些不足之处。某些微生物菌肥对作物具有选择性，作用效果受到土壤和环境等因素的制约，一般不能与杀虫剂、杀菌剂混合使用。菌肥性质不稳定，易受紫外线的影响，需避光通风保存等。

三、茶园微生物肥料应用现状

（一）茶园微生物肥料种类

我国科技工作者在 20 世纪中期开始研制茶园微生物肥料，目前茶园使用的微生物肥料主要是广谱肥料，而专用肥料很少，归纳起来大致有以下三种类型。

1. 茶园生物活性有机肥

茶园生物活性有机肥是一种集有机肥、无机肥和生物肥于一体的复合肥，既含有茶树必需的营养元素，又含有可改良土壤物理性质的多种有机物，也含有可增强土壤生物活性的有益微生物体。如百禾福生物活性有机肥是采用禽粪、茶饼、尿素等为主要原料，经无害处理和生物活化，产品含氮、磷、钾、镁、硫及生物活性物质。

2. 微生物菌肥

微生物菌肥即有益菌类与有机质基质复合而成的生物复合肥，既可增加根际有益菌群，又可增加土壤有机质，如福建莆田市绿地生物制品有限公司生产的"肥力高"生物固氮肥。

3. 微生物液体制剂

微生物液体制剂如北京农业大学植物病害防治研究室研制的生物剂菌——增产菌，应用于茶园有增产防病作用。

（二）茶园微生物肥料应用

茶树是多年生作物，茶园土壤是有机质自我丰富的生态系统，微生物资源较为丰富。在茶园中常用的微生物肥料，有广谱微生物肥料"肥力高"生物固氮肥、"超大"有机复合肥、生物活性有机肥"百禾福"、富硒有机叶面肥、"富万稼"牌有机钾肥和"盛菁"生物有机肥等。

我国曾在 20 世纪 70 年代筛选出几种固氮能力较强的菌株，但施用于茶园增产效果并不明显。1996 年云南省茶叶研究所从茶园中分离筛选微生物菌株进行扩大培养，制成微生物肥料应用于茶园。1992—1995 年安徽农业大学从皖南茶区茶园中筛选出有益芽杆菌，制成益肥在茶树上喷施后，除起到了增产效果外，还有明显抑制茶赤叶斑病、茶白星病、茶煤病、茶轮斑病、茶褐叶斑病的作用。谭月荣等从茶园土壤分离到一株耐酸铝真菌微生物，该菌与适宜的有机物一起接种到强酸性土壤中能降低土壤铝离子和土壤酸度，为酸性茶园的改良提供了途径。近几年研究表明茶树接种 AM 菌根，能增强茶树吸磷能力的同时，对氮、磷、钾、镁、铜、铁、锌等营养元素的吸收具有促进作用，而且茶树高度、叶片数、植株干重明显提高，茶叶中叶绿素和咖啡碱含量增加，过氧化物酶含量降低，铁和儿茶素含量减少。接种 AM（*Arbuscular mycorrhiza*）菌根，也能改善茶苗的磷、锌、氮、钾素营养，加速茶苗生长。将磷、钾细菌与菜籽饼混合配制成生物菌肥，施入茶园土壤，能使土壤中的全量养分和水解氮、速效磷、速效钾含量明显提高，对促进茶树新梢生长的作用十分明显，茶树新梢密度和芽头重均有所增加。利用木霉菌发酵代谢产物研制的茶渣生物肥，兼具速效性和长效性，并具有明显的抗连作障碍作用。每年每亩施用哈茨木霉真菌多效有机菌肥 250kg 以上，对纤维素、木质素等有机物有较强的分解作用，可以改良茶园土壤，使茶园稳产增值，提高茶叶品质，全年增加名优茶产量15%以上。云南省农科院茶叶研究所2006年在茶园中施用微生物菌肥，能使春茶增产26.4%，秋茶增产36.14%，达到了极显著水平，茶叶品质也有不同程度的提高。

茶树专用生物活性有机肥既可作基肥也可作追肥，有机与无机结合型生物有机肥速效与缓效养分供应协调、肥料利用率高，可减轻氮肥造成的硝酸盐积累以及磷钾肥造成的重金属污染。生物有机肥能增加新梢着叶数，比腐熟鸡粪和饼肥更具增产作用。茶树施用腐殖酸多元复合肥后，茶树叶片增厚。微生物菌肥是天然、安全的茶园土壤改良剂，可以改善土壤营养状况，对茶园蓄水保水有利，还可克服长期施用化肥带来的土壤酸化、板结的弊端，还能改善土壤微生物的群体结构，有利于茶树生长。

四、茶园微生物肥料的生产

（一）微生物菌剂的生产

1. 工艺流程

菌种→ 种子扩培 → 接种 → 发酵培养 → 后处理 → 包装 → 产品质量检验 → 出厂

2. 技术要点

（1）菌种选择 选择具有特殊功能的菌株，如解磷菌、解钾菌、固氮菌等。用于生产的功能菌株应有菌种鉴定报告、菌种的编号与来源等信息。菌株应选用一种以上适宜的方法保藏，确保无杂菌污染，菌种不退化。建立有菌种档案，做到分类存放，定期检查。在生产使用之前，应对所用菌种进行检查，确认其纯度和应用性能没有发生退化。

（2）菌种纯化与复壮 功能菌株如出现污染或退化时，不得直接用于生产，需要进行纯化与复壮。先采用平板划线分离法或稀释分离法，得到纯菌种，必要时可采用显微操作单细胞分离器进行菌种分离纯化。菌种如出现菌体形态及菌落形态发生变化、代谢活性降低、发酵周期改变、重要功能性物质的产生能力下降、其他重要特性退化或丧失等中的某一种现象时，就需要进行菌株复壮。菌种复壮方法多采用回接到原宿主或原分离环境中进行传代培养，然后重新分离该菌种。对纯化与复壮后的菌种，需进行生产性能的检查，达到要求时才能用于生产。

（3）无菌技术 在进行微生物菌剂制备过程中，常需无菌化，常用的无菌技术就是高压蒸汽灭菌。液体培养基、补料罐（包括消泡剂）、管道、发酵设备及空气过滤系统灭菌温度为121~125℃（压力0.103~0.168MPa），灭菌时间0.5~1.0h，液体培养基装料量为50%~75%发酵罐容积。固体培养基物料灭菌温度为121~130℃，灭菌时间1.0~2.0h；或采用100℃灭菌2~4h，24h后再灭菌一次。如在高温灭菌会产生对菌体生长有害物质或对易受高温破坏物料特性时，应采用物料分别灭菌或降低灭菌温度而延长灭菌时间的方法。培养基灭菌后，需采用显微镜染色观察法或发酵管试验法检查灭菌效果，灭菌不彻底的培养基不得使用。

（4）种子扩培 保存的菌种需连续转接活化多次，至生长旺盛后方可应用。种子扩培过程包括试管斜面菌种、摇瓶（或固体种子培养瓶）、种子罐发酵（或种子固体发酵）培养三个阶段，操作过程要保证菌种不被污染、生长旺盛。

培养基重要原料应满足一定的质量要求，包括成分、含量、有效期以及产地等，对新使用的发酵原料需经摇瓶试验或小型发酵罐试验后方可用于发酵生产。种子培养基要保证菌种生长延滞期短，生长旺盛；原料应使用易被菌体吸收利用的碳、氮源，且氮源比例较高，营养丰富完全，有较强的 pH 缓冲能力。最后一级种子培养基主要成分，应接近发酵培养基。发酵培养基要求接种后菌体生长旺盛，在保证一定菌体（或芽孢、孢子）密度的前提下兼顾有效代谢产物。原料应选用来源充足、价格便宜且易于利用的营养物质，一般氮源比例较种子培养基低。

（5）接种发酵　固体发酵初期适宜发酵的物料含水量为 50% ~ 60%，发酵结束时应控制在 20% ~ 40%。在摇瓶种子转向种子发酵罐培养时，接种量为 0.5% ~ 5%（体积分数）。在多级发酵生产阶段，对生长繁殖快的菌种（代时 < 3h），从一级转向下一级发酵的接种量为 5% ~ 10%；对生长繁殖较慢的菌种（代时 > 6h），接种量不低于 10%。接种后，要注意菌种分布均匀。发酵培养温度应控制在 25 ~ 35℃，具体的温度应根据所用菌株的具体特性而定；在发酵过程中，可根据菌体的生长代谢特性，在不同的发酵阶段采用不同的发酵温度。对于好氧代谢的菌株或兼性厌氧类型菌株，培养基中的溶解氧不得低于临界氧浓度；严格厌氧类型菌株培养基的氧化还原电位，不得高于其临界氧化还原电位。通常采用的供氧方式是向培养基中连续补充无菌空气，并与搅拌相配合，或者采用气升式搅拌供氧。在发酵过程中，可采用对发酵培养基进行补料，改善培养基的营养构成，以促进菌体生长而达到高产。

（6）后处理　在发酵培养过程中，需进行发酵终点判断，以及时结束发酵，保证获得最大活菌体数量。常通过镜检观察菌体的形态、密度来确定发酵终点，芽孢菌要求发酵结束时芽孢形成率≥80%。或监测发酵液中还原糖、总糖、氨基态氮、pH、溶解氧浓度、光密度及黏度等理化参数，或监测发酵过程中摄氧率、CO_2 产生率、呼吸熵、氧传递系数等发酵代谢特征参数，也可以依据固体发酵中物料的颜色、形态、气味、含水量等变化来判断。

微生物菌剂可以为液态、固态或半凝固态等形态，在达到发酵终点时，发酵培养物可以直接分装，也可以在发酵培养物中加入载体（或物料）混合吸附菌体，还可以将发酵培养物在加入载体后干燥成粉剂。载体原料选择风化煤或草炭、泥炭、褐煤等腐殖酸类有机物料，具有有机质含量高、价格低廉、资源丰富的特点，实践证明该类物料是生产菌剂、菌肥的理想原料。发酵培养物与吸附载体混合时，可添加保护剂或采取适当措施，以减少菌体的死亡率。

（7）成品　每批产品的生产、检验结果应存档记录，包括检验项目、检验结果、检验人、批准人、检验日期等信息。定期检查产品质量，并对产品建立应用档案，跟踪产品的应用情况。

（二）复合微生物菌肥的生产

复合微生物菌肥的种类不一，其生产工艺流程和技术方法会存在差异，在此以微生物 - 有机 - 无机复合肥为例进行介绍。

1. 工艺流程

2. 技术要点

先在复合肥生产装置上生产出有机－无机复合肥，然后将筛分后的颗粒肥料采用复合微生物菌剂进行包膜处理。

（1）菌种的选择与培养　根据产品目标，可选择功能确定的优良菌株，如选择优质联合固氮菌、解钾菌、解磷菌、巨大芽孢杆菌、蜡质芽孢杆菌、枯草芽孢杆菌等菌株作为原始菌种，在无菌环境中进行接种、种子扩大培养。

（2）有机质活化处理　复合微生物菌肥载体原料选择风化煤或草炭、泥炭、褐煤等腐殖酸类有机物料，但这些有机质不经活化处理是不能被植物吸收的。为此，可采用硫酸、液氨经酸析－氨化两步处理后，使风化煤等转化为高活性有机物质。

（3）微生物菌剂制备　将联合固氮菌、巨大芽孢杆菌、蜡质芽孢杆菌、枯草芽孢杆菌、解磷菌、解钾菌或有机物料腐熟菌等多个优质专用菌株进行单独培养，在无菌环境中先进行各菌株的斜面活化，然后将活化后的菌株进行种子扩大培养。每种菌株可以分别进行大规模化发酵培养，然后依据活菌体数量按一定比例将各发酵液混合。也可以将各菌株扩大培养的种子液，先按一定比例混合后，直接进行大规模混合发酵培养。各菌株的混合发酵液可先进行压滤或浓缩，然后加入活化处理过的腐殖酸进行固体吸附，同时添加植物营养元素或保水剂等。根据产品需要，制备出各种形态的微生物菌剂。

（4）无机肥制备　在生产生物－有机－无机复合肥时，主要采用腐殖酸、液氨、工业硫酸、尿素、磷酸一铵、氯化铵、氯化钾等原料。将相关原料进行系列反应，然后进行造粒，制得颗粒状的无机肥。

（5）复配　将微生物菌剂和无机肥按一定比例进行复配，可以通过相关技术使颗粒状的无机肥表层包裹一定厚度的微生物菌剂，也可以直接混合拌匀，然后进行包装。

（6）成品　复合微生物菌肥产品的主要技术指标：有效活菌数≥2亿个/g，含水质量分数≤8%，pH 5.5～8.5，杂菌率≤1%，$N + P_2O_5 + K_2O$≥15%（质量分数）。

（三）生物有机肥的生产

生物有机肥是在有氧条件下，好氧微生物通过自身的分解代谢和合成代谢过程，将废弃物中有机物向稳定化程度较高的腐殖质方向转化而形成的。生物有机肥在生产上主要有两种工艺：一种是平面条垛式堆肥工艺，该工艺相对简单、投资小，但占地面积大、腐熟不彻底、二次污染严重；另一种是槽式好氧发酵工艺，该工艺腐熟彻底、产品质量高、二次污染小，但设备投入大、投资大。此外实验室小规模试制，还有采用密封箱/罐式发酵。

1. 工艺流程

$$\boxed{原料处理} \rightarrow \boxed{加菌} \rightarrow \boxed{混合} \rightarrow \boxed{发酵} \rightarrow \boxed{调配} \rightarrow \boxed{造粒} \rightarrow \boxed{检验} \rightarrow \boxed{包装} \rightarrow \boxed{出厂}$$

2. 技术要点

（1）原料的选择与处理　用于生产生物有机肥的主要原料可根据当地的资源进行选择，如城市生活垃圾和各种农作物秸秆、树叶杂草、瓜藤、稻草、松壳、花生壳、锯木屑、谷壳粉、统糠、水果渣、干蔗渣、食用菌渣、酒糟、啤酒糟、糖渣、醋渣、淀粉渣、木薯渣、柠檬酸渣、酱油渣、味精渣、粉渣、豆腐渣、药渣、油渣、油饼粕、糠麸、棉菜粕、霉变饲料、污泥、糖厂啤酒厂渣泥、屠宰下脚料、潲（泔）水、剩饭菜、人动物粪便等废弃物。生产辅料可选择各种农作物秸秆、树叶杂草、瓜藤、稻草、松壳、花生壳、锯木屑、谷壳粉、统糠等。在生产实践中，多主要选用当地集约化养殖企业的废弃物，或经微生物腐熟后的植物秸秆，或发酵工业产生的废弃物。

原料处理包括分选去杂、破碎、含水率和碳氮比调整等，主料:辅料以（5~3）:1的比例混合。处理后的原料中水分控制在60%~65%，以手抓物料成团、刚好出水为佳，原料粒度的适宜范围为12~60mm。

（2）菌种　用于生物有机肥发酵的微生物菌种应安全、有效，并有明确的来源和种名。各菌种需提前进行活化，并分别进行种子扩大培养。

（3）接种发酵　菌种的接种量一般为0.2%~0.5%，按要求将菌种、主料和辅料全部混合均匀，混合后堆料的含水率为55%~65%。混匀后的物料在生产实践中，可建垛堆置发酵，或入槽发酵。物料以垛状堆置时，可以排列成多条平行的条垛，条垛的断面形状通常为三角形或梯形，高1.5~2.0m、宽4~6m，长度不限，并用棍在堆内打通气孔。

在发酵过程中，一般经历三个阶段。第一阶段为产热阶段：通常在发酵前1~3d，肥堆温度不断上升，微生物以中温、需氧型为主，通常是一些无芽孢细菌。第二阶段为高温阶段：当肥堆温度上升到45℃以上时即进入高温阶段，通常只需2~3d肥堆温度便能迅速地升高到55℃，1周内堆温可达到最高值，然后堆温会处于一个自然调节、延续较久的高温期，之后堆温会自动下降，也可以进行翻堆降温；高温对于发酵的快速腐熟起到重要作用，并开始了腐殖质的形成过程；按GB 7959—1987《粪便无害化卫生标准》，要求发酵最高温度达50~55℃以上，需持续5~7d。第三阶段为腐熟阶段：在高温阶段末期，只剩下部分较难分解的有机物和新形成的腐殖质，此时微生物活性下降，堆温持续下降，嗜温性微生物再占优势，腐殖质不断增多且趋于稳定化；当温度稳定在35~40℃左右时，即达腐熟，一般需5~10d。整个原料发酵周期一般需要15~20d，发酵过程中需翻堆2~3次。

（4）造粒　当肥堆的堆温降低至40℃以下，物料疏松，外观呈茶褐色或黑色，无物料原臭味，稍有氨味，堆内产生白色菌丝，表明发酵成熟。腐熟的原肥可以直接使用，也可以用于生产商品有机肥、生物有机肥、有机无机复混肥、生物有机无机复混肥等。在生产商品有机肥时，多需进行造粒处理，常用的造粒方式有圆盘造粒和挤压造粒。用圆盘造料机进行混合造粒时，发酵好的物料需干燥除去一定水分后（同时起灭菌作用），进行破碎，然后调节载体pH后，与无机肥按比例混合均匀，送入圆盘造粒机中造粒。在成粒过程中喷入一定量的微生物菌剂，成粒的产品再进行低温烘干、筛分后，即可得成品。也可将干燥到含水量低于 10% 的物料破碎后，与酸碱调节剂、无机化肥、微生物菌剂一起混合均匀，然后送入造粒机造粒。

（5）成品　生物有机肥的粉剂产品外观松散、无恶臭味，颗粒产品无明显机械杂质、大小均匀、无腐败味。产品中有效活菌数 ≥ 0.20 亿个/g，有机质（以干基计）≥ 25.0%，水分 ≤ 15.0%，pH5.5 ~ 8.5，粪大肠菌群数 ≤ 100CFU/g，蛔虫卵死亡率 ≥ 95%，产品有效期 ≥ 6 月。

第二节　茶园微生物农药

据估计，因病虫危害导致全国茶叶产量每年要损失 10% ~ 15%，同时还严重影响茶叶质量。生物防治成为茶园病虫害防治的主流，而利用微生物农药又是生物防治的重要手段。

一、茶园微生物农药的种类

应用于病虫害防治的微生物农药，主要是细菌、真菌和病毒及它们所产生的抗菌素等，目前应用于茶园的微生物农药主要有苏云金芽孢杆菌（*Bacillus thuringiensis*，Bt）、白僵菌（Beauveria）和茶尺蠖核型多角体病毒（Ectropisobliquenucleopolyhedrovirus，EoNPV）等。

（一）细菌型微生物农药

细菌型微生物农药对茶园病虫害的防治，主要是通过害虫消化道侵入体腔使害虫生病而在短期内死亡，达到消灭害虫的目的。苏云金杆菌（Bt）及其变种是微生物农药中应用得最多最广的一种，苏云金杆菌及其类似制剂对多种鳞翅目食叶幼虫有较好的防治效果，应用到茶园上可以防治茶白点小蠹蛾、茶卷叶蛾、茶蚕、茶刺蛾、茶毛虫等害虫。安徽农业大学茶叶系胡淑霞等使用芽孢杆菌，对茶百星病、茶轮斑病、茶煤病、茶赤叶斑病和茶褐色叶斑病等有不同程度的抑制作用。印度 Manoj B 等在缺铁条件下培养的变形杆菌 RRLJ16 菌株过滤液能有效防治茶橙瘿螨和茶小绿叶蝉，从茶树叶表分离得到的藤黄微球细菌也对茶云纹叶枯病有很好的拮抗作用。

（二）真菌型微生物农药

真菌型微生物农药对茶园病虫害的防治，主要是通过孢子萌发产生几丁质酶破坏昆虫体壁而侵入体腔，菌丝在虫体内进行大量生长繁殖，使虫体新陈代谢机能紊乱而死亡，死虫体内因大量菌丝生长而体躯僵硬。白僵菌是应用最多的一类真菌，包括球孢白僵菌 [*B. bassiana*（Bals. - Criv.）Vuill.] 和布氏白僵菌 [*B. brongniartii*（Sacc.）Petch] 等，其中以球孢白僵菌研制真菌杀虫剂最为常见。目前在茶园中主要利用白僵菌来防治鳞翅目、半翅目和鞘翅目等种类的害虫，可以防治茶毛虫、茶蚕、茶小卷叶蛾等。中国农科院茶叶研究所从黑刺粉体分离出一种寄生真菌——韦伯虫座孢菌，对黑刺粉的防治效果达 78.2% ~ 81.2%。印度将木霉菌制剂涂在茶树修剪后的切口上，可以有效防治由褐卧孔菌引起的菌腐。肯尼亚从西黄松树根际发现了两种寄生真菌的线虫，能够有效防治茶树根腐病害。此外，细脚拟青霉菌可用于防治茶尺蠖，猩红菌和头孢霉菌可防治茶树蚧虫等茶树害虫。

（三）病毒型微生物农药

病毒型微生物农药具有对寄主专一性强，不杀伤天敌，生物活性保持时间较长、有效剂量低等优点。目前茶园中应用较多的如核型多角体病毒和颗粒体病毒，核型多角体病毒（EoNPV）可用于防治茶尺蠖等害虫，颗粒体病毒可防治茶小卷叶蛾、茶刺蛾、扁刺蛾等茶树害虫。

（四）代谢产物型微生物农药

前面三大类的微生物农药多针对茶园害虫更有效，而利用微生物代谢产物生产的微生物农药则除对茶树害虫有防治效果外，还对茶树病原菌有效。应用于病虫害防治的代谢产物型微生物农药主要有抗生素、毒素、色素和生物碱等，应用于茶园的主要是抗生素，如阿维菌素和井冈霉素等。真菌类微生物产抗生素较多，如青霉、曲霉等，所产抗生素可制成药剂用于病害的防治。由阿维链霉菌（*Streptomyces avermitilis*）发酵产生阿维菌素防治害虫和害螨等具有良好效果，由吸水链霉菌井冈变种产生的井冈霉素防治茶梢黑点病、茶黑腐病等效果较好。多抗霉素、庆丰霉素可防治茶饼病、茶云纹叶枯病。还有两种杀虫抗生素——杀蚜素和韶关霉素，杀蚜素用来防治茶蚜效果好。

二、白僵菌制剂生产

白僵菌［*Beauveria bassiana*（Bals.）Vuill.］对温血动物无害，易于培养、原料价廉易得、杀虫谱广、致病性强。目前在农业部登记的白僵菌农药有球孢虫白僵菌（主要用于防治松毛虫和玉米螟）和布氏白僵菌（主要用于防治花生蛴螬）两种，登记剂型有粉剂、可湿性粉剂或油悬浮剂，其中以球孢白僵菌研制真菌杀虫剂最为常见。白僵菌对人畜、作物无毒，但有人接触白僵菌粉有过敏反应，症状类似患感冒。白僵菌是家蚕的一种毁灭性病害，在养蚕区切勿使用。

（一）白僵菌杀虫原理

白僵菌是一种半知菌类的虫生真菌，属于真菌杀虫剂 S，可以侵入 6 个目 15 科 200多种昆虫、螨类的虫体，一个侵染周期为 7～10d。白僵菌孢子接触到虫体后，在适宜的温度和湿度条件下萌发，生长菌丝，同时产生几丁质酶破坏昆虫体壁，菌丝穿透虫体壁伸入虫体内，以昆虫体内的血细胞及其他组织细胞作为营养，大量增殖，产生大量菌丝和分泌物，不断产生白僵素（大环脂类毒素）和草酸钙结晶而引起昆虫中毒，使体液发生机能变化，打乱新陈代谢，经 4～5d 后死亡。菌丝又会穿出虫体表，产生白粉状分生孢子，因大量生长的菌丝使虫尸白色僵硬，称为白僵虫。因虫尸体表长满菌丝和白色粉状孢子，故名"白僵菌"。虫尸上的孢子又可借助风力扩散，或被害虫主动接触虫尸，可以继续侵染其它害虫个体，使疫病蔓延造成害虫大量死亡。

（二）工艺流程

菌种 → 活化 → 一级种子培养 → 二级液态种子培养 → 三级固态培养 → 干燥 → 收集孢子 →
检验 → 包装 → 贮存

（三）技术要点

1. 菌种活化

选用白僵菌优良菌种，以马铃薯葡萄糖琼脂培养基进行接种活化。于 24～28℃ 恒温培养 10～15d，待孢子成熟后，进行多次接种活化。待菌种呈现菌丝伸展快、分生孢子层厚而紧密、孢子发芽率高、成熟快等特点时，可以作为生产用种。

2. 一级种子生产

将活化的白僵菌以查贝克氏培养基上进行一级种子扩大培养，一般接种后于 24～28℃ 恒温培养 10～15d，即可用于二级液体种子生产。

3. 二级液态种子生产

将一级种子接入含液体培养基的培养瓶中，于 24～28℃ 恒温振荡培养 20～24h。或将一级种子接入发酵罐内进行深层液体通气培养，在 24～28℃ 恒温条件培养 36～48h。待培养液中形成大量菌丝体，即可加入固体培养基，拌匀，形成半固体菌浆。

4. 三级固态培养

选用合适的固态支撑载体材料，经灭菌后，与半固体菌浆以 1∶2（体积比）混合拌匀，然后平铺于已经灭过菌的发酵室内，进行恒温恒湿培养。一般前期培养温度控制在 20～26℃，相对湿度在 90% 以上；培养 36～48h 后，白僵菌的菌丝开始大量繁殖，肉眼观察呈白色；培养 72h 后白僵菌开始进入产孢阶段，此时将培养温度升高到 26～28℃ 可以促进孢子的形成。

5. 干燥

随着白僵菌孢子的大量形成，粘在载体上的半固体培养基因水分散发而逐渐变干。在培养第 13 天后，将白僵菌培养物转移至 30～32℃、相对湿度低于 50% 的通风干燥室内，进行缓慢烘干。在第 14～15 天后，待白僵菌孢子充分成熟，培养物的含水量低于 10% 时，即可准备进行收集白僵菌孢子粉。

6. 收集孢子

先将白僵菌培养物打散，然后利用风力，使孢子粉和载体材料分离，以滤气袋收集孢子粉，得到大量白僵菌的孢子粉。

7. 检验与贮藏

收集到的白僵菌孢子粉还需进行低温干燥。干燥前 2h 的温度控制在 38～40℃，后 3h 温度为 36℃ 左右，一共烘 5h 左右，待孢子粉的含水率在 5% 以下即可。白僵菌孢子粉用瓶子装好，并贮藏在阴凉处。对制备好的白僵菌孢子粉，需检验含孢量、活孢率及含水率。在孢子粉达到相关标准后，可按剂型生产要求，添加相关配剂制成制剂，即可销售或使用。

（四）质量标准

白僵菌制剂为白色至灰色粉状物，活孢子数为 50 亿个/g，孢子萌发率 90% 以上，水分含量 5% 以下。

三、茶尺蠖核型多角体病毒制剂生产

茶尺蠖核型多角体病毒（EoNPV）是核型多角体病毒的一种。EoNPV 由茶尺蠖的口器等器官进入体内，游离出病毒粒子，病毒粒子再进入体腔并入侵健康细胞，直至其死亡，死亡后其粪便和尸体可作为传染源引发茶尺蠖流行病。

（一）工艺流程

茶尺蠖卵孵化 → 幼虫饲养 → 接种病毒 → 收集虫尸 → 匀浆、过滤，得滤液 → 乳剂配制 → 分装 → 产品

（二）技术要点

1. 幼虫饲养

茶尺蠖幼虫培养室和养虫器具均需提前进行消毒，茶尺蠖的卵也需进行消毒后分装于平底玻管内，待其孵化。茶尺蠖卵孵化整齐，孵化率高，均温11℃卵期23d，均温20℃卵期10d，均温24~28℃时仅6~7d。将初孵幼虫接入干净玻璃瓶中，饲以茶树鲜叶，并视食叶情况添加或更换叶片。在饲养1~2龄幼虫时，宜将瓶子倒置，以减少幼虫逸出。当饲养至4龄时，即可将茶尺蠖幼虫用于接种病毒。少部分幼虫用于成蛹、羽化后，交配产卵，以保证后续的生产需要。

2. 茶尺蠖核型多角体病毒准备

以经过分离纯化、鉴定的茶尺蠖核型多角体病毒为生产原种。在室内人工接种感染茶尺蠖幼虫，使茶尺蠖核型多角体病毒在虫体内大量繁殖，获得虫尸。以虫尸为原料，经匀浆、离心、提纯后，获得批量茶尺蠖核型多角体病毒原液，置于4℃保存备用。为防止杂菌污染，可在病毒原液中加入青、链霉素各1000U/mL。

3. 茶尺蠖核型多角体病毒接种增殖

茶尺蠖核型多角体病毒接种增殖的关键是在使每头死虫得到最高的病毒含量的前提下，加快死亡速度，以期缩短生产周期、提高产量、降低成本。将茶尺蠖核型多角体病毒原液喷布茶树叶片表面，晾干后用以喂饲4龄初至4龄中期的茶尺蠖幼虫，任其取食感染，持续饲毒时间为24~48h，培养温度控制在25~26℃。

4. 收集虫尸

感染病毒的幼虫大部分在五龄死亡，少数四龄死亡，极个别化蛹后才死亡。幼虫接毒后，从5~6d开始死亡，7~10d达死亡高峰，7d后开始收集死虫，病死虫体先置于-4℃冰箱中保存。

5. 匀浆与过滤

收获的虫尸加水浸泡后，首先用组织捣碎机捣碎，过滤，滤液先经自然沉淀，分层后立即吸取上清液。在沉淀中再加入水打溶，分层后再吸取上层液，重复3~4次，弃去沉淀。上清液合并，然后以3000r/min离心30min，倒掉上清液。病毒沉淀加一定量的水搅匀后，再离心一次，最后用蒸馏水打溶病毒沉淀，获得病毒原液。采用血球板显微计测法计算病毒原液中病毒含量，使病毒含量达20亿多角体病毒（PIB）/g，低于此标准时需重新浓缩提取，并计算出病毒产量。

6. 茶尺蠖核型多角体病毒杀虫剂的配制与检测

按照预先选定的各种辅助剂配制成100亿PIB/mL病毒乳剂，对产品的毒力进行检测，合格后即可包装销售。

参考文献

［1］周红杰，龚加顺，赵明，等．普洱茶与微生物［M］．昆明：云南科技出版社，2012．

［2］付润华，齐桂年．四川康砖茶的微生物研究［J］．江苏农业科学，2008（5）：231－234．

［3］傅海平，张亚莲，胡孟阳，等．微生物在茶业中的研究与应用现状［J］．茶叶通讯，2007（4）：18－20．

［4］高晓余，严亮，赵艳，等．微生物多样性与普洱茶品质关系研究进展［J］．广东农业科学，2014（22）：13－17．

［5］胡桂萍，刘波，石旭平，等．微生物资源在茶产业中的应用现状及展望［J］．食品安全质量检测学报，2015（4）：1205－1211．

［6］金冬双，龚淑英．黑茶的微生物作用研究进展［J］．茶叶，2007（4）：203－207．

［7］刘巧林，齐桂年．微生物在发酵茶饮料中的应用［J］．福建茶叶，2007（1）：23－24．

［8］罗红玉，钟应富，袁林颖，等．微生物在传统茶加工中的应用研究进展［J］．福建茶叶，2013（1）：13－16．

［9］杨抚林，邓放明，赵玲艳，等．黑茶微生物学研究进展［J］．微生物学杂志，2006（1）：81－84．

［10］赵倩楠．发酵普洱茶中微生物区系综述［J］．农产品加工：学刊，2012（1）：95－96．

［11］赵芹．茶微生物研究现状［J］．茶叶，1999（1）：18－19．

［12］赵芹．茶微生物研究现状（续）［J］．茶叶，1999（2）：74－75．

［13］胥伟．四川康砖茶渥堆过程中真菌种群的鉴定［D］．雅安：四川农业大学，2010．

［14］施兆鹏．茶叶加工学［M］．北京：中国农业出版社，1997．

［15］宛晓春．茶叶生物化学［M］．北京：中国农业出版社，2003．

［16］冯超浩．不同渥堆工艺条件对普洱茶品质的影响［D］．广州：华南理工大学，2013．

［17］萧力争．湖南黑茶的花色品种［J］．广东茶业，2007（6）：16－17．

［18］欧阳规香，郭则之．茯砖茶发花技术研究［J］．茶叶通讯，1996（2）：13－15．

［19］方寒寒，黄双凤，朱旗．茯砖茶发花技术及品质形成［J］．福建茶叶，2009（1）：7－9．

［20］刘作易，秦京，李乃亮．茯砖茶"金花"菌——谢瓦氏曲霉间型变种的孢子产生条件［J］．西南农业学报，1991（1）：73－77．

［21］唐小林．茯砖茶发花的物质基础和环境条件的综述［J］．中国茶叶加工，1996（3）：28－31.

［22］胡治远．湖南地区茯砖茶菌群多样性及发花工艺优化研究［D］．长沙：湖南农业大学，2012.

［23］陈应娟．四川黑茶品质形成研究［D］．雅安：四川农业大学，2011.

［24］廖庆梅．谈谈六堡茶的加工技术及工艺［J］．茶业通报，2000（3）：30－32.

［25］韦静峰，文兆明．广西六堡茶［J］．广西农学报，2008（3）：45－47.

［26］杨锦泉．六堡茶毛茶加工新技术［J］．茶业通报，1986（6）：29－30.

［27］丁建．不同因素对老青砖毛茶品质形成的影响［D］．武汉：华中农业大学，2010.

［28］严鸿德．茶叶深加工技术［M］．北京：中国轻工业出版社，1998.

［29］中国科学技术情报研究所重庆分所．红茶菌的培养和饮效［M］．北京：科学技术文献出版社，1981.

［30］GREENWALT C J, STEINKRAUS K H, LEDFORD R A. Kombucha, the fermented tea：microbiology, composition, and claimed health effects［J］．Journal of Food Protection, 2000, 63：976－981.

［31］赵文红，肖燕清，白卫东，等．红茶菌饮料的研制［J］．中国酿造，2009（4）：182－184.

［32］蔡丽玲，赵惠明．红茶菌在绿茶甘蔗汁培养液中培养条件的研究［J］．科技通报，2003（3）：252－255.

［33］郭书贤，王冬梅，杨卫杰，等．玉米红茶复合发酵饮料的研制［J］．食品工业，2006（2）：34－36.

［34］过慈妹．红茶菌加工工艺研究［D］．合肥：安徽农业大学，2007.

［35］蒋立文．红茶菌优势微生物的分离、鉴定及抗菌机理的研究［D］．长沙：湖南农业大学，2007.

［36］李颖跃，王永宏．黑木耳茶菌保健饮料的研制［J］．食用菌，2013（1）：57－58.

［37］马骋，林娟，杨美容，等．"红茶菌"饮料发酵工艺条件的优化［J］．食品研究与开发，2008（3）：36－38.

［38］任二芳．固定化共生发酵红茶菌饮料的研究［D］．南宁：广西大学，2013.

［39］宋清鹏，胡卓炎，赵雷，等．龙眼果肉发酵红茶菌饮料［J］．食品与发酵工业，2014（1）：216－221.

［40］孙协军，宋立．红茶菌发酵工艺优化及菌液主要成分变化分析［J］．食品与发酵科技，2013（5）：87－90.

［41］万春美，才瑛琦，王晓婷，等．发酵条件对红茶菌生长及菌液酸度影响的研究［J］．食品科学，2010（1）：206－210.

［42］陈胜慧子，侯旭杰．红枣红茶菌发酵饮料的研制［J］．饮料工业，2012

（2）：25－28.

［43］王冬梅，郭书贤，李娟，张大光，郑强．酶法红薯糖浆红茶菌发酵饮料工艺研究［J］．中国食品学报，2008（2）：70－75.

［44］郭书贤，王冬梅，王庆洁，乔木．芦荟红茶菌复合发酵饮料的研制［J］．食品科学，2006（12）：940－945.

［45］王侃，甘旭华，唐欣昀，等．营养成分对红茶菌液中 D－葡萄糖二酸－1，4－内酯和总酸含量的影响［J］．食品与发酵工业，2007（6）：24－27.

［46］王柳玲，胡卓炎，余小林，等．荔枝果汁红茶菌发酵工艺条件的探讨［J］．食品与发酵工业，2013（7）：208－215.

［47］王硕．醋酸菌的分离与鉴定以及红茶菌培养的研究［D］．合肥：安徽农业大学，2008.

［48］王硕，王侃，甘旭华，等．振荡通气快速培养红茶菌工艺［J］．食品与发酵工业，2008（8）：95－97.

［49］吴薇，盖宝川，籍保平．不同碳源中红茶菌菌种生长情况的研究［J］．食品科学，2004（9）：147－149.

［50］吴燕．红茶菌 ZJU1 产胞外多糖的发酵工艺优化及发酵液的应用研究［D］．杭州：浙江大学，2012.

［51］谢俊杰，佘世望．红茶菌抗菌蛋白抗菌活性研究［J］．生物技术，1999（6）：22－25.

［52］杨莉，籍保平，周峰，等．红茶菌主要功能菌株发酵糖茶水条件的研究［J］．食品科学，2008（6）：142－145.

［53］余琼，朱淼，于研，等．红茶菌的制备工艺优化及抗衰老的实验研究［J］．哈尔滨商业大学学报：自然科学版，2009（2）：140－143.

［54］赵文红，肖燕清，白卫东，等．红茶菌饮料的研制［J］．中国酿造，2009（4）：182－184.

［55］赵振军，周黎，刘勤晋．红茶菌发酵普洱茶茶汤过程中主要成分变化［J］．食品科学，2010（1）：79－83.

［56］郑有为，王联结，牛乐宝．红茶菌酸奶的工艺［J］．食品研究与开发，2010（10）：91－95.

［57］朱晓庆．红茶菌混菌发酵工艺优化及抗氧化特性研究［D］：泰安：山东农业大学，2011.

［58］左勇．发酵法制备红茶菌酒饮料工艺及稳定性研究［J］．食品科学，2005（7）：137－140.

［59］左勇，边名鸿．红茶菌发酵条件的控制研究［J］．食品科学，2011（11）：228－231.

［60］陈云兰．茯砖茶"金花菌"的分类鉴定及其对茯砖茶品质的影响［D］．南京：南京农业大学，2004.

［61］邓放明．茯砖茶中冠突散囊菌分离培养及其发酵液胞外多糖与应用酶学研究

［D］．长沙：湖南农业大学，2007.

［62］黄浩．"散茶发花"的微生物与化学机制研究［D］．长沙：湖南农业大学，2014.

［63］刘立辉，余凯．金花白茶的固体发酵工艺，CN103283881A［P/OL］，2013.

［64］刘仲华，黄浩，杨杰，等．金花大红袍茶及其加工工艺，CN103859082A［P/OL］，2014.

［65］刘子音，许爱清，李宗军，等．茯砖茶中冠突散囊菌及其代谢产物研究进展［J］．茶叶通讯，2010（1）：23－26.

［66］吕嘉枥，韩蓉，沈文，等．茯砖茶中冠突散囊菌所产黄色系物质的研究［J］．陕西科技大学学报，2013（6）：118－123.

［67］吕毅．氟与茶叶品质化学和微生物学的研究［D］．杭州：浙江大学，2004.

［68］秦俊哲，任金玫，李银亮，等．银杏茶人工接种发酵工艺优化研究［J］．食品科技，2014（6）：114－118.

［69］秦俊哲，张锐，刘凯丽．散茶人工发花工艺研究［J］．食品工业，2016（2）：96－98.

［70］王吉成，刘轩，徐志伟，等．中药桑叶固体发酵前后抗氧化活性的研究［J］．中国医药导报，2014（33）：33－38.

［71］王作弟．一种金花菌发酵茶菇饮料的制备方法，CN102907514A［P/OL］，2013.

［72］肖洪，沈以红，黄先智，等．发酵桑叶茶生物活性成分变化研究［J］．食品科学，2013（19）：176－180.

［73］魏晓惠．金花菌不同接种量固态发酵对绿毛茶品质的影响［J］．贵州农业科学，2010（6）：82－84.

［74］尹旭敏．四川"金花"菌生物学特性及其发酵液态茶工艺的初步研究［D］．雅安：四川农业大学，2006.

［75］许永立，赵运林，刘石泉，等．冠突散囊菌降低黑茶氟含量的研究进展［J］．江西农业学报，2011（10）：125－127.

［76］赵勇彪．发酵藤茶生产技术及其风味形成机制研究［D］．吉首：吉首大学，2013.

［77］郝鹏飞．辣椒叶"金花"菌发酵产物及活性研究［D］．北京：北京中医药大学，2013.

［78］虞飞，黄莹捷，姚燕妮，等．不同原料对金花菌茶品质的影响［J］．中国农学通报，2015（19）：222－226.

［79］杨文鹏．利用夏秋叶发酵金花菌液态茶饮料的工艺技术研究［D］．武汉：华中农业大学，2012.

［80］张博炜．荷叶茶加工工艺研究［D］．武汉：华中农业大学，2012.

［81］谭雪．利用夏秋鲜叶发酵金花菌茶的工艺技术研究［D］．武汉：华中农业大学，2013.

［82］虞飞．人工接种发酵金花菌茶的品质分析［D］．武汉：华中农业大学，2014.

［83］黄友谊，谭雪，虞飞，等．利用茶树鲜叶生产金花菌茶的方法．ZL201210162455.4［P］．2014.

［84］黄友谊，谭雪，杨文鹏，等．利用夏秋鲜叶接种发酵金花菌茶的技术［R］．鄂科鉴字第04180110号，2014.

［85］黄友谊，肖平，张博炜，等．一种荷叶金花菌茶及其制备方法．ZL20121062197.X［P］．2015.

［86］SUKONTASING S，TANASUPAWAT S，MOONMANGMEE S，et al. *Enterococcus camelliae* sp. nov.，isolated from fermented tea leaves in Thailand［J］．International Journal of Systematic & Evolutionary Microbiology，2007（Pt 9）：2151－2154.

［87］肖平．酸茶微生物菌系分离与鉴定及茶酒发酵技术研究［D］．武汉：华中农业大学，2012.

［88］昌建纳．云南少数民族与茶［J］．茶业通报，2006（2）：91－93.

［89］陈红伟．以茶当菜的云南特有民族［J］．广东茶业，2001（3）：39－40.

［90］韩丽，罗向前，谢志英，等．布朗族酸茶理化及香气成分初步研究［J］．西南农业学报，2011（2）：504－508.

［91］李昶罕．德昂族酸茶制作技艺及文化研究［D］．昆明：云南农业大学，2014.

［92］张杨，薛晓霆．酸茶品质分析与研究［J］．现代农业科技，2009（12）：133－136.

［93］肖秀丹．腌制型酸茶发酵工艺技术研究［D］．武汉：华中农业大学，2011.

［94］刘聪．泡制型酸茶发酵工艺的研究［D］．武汉：华中农业大学，2011.

［95］肖平．酸茶微生物菌系分离与鉴定及茶酒发酵技术研究［D］．武汉：华中农业大学，2012.

［96］黄友谊，刘聪，肖秀丹．一种泡制型酸茶的加工方法．ZL201010140062.4［P］．2012.

［97］黄友谊，肖秀丹，刘聪．一种腌制型酸茶加工方法．ZL201010140063.9［P］．2013.

［98］黄友谊，肖秀丹，刘聪，等．酸茶发酵技术与产品开发［R］．鄂科鉴字第03208号，2011.

［99］黄友谊，肖平，倪超，等．酸茶中高产酸植物乳杆菌的筛选及利用［R］．鄂科鉴字第04180109号，2014.

［100］陈立杰，赖萍，谭书明，等．干型茶酒的加工技术［J］．山地农业生物学报，2008（4）：371－376.

［101］关琛，牛广财，李志江，等．绿茶酒生产工艺的研究［J］．农产品加工：学刊，2010（6）：44－46.

［102］韩珍琼，魏明．浓香型保健茶酒的研制［J］．饮料工业，2005（2）：

19 – 21.

[103] 李建芳，周颖，周枫，等．绿茶酒液态发酵工艺参数的优化研究 ［J］．茶叶科学，2011 （4）：313 – 318.

[104] 李小强，陈茂彬．红茶酒酵母驯化筛选及发酵工艺研究 ［J］．酿酒科技，2012 （1）：54 – 57.

[105] 刘蒙佳，周强，陈淑娣．番石榴汁茶酒的发酵工艺研究 ［J］．茶叶科学，2014 （1）：21 – 28.

[106] 刘蓉燕，顾仁勇．秦简茶酒的工艺研究 ［J］．现代食品科技，2008 （11）：1169 – 1172.

[107] 刘素敏，崔磊．茶酒生产方法及注意事项 ［J］．酿酒，2011 （2）：79 – 80.

[108] 邱新平．茶酒发酵工艺研究 ［D］．合肥：安徽农业大学，2010.

[109] 任永新．绿茶啤酒的生产工艺研究 ［J］．食品与发酵科技，2006 （3）：23 – 25.

[110] 王煜，王家林．发酵型绿茶酒的研究 ［J］．中国酿造，2010 （9）：163 – 167.

[111] 卫春会，罗惠波，黄治国，等．液态发酵茶酒的研制 ［J］．中国酿造，2008 （11）：90 – 92.

[112] 夏忠臣．茉莉花茶啤酒的生产工艺研究 ［J］．山东食品发酵，2009 （2）：52 – 54.

[113] 肖平．酸茶微生物菌系分离与鉴定及茶酒发酵技术研究 ［D］．武汉：华中农业大学，2012.

[114] 徐洁昕．茶酒的酿酒技术研究进展 ［J］．酿酒科技，2010 （10）：87 – 89.

[115] 徐亚军，赵龙飞．微生物发酵生产绿茶酒的工艺研究 ［J］．酿酒科技，2008 （1）：96 – 97.

[116] 张帅，董基，陈少扬．发酵型铁观音茶酒的研制 ［J］．食品工业科技，2008 （10）：159 – 161.

[117] 周丹丹，高逢敬，李延云．发酵型茶叶酒生产工艺的研究 ［J］．酿酒科技，2010 （6）：72 – 74.

[118] 左映平，孙国勇．澄清剂在果酒中的应用研究进展 ［J］．安徽农业科学，2012 （34）：16809 – 16811.

[119] SENGUN I Y, KARABIYIKLI S. Importance of acetic acid bacteria in food industry ［J］．Food Control, 2011 （5）：647 – 656.

[120] 包启安．醋酸菌与其发酵的机理 ［J］．中国调味品，1989 （8）：1 – 3.

[121] 成剑峰，田莉．茶醋饮品的研制 ［J］．食品工程，2001 （4）：21 – 22.

[122] 杜风刚．液体深层发酵法生产红茶醋的初探 ［J］．中国酿造，2006 （11）：60 – 61.

[123] 廖湘萍，吴长春，付三乔．茶醋的研制 ［J］．中国酿造，2007 （8）：

75 – 77.

[124] 王朝卿. 新型醋茶饮料的研制 [J]. 食品研究与开发, 2003 (3)：52 – 53.

[125] 王萌, 张晓丰, 马若彤, 等. 彩色糯玉米茶醋饮料的工艺研究 [J]. 中国酿造, 2011 (5)：179 – 183.

[126] 徐亚军. 微生物固态发酵茶叶食醋的工艺研究 [J]. 中国调味品, 2012 (4)：85 – 87.

[127] 张芳. 发酵型茶果醋加工工艺研究 [D]. 合肥：安徽农业大学, 2012.

[128] 张学良. 绿茶桑椹醋饮料研制及功能性研究 [D]. 杨凌：西北农林科技大学, 2008.

[129] 张学良, 李志西, 邵东燕, 等. 绿茶桑葚醋饮料的研制及其减肥试验研究 [J]. 西北农业学报, 2008 (2)：293 – 296.

[130] 权晓霞. 利用夏秋茶树鲜叶发酵茶醋饮料的工艺技术研究 [D]. 武汉：华中农业大学, 2013.

[131] 黄友谊, 权晓霞, 张书芹, 等. 一种茶醋饮料及其制备方法. ZL201210162462. 4 [P]. 2014.

[132] 黎继烈, 吴耀辉, 曾超珍. 胡萝卜绿茶酸乳工艺研究 [J]. 食品与机械, 2005 (5)：54 – 56.

[133] 李支霞. 茶酸奶的工艺研究 [D]. 合肥：安徽农业大学, 2005.

[134] 汪红, 曹瑜, 罗时宇, 等. 四川泡菜乳酸菌的分离鉴定及其特性研究 [J]. 四川大学学报：自然科学版, 2008 (6)：1509 – 1512.

[135] 王陆玲, 金明晓, 朱立笠. 乳酸菌在茶汤中的生长状况研究 [C]. "益生菌、益生元与健康" 国际研讨会, 2005：31 – 32.

[136] 翁蔚, 屠幼英, 杨子银, 等. 茶饮料的抗生活性研究 [J]. 茶叶, 2004 (2)：98 – 100.

[137] 徐安书, 何军. 桑葚茶混合汁复合乳酸菌饮料的研制 [J]. 食品科技, 2013 (2)：101 – 106.

[138] 许原. 武夷岩茶乳酸菌发酵饮料开发研究 [D]. 福州：福建农林大学, 2011.

[139] 闫刚, 熊昌云. 发酵型红茶饮料加工工艺的研究 [J]. 价值工程, 2014 (10)：325 – 326.

[140] 尹胜利, 杜鉴, 徐晨. 乳酸菌的研究现状及其应用 [J]. 食品科技, 2012 (9)：25 – 29.

[141] 张一江. 茶味乳酸菌饮料的研制 [J]. 食品研究与开发, 2004 (1)：71 – 73.

[142] 支明玉, 郑素霞. 超微绿茶粉酸奶生产工艺的研究 [J]. 农产品加工：创新版, 2012 (12)：40 – 43.

[143] 倪超. 利用夏秋鲜叶发酵红茶型乳酸菌饮料的技术研究 [D]. 武汉：华中

农业大学, 2013.

　　[144] 黄友谊, 倪超, 肖平, 等. 一种红茶型乳酸菌茶饮料及其生产方法. ZL201210162752.9 [P]. 2014.

　　[145] 王清清. 三种发酵条件对乳酸菌发酵茶品质的影响 [D]. 武汉: 华中农业大学, 2014.

　　[146] 蒋晓东. 揉捻程度和发酵温度对生物茶饮料品质的影响 [D]. 武汉: 华中农业大学, 2011.

　　[147] 仇方方. 鲜叶等级、糖浓度对液态茶叶生物饮品发酵影响的研究 [D]. 武汉: 华中农业大学, 2011.

　　[148] 方心星. 液态茶饮料发酵条件研究 [D]. 武汉: 华中农业大学, 2011.

　　[149] 马倩. 杀青方式、发酵时间对液态茶饮品发酵的影响 [D]. 武汉: 华中农业大学, 2011.

　　[150] 黄友谊, 刘聪, 蒋晓东, 等. 一种茶鲜叶液态发酵饮料的制作方法. ZL201010140064.3 [P]. 2012.

　　[151] 陈娜. 灵芝菌液态发酵及其多糖抗氧化活性研究 [D]. 广州: 华南理工大学, 2012.

　　[152] 黄小琴. 灵芝优良菌株筛选及多糖免疫活性与血芝液体发酵条件研究 [D]. 雅安: 四川农业大学, 2006.

　　[153] 李绪全. 灵芝菌丝体多糖高产菌株筛选及多糖理化性质研究 [D]. 上海: 上海师范大学, 2005.

　　[154] 梁朔. 食用菌特色饮料的研制及其保健功能的初步研究 [D]. 福州: 福建农林大学, 2010.

　　[155] 邹礼根. 灵芝菌在茶叶发酵中的应用研究 [D]. 杭州: 浙江工业大学, 2004.

　　[156] 朱雯. 夏秋鲜叶发酵灵芝菌茶饮料工艺技术研究 [D]. 武汉: 华中农业大学, 2014.

　　[157] 张嫣嫣. 一种添加灵芝菌发酵液茶的加工技术研究 [D]. 武汉: 华中农业大学, 2014.

　　[158] 乔如颖. 一种灵芝多糖茶的加工技术研究 [D]. 武汉: 华中农业大学, 2014.

　　[159] 周明放. 不同灵芝菌茶发酵工艺技术研究 [D]. 武汉: 华中农业大学, 2015.

　　[160] RONGYANG Z, 赵荣艳, 段毅, 等. 蛹虫草的研究和产品开发进展 [J]. 安徽农业科学, 2006 (24): 6528-6529.

　　[161] 桂仲争, 朱雅红. 蛹虫草的人工培育、有效成分及药理作用研究进展 [J]. 蚕业科学, 2008 (1): 178-184.

　　[162] 何义萍, 周凯, 岳春, 等. 蛹虫草灵芝茶复合饮料的研制 [J]. 饮料工业, 2009 (3): 25-28.

［163］岳春．蛹虫草保健茶饮料的研制［J］．中国酿造，2008（18）：86－89.

［164］岳春，赵清超．蛹虫草茶酒的研究［J］．中国酿造，2011（10）：179－182.

［165］姚燕妮．利用夏秋鲜叶发酵虫草茶饮料的工艺技术研究［D］．武汉：华中农业大学，2014.

［166］常银凤．一种添加菌体的虫草茶加工技术研究［D］．武汉：华中农业大学，2014.

［167］刘惠如．不同茶类与发酵条件对虫草茶品质的影响［D］．武汉：华中农业大学，2014.

［168］张甜．不同在制品原料与发酵条件对虫草茶品质的影响［D］．武汉：华中农业大学，2014.

［169］李付丽，吴鑫颖，王晓丹，等．微生物技术在浓香型白酒增香方面的应用［J］．中国酿造，2014（1）：9－13.

［170］李平．毛霉发酵大豆蛋白制备肉味香精的研究［D］．天津：天津科技大学，2013.

［171］马红霞，李维，李晶晶，等．高产乙酸酯酿酒酵母在清香型白酒中的应用研究［J］．酿酒科技，2015（5）：8－10.

［172］宋江．酱油酿造用鲁氏接合酵母菌的生长及其产香气成分研究［D］．长沙：湖南农业大学，2013.

［173］孙丙升，郑莉莉，刘天明，等．白地霉的应用研究进展［J］．食品研究与开发，2008（9）：163－166.

［174］汪薇，赵文红，白卫东，等．乳酸菌发酵制备天然奶味香精的研究［J］．食品与发酵工业，2010（10）：191－195.

［175］王成涛，孙宝国，曹雁平，等．酵母菌转化生产天然香料2－苯乙醇的研究［J］．现代化工，2008（8）：38－41.

［176］王海燕．湖南腊肉源产香葡萄球菌的筛选、鉴定及其产香机理研究［D］．北京：中国农业大学，2005.

［177］王庆国，刘天明，韩小龙，等．两株产果香菌株的初步鉴定及香味成分分析［J］．食品研究与开发，2007（6）：16－19.

［178］杨国华，邱树毅，黄永光．酱香白酒生产中产香微生物研究［J］．中国酿造，2011（4）：24－27.

［179］杨莹，徐艳文，薛军侠，等．葡萄酒相关酵母的香气形成及香气特征［J］．微生物学通报，2007（4）：757－760.

［180］张雪梅．四川香肠生产过程中理化特性、微生物特性及产香葡萄球菌的筛选与应用［D］．雅安：四川农业大学，2010.

［181］段思佳．利用夏秋鲜叶发酵特殊香型茶产品的工艺技术研究［D］．武汉：华中农业大学，2015.

［182］徐松．发酵接种量对酒香型红茶品质的影响［D］．武汉：华中农业大

学，2015.

[183] 黄晨. 发酵时间对酒香型红茶品质的影响 [D]. 武汉: 华中农业大学，2015.

[184] TOMME P, WARREN R A J, GILKES N R. Cellulose hydrolysis by bacteria and fungi [J]. Advances in Microbial Physiology, 1995 (37): 1 – 81.

[185] 包先进，唐晓峰. 纤维素酶提高砖茶品质的研究 [J]. 西南大学学报: 自然科学版，1995 (6): 541 – 544.

[186] 高培基. 纤维素酶降解机制及纤维素酶分子结构与功能研究进展 [J]. 自然科学进展，2003 (1): 21 – 29.

[187] 何新益，刘金福，黄宗海，等. 变温压差膨化法制备冷泡茶的工艺优化 [J]. 农业工程学报，2010 (增刊1): 388 – 393.

[188] 林智，谭俊峰，吕海鹏，等. 冷水冲泡型茶叶加工方法 [J]. 中国茶叶，2008 (2): 20 – 21.

[189] 师大亮. "冷泡茶" 特性及安全性评价研究 [D]. 重庆: 西南大学，2005.

[190] 谭淑宜，曾晓雄，罗泽民. 提高速溶茶品质的研究 I. 酶法提取 [J]. 湖南农学院学报，1991 (4): 708 – 713.

[191] 肖文军，刘仲华，黎星辉. 茶叶加工中的外源酶研究进展 [J]. 天然产物研究与开发，2003 (3): 264 – 267.

[192] 杨坚，孙永康，潘科. 冷泡茶发酵菌种的诱变育种 [J]. 食品科学，2008 (2): 244 – 246.

[193] 余凌子，赵正惠. 酶制剂在茶叶加工中的应用 [J]. 中国茶叶，1999 (4): 8 – 10.

[194] 郑佐兴，段明星，徐文联，等. 高活性纤维素酶菌株的筛选及其产酶条件的研究 [J]. 微生物学杂志，1996 (1): 35 – 38.

[195] MARIMUTHU S, MANIVEL L, ABDUL – KAREEM A. Hydrolytic enzymes on the quality of made tea [J]. Journal of Plantation Crops, 1997 (1): 88 – 92.

[196] 杨坚. 纤维素酶提高茶叶浸出特性及其在茶叶深加工中的应用 [D]. 重庆: 西南大学，2006.

[197] JENG K C, CHEN C S, FANG Y P, et al. Effect of microbial fermentation on content of statin, GABA, and polyphenols in Pu – Erh tea [J]. Journal of Agricultural & Food Chemistry, 2007 (21): 8787 – 8792.

[198] YANG D J, HWANG L S. Study on the conversion of three natural statins from lactone forms to their corresponding hydroxy acid forms and their determination in Pu – Erh tea [J]. Journal of Chromatography A, 2006 (1 – 2): 277 – 284.

[199] YOKOYAMA S, HIRAMATSU J, HAYAKAWA K. Production of gamma – aminobutyric acid from alcohol distillery lees by Lactobacillus brevis IFO – 12005 [J]. Journal of Bioscience & Bioengineering, 2002 (1): 95 – 97.

［200］曹冠华，王文光，孔楠，等．普洱茶中主要微生物与品质的关系及发酵方法优化的探讨［J］．茶叶科学技术，2011（4）：1－5．

［201］傅静，李亚莉，秘鸣，等．洛伐他汀普洱茶开发研究［J］．食品与机械，2012（4）：209－212．

［202］李肖玲，崔岚，祝德秋．没食子酸生物学作用的研究进展［J］．中国药师，2004（10）：767－769．

［203］孙伟，刘爱英，梁宗琦．红曲中莫纳可林K（Monacolin K）的研究进展［J］．西南农业学报，2003（3）：112－116．

［204］谢春生，谢知音．普洱茶中降血脂的有效成分他汀类化合物的新发现［J］．河北医学，2006（12）：1326－1327．

［205］张昕欣，吴翰桂，曹树勇，等．欧文氏菌发酵生产紫杉醇工艺的优化［J］．中国医药工业杂志，2012（8）：666－669．

［206］赵腾飞，郭学武，张长霞，等．酵母菌纯种发酵普洱茶初探［J］．食品科技，2012（2）：57－60．

［207］周红杰，李家华，赵龙飞，等．渥堆过程中主要微生物对云南普洱茶品质形成的研究［J］．茶叶科学，2004（3）：212－218．

［208］ABELIAN V H, OKUBO T, MUTOH K, et al. A continuous production method for theanine by immobilized Pseudomonas nitroreducens cells［J］. Journal of Fermentation & Bioengineering, 1993（3）：195－198.

［209］SUZUKI H, IZUKA S, MIYAKAWA N, et al. Enzymatic production of theanine, an "umami" component of tea, from glutamine and ethylamine with bacterial γ-glutamyltranspeptidase［J］. Enzyme & Microbial Technology, 2002（6）：884－889.

［210］WANG Q, GONG J, CHISTI Y, et al. Fungal isolates from a Pu-erh type tea fermentation and their ability to convert tea polyphenols to theabrownins［J］. Journal of Food Science, 2015（4）：M809－M817.

［211］WANG Q, PENG C, GAO B, et al. Influence of large molecular polymeric pigments isolated from fermented Zijuan tea on the activity of key enzymes involved in lipid metabolism in rat［J］. Experimental Gerontology, 2012（9）：672－679.

［212］WANG Q, PENG C, GONG J. Effects of enzymatic action on the formation of theabrownin during solid state fermentation of Pu-erh tea［J］. Journal of the Science of Food and Agriculture, 2011（13）：2412－2418.

［213］陈林，张正竹，陈键，等．茶氨酸酶促生物合成研究进展［J］．茶叶科学，2011（1）：1－10．

［214］傅嘉懿．*Bacillus subtilis* γ-谷氨酰转肽酶的发酵及其在L-茶氨酸制备中的应用［D］．无锡：江南大学，2015．

［215］傅锦坚．微生物酶法生产茶氨酸的研究［D］．广州：广东药学院，2009．

［216］高秀清．茶氨酸生物合成研究［D］．北京：中国农业科学院，2002．

［217］龚加顺，陈文品，周红杰，等．云南普洱茶特征成分的功能与毒理学评价

［J］．茶叶科学，2007（3）：201－210．

　　［218］刘冬英．茶氨酸产生菌的选育［D］．广州：广东药学院，2009．

　　［219］陆文渊．茶氨酸生物合成基因工程菌发酵工艺的研究［D］．北京：中国农业科学院，2008．

　　［220］秦谊，龚加顺，张惠芬，等．普洱茶茶褐素提取工艺及理化性质的初步研究［J］．林产化学与工业，2009（5）：95－98．

　　［221］谭丽丽．响应面法优化红茶菌细菌纤维素的合成［D］．合肥：安徽农业大学，2012．

　　［222］唐水佳，杨雪霞，洪枫．红茶菌制备细菌纤维素的研究［J］．纤维素科学与技术，2012（2）：40－45．

　　［223］周伶俐，孙东平，吴清杭，等．不同培养方式对细菌纤维素产量和结构性质的影响［J］．微生物学报，2007（5）：914－917．

　　［224］周艳．葡糖酸醋杆菌鉴定及红茶菌中细菌纤维素的合成［D］．合肥：安徽农业大学，2011．

　　［225］苟金霞，齐香君，贺小贤，等．乙醇对提高细菌纤维素产量的影响［J］．食品研究与开发，2005，26（1）：55－57．

　　［226］王春晖．茶氨酸生物合成研究［D］．北京：中国农业科学院，2005．

　　［227］张玥．微生物酶酶促合成 L－茶氨酸研究［D］．长沙：湖南农业大学，2012．

　　［228］朱文娴，黎星辉，王丽鸳，等．利用 GS 基因构建茶氨酸生物合成工程菌的研究［J］．茶叶科学，2008（4）：242－248．

　　［229］龚加顺，周红杰．云南普洱茶化学［M］．昆明：云南科技出版社，2011．

　　［230］杨大鹏，史文斌，陈一江，等．不同微生物发酵的云南普洱茶样中茶褐素提取物的化学成分分析［J］．林产化学与工业，2010（1）：49－52．

　　［231］谭超．普洱茶与红茶茶褐素理化性质及结构表征研究［D］．昆明：云南农业大学，2011．

　　［232］郭刚军．云南普洱茶茶褐素化学组成、性质及抗氧化活性研究［D］．昆明：云南农业大学，2008．

　　［233］张文彦．普洱茶多糖结构特征及抗氧化活性研究［D］．昆明：云南农业大学，2011．

　　［234］曹杰，沙元刚，王怀新，等．复合微生物菌肥生产技术研究［J］．化肥工业，2013（5）：13－15．

　　［235］胡萃，朱俊庆．茶尺蠖核型多角体病毒的生产工艺流程［J］．茶叶，1993（2）：23－26．

　　［236］李运帷，金得森，伊可儿，等．白僵菌纯孢子粉工业化生产新工艺［C］//中国虫生真菌研究与应用（第三届全国虫生真菌学术讨论会论文集），福州：1991－10－16．

　　［237］马常宝，史梦雅．我国微生物肥料产业发展状况［J］．中国农技推广，

2016（2）：13 – 18.

［238］汪命龙. 茶尺蠖核型多角体病毒杀虫剂生产方法的研究［J］. 茶业通报，1987（4）：28 – 31.

［239］袁争，雷攀登. 茶园生物防治的研究进展［J］. 茶业通报，2015（3）：105 – 108.

［240］张亚莲. 微生物肥料的功效及在茶树上的利用［J］. 茶叶通讯，2003（1）：19 – 22.